国家出版基金项目
绿色制造丛书
组织单位｜中国机械工程学会

绿色制造基础理论与共性技术

曹华军 邱 城 曾 丹 汪晓光 著

机械工业出版社
CHINA MACHINE PRESS

本书是围绕国家绿色发展和《中国制造 2025》绿色制造工程等重大需求，由中国机械工程学会组织的"绿色制造丛书"之一。

绿色制造是一种综合考虑环境影响和资源消耗的现代制造模式。近年来，绿色制造相关基础理论和共性技术发展很快，但仍不尽完善。本书首先对绿色制造背景、内涵、主要内容及绿色制造的国内外研究现状进行了概述；其次从可持续制造、工业生态、产品生命周期、全球气候变暖等多个视角阐述了绿色制造理论基础体系；之后对生命周期评价方法及应用、绿色设计技术、绿色制造工艺规划及其关键技术、绿色工厂规划及其关键技术、再制造工艺及其制造系统等绿色制造相关共性技术进行了研究。

本书可供高等院校、制造业企业、研究机构等单位对绿色制造感兴趣的读者阅读。

图书在版编目（CIP）数据

绿色制造基础理论与共性技术/曹华军等著 . —北京：机械工业出版社，2022.6

（绿色制造丛书）

国家出版基金项目

ISBN 978-7-111-70649-6

Ⅰ.①绿…　Ⅱ.①曹…　Ⅲ.①制造工业 – 无污染技术　Ⅳ.①T

中国版本图书馆 CIP 数据核字（2022）第 068374 号

机械工业出版社（北京市百万庄大街 22 号　邮政编码 100037）

策划编辑：郑小光　　　　　　　责任编辑：郑小光　杨　璇
责任校对：郑　婕　张　薇　　　责任印制：李　娜

北京宝昌彩色印刷有限公司印刷

2022 年 6 月第 1 版第 1 次印刷

169mm×239mm · 18.5 印张 · 328 千字

标准书号：ISBN 978-7-111-70649-6

定价：96.00 元

电话服务　　　　　　　　　网络服务

客服电话：010-88361066　　机　工　官　网：www.cmpbook.com

　　　　　010-88379833　　机　工　官　博：weibo.com/cmp1952

　　　　　010-68326294　　金　书　网：www.golden-book.com

封底无防伪标均为盗版　　机工教育服务网：www.cmpedu.com

"绿色制造丛书" 编撰委员会

主　任
宋天虎　中国机械工程学会
刘　飞　重庆大学

副主任 （排名不分先后）
陈学东　中国工程院院士，中国机械工业集团有限公司
单忠德　中国工程院院士，南京航空航天大学
李　奇　机械工业信息研究院，机械工业出版社
陈超志　中国机械工程学会
曹华军　重庆大学

委　员 （排名不分先后）
李培根　中国工程院院士，华中科技大学
徐滨士　中国工程院院士，中国人民解放军陆军装甲兵学院
卢秉恒　中国工程院院士，西安交通大学
王玉明　中国工程院院士，清华大学
黄庆学　中国工程院院士，太原理工大学
段广洪　清华大学
刘光复　合肥工业大学
陆大明　中国机械工程学会
方　杰　中国机械工业联合会绿色制造分会
郭　锐　机械工业信息研究院，机械工业出版社
徐格宁　太原科技大学
向　东　北京科技大学
石　勇　机械工业信息研究院，机械工业出版社
王兆华　北京理工大学
左晓卫　中国机械工程学会
朱　胜　再制造技术国家重点实验室
刘志峰　合肥工业大学
朱庆华　上海交通大学

张洪潮　大连理工大学
李方义　山东大学
刘红旗　中机生产力促进中心
李聪波　重庆大学
邱　城　中机生产力促进中心
何　彦　重庆大学
宋守许　合肥工业大学
张超勇　华中科技大学
陈　铭　上海交通大学
姜　涛　工业和信息化部电子第五研究所
姚建华　浙江工业大学
袁松梅　北京航空航天大学
夏绪辉　武汉科技大学
顾新建　浙江大学
黄海鸿　合肥工业大学
符永高　中国电器科学研究院股份有限公司
范志超　合肥通用机械研究院有限公司
张　华　武汉科技大学
张钦红　上海交通大学
江志刚　武汉科技大学
李　涛　大连理工大学
王　蕾　武汉科技大学
邓业林　苏州大学
姚巨坤　再制造技术国家重点实验室
王禹林　南京理工大学
李洪丞　重庆邮电大学

"绿色制造丛书" 编撰委员会办公室

主　任

刘成忠　陈超志

成　员（排名不分先后）

王淑芹　曹　军　孙　翠　郑小光　罗晓琪　李　娜　罗丹青　张　强　赵范心
李　楠　郭英玲　权淑静　钟永刚　张　辉　金　程

制造是改善人类生活质量的重要途径，制造也创造了人类灿烂的物质文明。

也许在远古时代，人类从工具的制作中体会到生存的不易，生命和生活似乎注定就是要和劳作联系在一起的。工具的制作大概真正开启了人类的文明。但即便在农业时代，古代先贤也认识到在某些情况下要慎用工具，如孟子言："数罟不入洿池，鱼鳖不可胜食也；斧斤以时入山林，材木不可胜用也。"可是，我们没能记住古训，直到20世纪后期我国乱砍滥伐的现象比较突出。

到工业时代，制造所产生的丰富物质使人们感受到的更多是愉悦，似乎自然界的一切都可以为人的目的服务。恩格斯告诫过：我们统治自然界，决不像征服者统治异民族一样，决不像站在自然以外的人一样，相反地，我们同我们的肉、血和头脑一起都是属于自然界，存在于自然界的；我们对自然界的整个统治，仅是我们胜于其他一切生物，能够认识和正确运用自然规律而已（《劳动在从猿到人转变过程中的作用》）。遗憾的是，很长时期内我们并没有听从恩格斯的告诫，却陶醉在"人定胜天"的臆想中。

信息时代乃至即将进入的数字智能时代，人们惊叹欣喜，日益增长的自动化、数字化以及智能化将人从本是其生命动力的劳作中逐步解放出来。可是蓦然回首，倏地发现环境退化、气候变化又大大降低了我们不得不依存的自然生态系统的承载力。

不得不承认，人类显然是对地球生态破坏力最大的物种。好在人类毕竟是理性的物种，诚如海德格尔所言：我们就是除了其他可能的存在方式以外还能够对存在发问的存在者。人类存在的本性是要考虑"去存在"，要面向未来的存在。人类必须对自己未来的存在方式、自己依赖的存在环境发问！

1987年，以挪威首相布伦特兰夫人为主席的联合国世界环境与发展委员会发表报告《我们共同的未来》，将可持续发展定义为：既满足当代人的需要，又不对后代人满足其需要的能力构成危害的发展。1991年，由世界自然保护联盟、联合国环境规划署和世界自然基金会出版的《保护地球——可持续生存战略》一书，将可持续发展定义为：在不超出支持它的生态系统承载能力的情况下改善人类的生活质量。很容易看出，可持续发展的理念之要在于环境保护、人的生存和发展。

世界各国正逐步形成应对气候变化的国际共识，绿色低碳转型成为各国实现可持续发展的必由之路。

中国面临的可持续发展的压力尤甚。经过数十年来的发展，2020年我国制造业增加值突破26万亿元，约占国民生产总值的26%，已连续多年成为世界第一制造大国。但我国制造业资源消耗大、污染排放量高的局面并未发生根本性改变。2020年我国碳排放总量惊人，约占全球总碳排放量30%，已经接近排名第2~5位的美国、印度、俄罗斯、日本4个国家的总和。

工业中最重要的部分是制造，而制造施加于自然之上的压力似乎在接近临界点。那么，为了可持续发展，难道舍弃先进的制造？非也！想想庄子笔下的圃畦丈人，宁愿抱瓮舀水，也不愿意使用桔槔那种杠杆装置来灌溉。他曾教训子贡："有机械者必有机事，有机事者必有机心。机心存于胸中，则纯白不备；纯白不备，则神生不定；神生不定者，道之所不载也。"（《庄子·外篇·天地》）单纯守纯朴而弃先进技术，显然不是当代人应守之道。怀旧在现代世界中没有存在价值，只能被当作追逐幻境。

既要保护环境，又要先进的制造，从而维系人类的可持续发展。这才是制造之道！绿色制造之理念如是。

在应对国际金融危机和气候变化的背景下，世界各国无论是发达国家还是新型经济体，都把发展绿色制造作为赢得未来产业竞争的关键领域，纷纷出台国家战略和计划，强化实施手段。欧盟的"未来十年能源绿色战略"、美国的"先进制造伙伴计划2.0"、日本的"绿色发展战略总体规划"、韩国的"低碳绿色增长基本法"、印度的"气候变化国家行动计划"等，都将绿色制造列为国家的发展战略，计划实施绿色发展，打造绿色制造竞争力。我国也高度重视绿色制造，《中国制造2025》中将绿色制造列为五大工程之一。中国承诺在2030年前实现碳达峰，2060年前实现碳中和，国家战略将进一步推动绿色制造科技创新和产业绿色转型发展。

为了助力我国制造业绿色低碳转型升级，推动我国新一代绿色制造技术发展，解决我国长久以来对绿色制造科技创新成果及产业应用总结、凝练和推广不足的问题，中国机械工程学会和机械工业出版社组织国内知名院士和专家编写了"绿色制造丛书"。我很荣幸为本丛书作序，更乐意向广大读者推荐这套丛书。

编委会遴选了国内从事绿色制造研究的权威科研单位、学术带头人及其团队参与编著工作。丛书包含了作者们对绿色制造前沿探索的思考与体会，以及对绿色制造技术创新实践与应用的经验总结，非常具有前沿性、前瞻性和实用性，值得一读。

丛书的作者们不仅是中国制造领域中对人类未来存在方式、人类可持续发展的发问者，更是先行者。希望中国制造业的管理者和技术人员跟随他们的足迹，通过阅读丛书，深入推进绿色制造！

华中科技大学　李培根

2021 年 9 月 9 日于武汉

丛书序二

在全球碳排放量激增、气候加速变暖的背景下，资源与环境问题成为人类面临的共同挑战，可持续发展日益成为全球共识。发展绿色经济、抢占未来全球竞争的制高点，通过技术创新、制度创新促进产业结构调整，降低能耗物耗、减少环境压力、促进经济绿色发展，已成为国家重要战略。我国明确将绿色制造列为《中国制造2025》五大工程之一，制造业的"绿色特性"对整个国民经济的可持续发展具有重大意义。

随着科技的发展和人们对绿色制造研究的深入，绿色制造的内涵不断丰富，绿色制造是一种综合考虑环境影响和资源消耗的现代制造业可持续发展模式，涉及整个制造业，涵盖产品整个生命周期，是制造、环境、资源三大领域的交叉与集成，正成为全球新一轮工业革命和科技竞争的重要新兴领域。

在绿色制造技术研究与应用方面，围绕量大面广的汽车、工程机械、机床、家电产品、石化装备、大型矿山机械、大型流体机械、船用柴油机等领域，重点开展绿色设计、绿色生产工艺、高耗能产品节能技术、工业废弃物回收拆解与资源化等共性关键技术研究，开发出成套工艺装备以及相关试验平台，制定了一批绿色制造国家和行业技术标准，开展了行业与区域示范应用。

在绿色产业推进方面，开发绿色产品，推行生态设计，提升产品节能环保低碳水平，引导绿色生产和绿色消费。建设绿色工厂，实现厂房集约化、原料无害化、生产洁净化、废物资源化、能源低碳化。打造绿色供应链，建立以资源节约、环境友好为导向的采购、生产、营销、回收及物流体系，落实生产者责任延伸制度。壮大绿色企业，引导企业实施绿色战略、绿色标准、绿色管理和绿色生产。强化绿色监管，健全节能环保法规、标准体系，加强节能环保监察，推行企业社会责任报告制度。制定绿色产品、绿色工厂、绿色园区标准，构建企业绿色发展标准体系，开展绿色评价。一批重要企业实施了绿色制造系统集成项目，以绿色产品、绿色工厂、绿色园区、绿色供应链为代表的绿色制造工业体系基本建立。我国在绿色制造基础与共性技术研究、离散制造业传统工艺绿色生产技术、流程工业新型绿色制造工艺技术与设备、典型机电产品节能减排技术、退役机电产品拆解与再制造技术等方面取得了较好的成果。

但是作为制造大国，我国仍未摆脱高投入、高消耗、高排放的发展方式，资源能源消耗和污染排放与国际先进水平仍存在差距，制造业绿色发展的目标尚未完成，社会技术创新仍以政府投入主导为主；人们虽然就绿色制造理念形成共识，但绿色制造技术创新与我国制造业绿色发展战略需求还有很大差距，一些亟待解决的主要问题依然突出。绿色制造基础理论研究仍主要以跟踪为主，原创性的基础研究仍较少；在先进绿色新工艺、新材料研究方面部分研究领域有一定进展，但颠覆性和引领性绿色制造技术创新不足；绿色制造的相关产业还处于孕育和初期发展阶段。制造业绿色发展仍然任重道远。

本丛书面向构建未来经济竞争优势，进一步阐述了深化绿色制造前沿技术研究，全面推动绿色制造基础理论、共性关键技术与智能制造、大数据等技术深度融合，构建我国绿色制造先发优势，培育持续创新能力。加强基础原材料的绿色制备和加工技术研究，推动实现功能材料特性的调控与设计和绿色制造工艺，大幅度地提高资源生产率水平，提高关键基础件的寿命、高分子材料回收利用率以及可再生材料利用率。加强基础制造工艺和过程绿色化技术研究，形成一批高效、节能、环保和可循环的新型制造工艺，降低生产过程的资源能源消耗强度，加速主要污染排放总量与经济增长脱钩。加强机械制造系统能量效率研究，攻克离散制造系统的能量效率建模、产品能耗预测、能量效率精细评价、产品能耗定额的科学制定以及高能效多目标优化等关键技术问题，在机械制造系统能量效率研究方面率先取得突破，实现国际领先。开展以提高装备运行能效为目标的大数据支撑设计平台，基于环境的材料数据库、工业装备与过程匹配自适应设计技术、工业性试验技术与验证技术研究，夯实绿色制造技术发展基础。

在服务当前产业动力转换方面，持续深入细致地开展基础制造工艺和过程的绿色优化技术、绿色产品技术、再制造关键技术和资源化技术核心研究，研究开发一批经济性好的绿色制造技术，服务经济建设主战场，为绿色发展做出应有的贡献。开展铸造、锻压、焊接、表面处理、切削等基础制造工艺和生产过程绿色优化技术研究，大幅降低能耗、物耗和污染物排放水平，为实现绿色生产方式提供技术支撑。开展在役再设计再制造技术关键技术研究，掌握重大装备与生产过程匹配的核心技术，提高其健康、能效和智能化水平，降低生产过程的资源能源消耗强度，助推传统制造业转型升级。积极发展绿色产品技术，研究开发轻量化、低功耗、易回收等技术工艺，研究开发高效能电机、锅炉、内燃机及电器等终端用能产品，研究开发绿色电子信息产品，引导绿色消费。开展新型过程绿色化技术研究，全面推进钢铁、化工、建材、轻工、印染等行业绿色制造流程技术创新，新型化工过程强化技术节能环保集成优化技术创新。开展再制造与资源化技术研究，研究开发新一代再制造技术与装备，深入推进废旧汽车（含新能源汽车）零部件和退役机电产品回收逆向物流系统、拆解/破碎/分离、高附加值资源化等关键技术与装备研究并应用示范，实现机电、汽车等产品的可拆卸和易回收。研究开发钢铁、冶金、石化、轻工等制造流程副产品绿色协同处理与循环利用技术，提高流程制造资源高效利用绿色产业链技术创新能力。

在培育绿色新兴产业过程中，加强绿色制造基础共性技术研究，提升绿色制造科技创新与保障能力，培育形成新的经济增长点。持续开展绿色设计、产品全生命周期评价方法与工具的研究开发，加强绿色制造标准法规和合格评判程序与范式研究，针对不同行业形成方法体系。建设绿色数据中心、绿色基站、绿色制造技术服务平台，建立健全绿色制造技术创新服务体系。探索绿色材料制备技术，培育形成新的经济增长点。开展战略新兴产业市场需求的绿色评价研究，积极引领新兴产业高起点绿色发展，大力促进新材料、新能源、高端装备、生物产业绿色低碳发展。推动绿色制造技术与信息的深度融合，积极发展绿色车间、绿色工厂系统、绿色制造技术服务业。

非常高兴为本丛书作序。我们既面临赶超跨越的难得历史机遇，也面临差距拉大的严峻挑战，唯有勇立世界技术创新潮头，才能赢得发展主动权，为人类文明进步做出更大贡献。相信这套丛书的出版能够推动我国绿色科技创新，实现绿色产业引领式发展。绿色制造从概念提出至今，取得了长足进步，希望未来有更多青年人才积极参与到国家制造业绿色发展与转型中，推动国家绿色制造产业发展，实现制造强国战略。

中国机械工业集团有限公司　陈学东
2021 年 7 月 5 日于北京

绿色制造是绿色科技创新与制造业转型发展深度融合而形成的新技术、新产业、新业态、新模式，是绿色发展理念在制造业的具体体现，是全球新一轮工业革命和科技竞争的重要新兴领域。

我国自20世纪90年代正式提出绿色制造以来，科学技术部、工业和信息化部、国家自然科学基金委员会等在"十一五""十二五""十三五"期间先后对绿色制造给予了大力支持，绿色制造已经成为我国制造业科技创新的一面重要旗帜。多年来我国在绿色制造模式、绿色制造共性基础理论与技术、绿色设计、绿色制造工艺与装备、绿色工厂和绿色再制造等关键技术方面形成了大量优秀的科技创新成果，建立了一批绿色制造科技创新研发机构，培育了一批绿色制造创新企业，推动了全国绿色产品、绿色工厂、绿色示范园区的蓬勃发展。

为促进我国绿色制造科技创新发展，加快我国制造企业绿色转型及绿色产业进步，中国机械工程学会和机械工业出版社联合中国机械工程学会环境保护与绿色制造技术分会、中国机械工业联合会绿色制造分会，组织高校、科研院所及企业共同策划了"绿色制造丛书"。

丛书成立了包括李培根院士、徐滨士院士、卢秉恒院士、王玉明院士、黄庆学院士等50多位顶级专家在内的编委会团队，他们确定选题方向，规划丛书内容，审核学术质量，为丛书的高水平出版发挥了重要作用。作者团队由国内绿色制造重要创导者与开拓者刘飞教授牵头，陈学东院士、单忠德院士等100余位专家学者参与编写，涉及20多家科研单位。

丛书共计32册，分三大部分：① 总论，1册；② 绿色制造专题技术系列，25册，包括绿色制造基础共性技术、绿色设计理论与方法、绿色制造工艺与装备、绿色供应链管理、绿色再制造工程5大专题技术；③ 绿色制造典型行业系列，6册，涉及压力容器行业、电子电器行业、汽车行业、机床行业、工程机械行业、冶金设备行业等6大典型行业应用案例。

丛书获得了2020年度国家出版基金项目资助。

丛书系统总结了"十一五""十二五""十三五"期间，绿色制造关键技术与装备、国家绿色制造科技重点专项等重大项目取得的基础理论、关键技术和装备成果，凝结了广大绿色制造科技创新研究人员的心血，也包含了作者对绿色制造前沿探索的思考与体会，为我国绿色制造发展提供了一套具有前瞻性、系统性、实用性、引领性的高品质专著。丛书可为广大高等院校师生、科研院所研发人员以及企业工程技术人员提供参考，对加快绿色制造创新科技在制造业中的推广、应用，促进制造业绿色、高质量发展具有重要意义。

当前我国提出了 2030 年前碳排放达峰目标以及 2060 年前实现碳中和的目标，绿色制造是实现碳达峰和碳中和的重要抓手，可以驱动我国制造产业升级、工艺装备升级、重大技术革新等。因此，丛书的出版非常及时。

绿色制造是一个需要持续实现的目标。相信未来在绿色制造领域我国会形成更多具有颠覆性、突破性、全球引领性的科技创新成果，丛书也将持续更新，不断完善，及时为产业绿色发展建言献策，为实现我国制造强国目标贡献力量。

中国机械工程学会　宋天虎
2021 年 6 月 23 日于北京

前　言

　　工业文明对推动人类生活质量提升、社会科技进步起到了重要的作用，但当前社会过度的工业活动和资源掠取严重破坏了人类赖以生存的自然环境，导致了温室效应、酸雨、雾霾、臭氧层破坏、大气污染等一系列全球环境问题。鉴于此，国际社会高度重视生态文明建设，积极致力于绿色、循环、低碳发展。作为创造人类社会财富的支柱产业，制造业也逐渐由大而粗的制造模式向综合考虑资源消耗和环境影响的制造模式——绿色制造转变。

　　绿色制造（Green Manufacturing）是一种在保证产品功能、质量以及成本的前提下，综合考虑环境影响和资源效率的现代制造模式，通过开展技术创新及系统优化，使产品在设计、制造、物流、使用、回收、拆解与再利用等生命周期过程中，对环境影响最小、资源能源利用率最高、人体健康与社会危害最小，并使企业经济效益与社会效益协调优化。绿色制造兴起于 20 世纪 90 年代，美国制造工程师学会于 1996 年发布了绿色制造的蓝皮书，在国际上较早对绿色制造的概念、内涵以及实施可能遇到的障碍与挑战等进行了系统论述。经过近些年发展，工业发达国家相继提出了绿色制造的愿景和目标。美国宣布启动《先进制造业伙伴计划》，将绿色制造技术列为振兴美国制造业的十一项关键技术之一。英国发布了《未来制造业：一个新时代给英国带来的机遇与挑战》，提出实施绿色制造，提高现有产品的生态性能，重建完整的可持续工业体系。德国发布了《工业 4.0》，将提高资源利用效率列为工业 4.0 的八大关键领域之一。我国高度重视制造业的绿色发展问题，《中国制造 2025》明确提出全面推行绿色制造，加快制造业绿色改造升级。长期以来，国家自然科学基金、国家 863 计划、国家 973 计划、国家重点研发计划资助了大量绿色制造研究项目，推动着我国绿色制造技术的蓬勃发展。尽管当前绿色制造得到了社会各界的高度重视，但是其相关的基础理论及共性技术仍缺乏系统全面的研究与总结，为了进一步阐明绿色制造的相关基础理论及共性技术，通过收集国内外研究文献资料，并结合作者的研究成果，提出了本书的主要内容。

　　本书共分 7 章，按照绿色制造概述、基础理论、共性技术递进展开。第 1 章绿色制造概述主要介绍绿色制造背景、内涵、主要内容、研究现状和发展趋势；第2章绿色制造基础理论介绍了可持续制造理论、工业生态理论、产品生命周期理论、全球气候变暖理论相关内涵；第3~7章依次介绍了绿色制造的共性技术，包括生命周期评价方法及应用、绿色设计技术、绿色制造工艺规划及其关键技术、绿色工厂规划及其关键技术、再制造工艺及其制造系统。

本书是作者课题组多年研究成果的系统总结，主要由曹华军、邱城、曾丹和汪晓光撰写，舒林森、杨潇、陈二恒、文旋豪、葛威威、刘磊、张金、张琼之、谈翼飞、王坤、高曦等参加了部分资料整理和有关项目研究工作。本书有关研究工作得到了国家自然科学基金、国家863计划、国家973计划、国家重点研发计划等的资助；本书的撰写和出版得到了《机械工程学报》的大力支持，在此一并表示衷心的感谢。

此外，本书在写作过程中参考了有关文献，在此向所有被引用文献的作者表示诚挚的谢意。

由于绿色制造是一门正在迅速发展的综合性交叉学科，本书涉及面广，加上作者水平有限，因此不妥之处在所难免，敬请学界同仁和广大读者批评指正。

作　者

2022 年 1 月

目录 CONTENTS

丛书序一

丛书序二

丛书序三

前　言

第1章　绿色制造概述 ··· 1

1.1　绿色制造背景 ··· 2

1.1.1　从农业文明、工业文明到生态文明 ·············· 2

1.1.2　经济发展与资源环境关系 ·························· 3

1.1.3　发展绿色制造意义重大 ···························· 6

1.2　绿色制造内涵 ··· 7

1.2.1　基本概念 ·· 7

1.2.2　绿色制造内涵的广义性 ···························· 7

1.3　绿色制造的主要内容 ··· 9

1.3.1　绿色设计 ·· 9

1.3.2　绿色制造工艺 ···································· 11

1.3.3　资源化与再制造 ·································· 12

1.3.4　绿色制造评价 ···································· 14

1.3.5　绿色制造模式 ···································· 14

1.4　绿色制造研究现状 ··· 16

1.4.1　工业发达国家政府战略 ···························· 16

1.4.2　绿色制造学术动态 ································ 18

1.4.3　典型企业绿色实践 ································ 21

1.5　绿色制造发展趋势 ··· 23

参考文献 ··· 25

第2章　绿色制造基础理论 ··· 29

2.1　可持续制造理论 ·· 30

2.2　工业生态理论 ·· 31

2.2.1　工业生态园区 ···································· 32

2.2.2 生态产业链 ·································· 33

2.3 产品生命周期理论 ···························· 34

2.3.1 产品生命周期 ···························· 34

2.3.2 多生命周期工程 ·························· 35

2.4 全球气候变暖理论 ···························· 39

2.4.1 全球气候变暖与工业发展 ················ 39

2.4.2 IPCC 碳排放计算模型 ··················· 41

参考文献 ··· 43

第3章 生命周期评价方法及应用 ················· 45

3.1 生命周期评价方法 ··························· 46

3.1.1 生命周期评价概述 ······················ 46

3.1.2 生命周期评价基本框架 ·················· 49

3.2 电动汽车与传统燃油汽车的对比生命周期评价 ·· 54

3.2.1 研究背景 ······························· 54

3.2.2 评价对象 ······························· 55

3.2.3 目标与范围确定 ························· 56

3.2.4 清单分析 ······························· 57

3.2.5 影响评价 ······························· 60

3.3 机床的生命周期评价及优化 ·················· 62

3.3.1 研究背景 ······························· 62

3.3.2 评价对象 ······························· 62

3.3.3 目标与范围确定 ························· 65

3.3.4 清单分析 ······························· 67

3.3.5 影响评价 ······························· 71

3.3.6 基于敏感性分析的机床绿色设计策略分析 ··· 74

参考文献 ··· 77

第4章 绿色设计技术 ··························· 79

4.1 绿色设计概述 ······························· 80

4.1.1 绿色设计的基本概念 ···················· 80

4.1.2 绿色设计的原则 ························· 81

4.2 绿色设计的关键技术 ························· 82

4.2.1 绿色材料选择 ··························· 82

4.2.2 轻量化设计 ····························· 84

　　　4.2.3　节能设计　‥‥‥‥‥‥‥‥‥‥‥‥‥‥‥‥‥‥‥‥‥‥　85

　　　4.2.4　面向资源再利用设计　‥‥‥‥‥‥‥‥‥‥‥‥‥‥‥　86

　4.3　绿色设计的支撑技术　‥‥‥‥‥‥‥‥‥‥‥‥‥‥‥‥‥‥‥‥　89

　　　4.3.1　绿色设计并行工程模式　‥‥‥‥‥‥‥‥‥‥‥‥‥‥　89

　　　4.3.2　绿色设计数据库和知识库　‥‥‥‥‥‥‥‥‥‥‥‥　91

　　　4.3.3　绿色设计评价和决策　‥‥‥‥‥‥‥‥‥‥‥‥‥‥‥　93

　4.4　集成化的绿色设计工具及众创平台　‥‥‥‥‥‥‥‥‥‥‥‥　105

　　　4.4.1　面向金属切削机床的绿色基础数据库研究与开发　‥‥　105

　　　4.4.2　基于 Web Service 技术的机床绿色设计支持系统集成平台　‥　107

　　　4.4.3　制齿机床绿色设计支持系统模块　‥‥‥‥‥‥‥‥‥　110

　　　4.4.4　制齿机床绿色设计过程评价与决策模块　‥‥‥‥‥‥　112

　参考文献　‥‥‥‥‥‥‥‥‥‥‥‥‥‥‥‥‥‥‥‥‥‥‥‥‥‥‥　118

第5章　绿色制造工艺规划及其关键技术　‥‥‥‥‥‥‥‥‥‥‥‥　121

　5.1　绿色制造工艺的基本概念　‥‥‥‥‥‥‥‥‥‥‥‥‥‥‥‥‥　122

　5.2　典型绿色制造工艺　‥‥‥‥‥‥‥‥‥‥‥‥‥‥‥‥‥‥‥‥‥　123

　　　5.2.1　干式切削　‥‥‥‥‥‥‥‥‥‥‥‥‥‥‥‥‥‥‥‥‥　123

　　　5.2.2　微量润滑　‥‥‥‥‥‥‥‥‥‥‥‥‥‥‥‥‥‥‥‥‥　128

　　　5.2.3　低温切削　‥‥‥‥‥‥‥‥‥‥‥‥‥‥‥‥‥‥‥‥‥　130

　5.3　绿色制造工艺规划方法　‥‥‥‥‥‥‥‥‥‥‥‥‥‥‥‥‥‥　132

　　　5.3.1　面向绿色制造的工艺规划的体系结构　‥‥‥‥‥‥‥　132

　　　5.3.2　面向绿色制造的工艺规划的技术内容　‥‥‥‥‥‥‥　134

　　　5.3.3　面向绿色制造的工艺规划决策问题的理论模型　‥‥‥　135

　　　5.3.4　面向绿色制造的工艺规划决策应用模型及模型集合　‥　137

　　　5.3.5　面向绿色制造的工艺规划决策支持数据库　‥‥‥‥‥　144

　　　5.3.6　基于决策模型集的面向绿色制造的工艺规划方法　‥‥　147

　5.4　面向绿色制造的机床设备优化配置方法　‥‥‥‥‥‥‥‥‥‥　148

　　　5.4.1　面向绿色制造的机床设备优化配置参考指标体系　‥‥　148

　　　5.4.2　机床设备配置问题数学描述　‥‥‥‥‥‥‥‥‥‥‥‥　149

　　　5.4.3　面向绿色制造的单工件多机床优化配置模型　‥‥‥‥　151

　　　5.4.4　多工件多机床的节能降噪型调度安排方法　‥‥‥‥‥　155

　参考文献　‥‥‥‥‥‥‥‥‥‥‥‥‥‥‥‥‥‥‥‥‥‥‥‥‥‥‥　166

第6章　绿色工厂规划及其关键技术　‥‥‥‥‥‥‥‥‥‥‥‥‥‥‥　169

　6.1　绿色工厂通用模型　‥‥‥‥‥‥‥‥‥‥‥‥‥‥‥‥‥‥‥‥‥　170

6.1.1 绿色工厂通用模型的内涵 ·· 170

6.1.2 绿色工厂的创建 ·· 171

6.2 绿色工厂关键技术及系统 ··· 172

6.2.1 绿色工厂关键技术 ·· 172

6.2.2 绿色工厂关键系统 ·· 176

6.3 绿色工厂评价系统 ·· 179

6.3.1 绿色工厂的评价指标体系 ·· 179

6.3.2 绿色工厂评价 ·· 185

6.3.3 绿色工厂评价系统的基本构成 ···································· 187

6.4 绿色工厂规划及其关键技术应用——以压铸车间为例 ··············· 189

6.4.1 压铸车间环境排放指标选取与监测 ································ 190

6.4.2 基于GA-BP法的压铸车间设备环境预测模型 ···················· 196

6.4.3 面向设备群的环境预测模型及路径规划方法 ···················· 205

6.4.4 某压铸车间案例分析 ·· 215

参考文献 ··· 224

第7章 再制造工艺及其制造系统 ··· 229

7.1 再制造工艺基础 ·· 230

7.1.1 基本概念 ·· 230

7.1.2 再制造技术重点发展内容 ·· 232

7.1.3 再制造技术的特点与作用 ·· 233

7.1.4 再制造技术的发展趋势 ·· 236

7.2 再制造技术与工艺 ·· 237

7.2.1 再制造拆装技术与工艺 ·· 237

7.2.2 再制造清洗技术与工艺 ·· 242

7.2.3 再制造检测技术与工艺 ·· 244

7.2.4 再制造加工技术与工艺 ·· 247

7.3 废旧机电产品再制造实施大批量定制与应用 ······················· 252

7.3.1 废旧机电产品再制造大批量定制特性及过程模型 ··············· 252

7.3.2 废旧机电产品再制造大批量定制若干支持理论研究 ············· 256

7.3.3 废旧机床再制造大批量定制应用 ·································· 268

参考文献 ··· 277

第 1 章

——

绿色制造概述

1.1 绿色制造背景

▶▶ 1.1.1 从农业文明、工业文明到生态文明

从原始社会到农业社会，再到现在的资本主义社会、社会主义社会，人类文明从农业文明走进工业文明，再迈向生态文明。从这个角度看，人类历史本身就是一部不断发展、不断进步的文明进步史。

农业文明实现了人类文明史上的第一次飞跃。这一时期，人类对自然的认识和改造能力还较低，人类依赖自然，维持着基本的生存需求，物质条件还比较贫乏。总体上看，农业文明尚属于人类对自然认识和变革的初级阶段。所以，尽管农业文明在相当程度上保持了自然界的生态平衡，但这只是一种在落后的经济水平上的生态平衡，是与人类能动性发挥不足和对自然开发能力薄弱相联系的生态平衡，是一种层次较低的初级平衡状态。

工业文明是人类文明史上的第二次飞跃。工业文明是指人类运用科学技术来控制和改造自然并取得空前胜利的时代。工业文明依赖于各种资源（包括不可再生资源）的开采与利用，其为人类创造了空前的财富，极大地解放了人类生产力。但让人类始料未及的是，过度的工业化和透支的资源掠取严重破坏了人类赖以生存的自然环境，带来了温室效应、酸雨、雾霾、臭氧层破坏、大气污染、水源污染、土地污染、河道断流、土地沙化、水土流失等日益恶化的全球环境问题，进而对人类自身的生存构成了威胁。从经济学角度看，工业文明是人类文明史上的一次巨大进步，但从生态学角度分析，工业文明只不过是人类为了摆脱贫穷而进行的饮鸩止渴行为。在不断面临的各种生态灾难和环境危机面前，人类不得不重新思考未来文明的发展走向。

生态文明是相对于农业文明、工业文明而言的一种新型文明形态。它是一种物质生产和精神生产都高度发展且自然生态和人文生态和谐统一的更高层次的文明。生态文明要求人类摆脱工业文明中为增长而增长的经济发展模式，实现由单纯追求经济目标向追求经济、生态双重目标的转变，进而实现社会、经济、自然的协调与可持续发展。生态文明是对工业文明以牺牲环境为代价获取经济效益进行反思的结果，是传统工业文明发展观向现代生态文明发展观的深刻变革。它呼唤生态经济，呼唤生态伦理，呼唤人与自然的协调和谐发展，是人类文明发展的必由之路。

农业文明、工业文明对推动人类生活质量、社会科技进步起了重要的作用。

但是因为农业文明、工业文明失去了生态友好的约束力，在经济、社会高速发展的同时，导致生态环境不断恶化。与此同时也加剧了人与自然的矛盾，限制了人类生存与社会的可持续发展。生态文明克服了传统农业和工业发展带来的种种弊端和缺陷，把人类的发展与整个生态系统的发展联系在一起。我国已高度认识到生态文明的重要性，党的十八大报告站在全局和战略的高度，把生态文明建设与经济建设、政治建设、文化建设、社会建设一道纳入中国特色社会主义事业总体布局，并对推进生态文明建设进行全面部署，要求全党全国人民更加自觉地珍爱自然、更加积极地保护生态，谋求超越传统工业文明局限的途径和办法，致力于绿色发展、循环发展、低碳发展。因此，发展以绿色制造为代表的生态文明是大势所趋，是实现人类可持续发展的必然选择。

▶▶ 1.1.2　经济发展与资源环境关系

1970 年，美国参议员 Gaylord Nelson 博士在他倡议提出的地球日大会上指出，经济是一个完全附属于环境的产物。所有经济活动都依赖于环境和资源基础。资源浪费和耗竭以及环境恶化必然导致经济下滑。1995 年，美国经济学家 Gene Grossman 等提出了"环境库兹涅茨曲线（EKC）"，进一步阐述了经济发展水平与资源环境水平的关系，如图 1-1 所示。

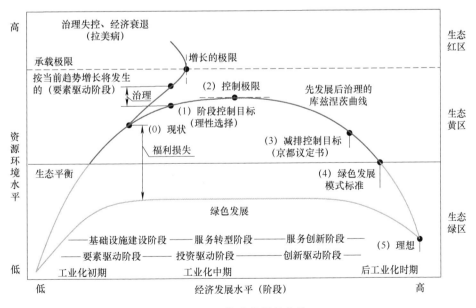

图 1-1　环境库兹涅茨曲线

环境库兹涅茨曲线中将资源环境水平分成三大区域，即生态绿区、生态黄区、生态红区。随着经济发展水平由低到高，资源环境水平呈现先上升后稳定最后下降的趋势，即先发展后治理的库兹涅茨曲线。工业化初期，主要是基础设施建设阶段，即要素驱动阶段，人们主要靠开采并利用自然资源来发展经济，由于自然资源较为丰富以及经济发展水平不高，生态环境没有遭到严重破坏，此时仍处于生态平衡的状态，即图 1-1 所示生态绿区。但随着工业化进程不断推进，到了工业化中期，如图 1-1 所示（0）现状点，资源环境负荷逐渐增加，并超过了生态平衡点，到达生态黄区，若此时不加以环境治理，资源环境负荷将急剧上升，以至于超过生态承载极限到达生态红区，将使得经济衰退并出现治理失控的局面。若采取治理措施，设置阶段控制目标，如图 1-1 所示点（1），资源环境负荷增长将放缓，并在工业化中期阶段到达控制极限，如图 1-1 所示点（2），随后继续加大对环境的治理，资源环境水平将继续下降，重新达到生态平衡。另外，在工业化进程中，若持续实施绿色发展，资源环境水平将一直处于较低的状态，保持生态平衡，但此种方式是一种理想化的发展模式。在我国资源环境已遭到严重破坏的情况下，只有通过发展绿色制造，才能提前达到生态平衡，让资源环境水平提前到达生态绿区。

在全世界范围内，美国、英国、德国、日本等发达国家都曾经历过"先发展后治理"的发展模式。从 1970 年开始，西方发达国家开始逐步转型，将附加值较低、资源消耗型的制造业转移到发展中国家（如中国、印度、巴西等），转而集中发展高附加值的技术创新型新兴产业，如图 1-2 所示。通过产业转移和技术创新，发达国家成功地避免了增长的极限控制线，以美国为例，在保持制造业产值总额持续增长和全球占比略微下降的前提下，碳排放得到显著下降，从而进入绿色发展的良性循环，而发展中国家在制造业快速发展的同时，面临的环境挑战越来越严峻。如图 1-3 所示，发达国家碳排放强度明显低于发展中国家。

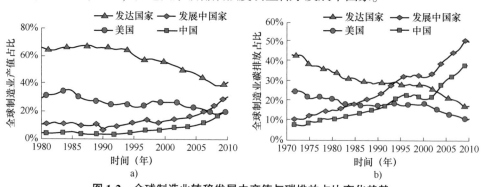

图 1-2 全球制造业转移发展中产值与碳排放占比变化趋势

a）全球制造业产值占比变化趋势　b）全球制造业碳排放占比变化趋势

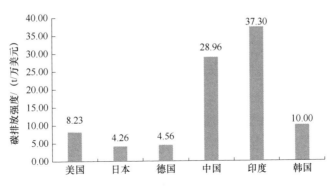

图1-3 部分国家制造业碳排放强度比较

发达国家以产业为载体实现污染排放转移的模式实际上只是现有模式的水平扩展，必将导致地球环境的持续恶化，是一种不可持续的转型发展模式。根据全球生态足迹网统计，1960—2012年，全球环境持续恶化，至2012年全球生态足迹已达到1.6个地球承载能力，如图1-4所示。根据联合国全球发展愿景，至2050年人口将达到90亿（2012年约70亿），人均财富增长翻三番，将导致工业产品产量翻一番，材料需求翻一番，能源需求翻三番，生态足迹将达到3个地球承载能力，如若在2050年实现人类可持续发展，需节材75%，减碳80%。

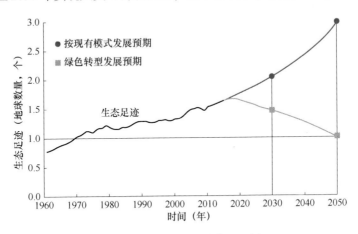

图1-4 全球生态足迹发展预测

根据环境库兹涅茨曲线，我国经济正按"先发展后治理"模式发展，正处于转型发展的关键时期。据统计，自20世纪70年代初，我国消耗可再生资源的速率开始超过其再生能力，出现生态赤字。2008年，我国人均生态足迹（2.1全球公顷）是其人均生物承载力（0.87全球公顷）的2.5倍左右。我国要实现可持续发展任重道远，绿色创新转型发展势在必行，迫在眉睫。

▶▶ 1.1.3 发展绿色制造意义重大

目前以智能和绿色为特征的第四次工业革命正在孕育兴起。18 世纪中叶以来，人类历史上先后发生了三次工业革命，使得人类文明的发达程度达到前所未有的高度，人类发展进入了空前繁荣的时代。但人类在享用工业文明带来的巨大财富时，也消耗了大量的资源、能源，付出了巨大的环境代价、生态成本。21 世纪以来，人与自然之间的矛盾日益加剧，人类面临着空前的全球能源与资源危机、全球生态与环境危机、全球气候变化危机等多重挑战。资源约束趋紧、环境污染严重和生态系统退化，正在引发新一轮旨在大幅度地提高资源生产率水平、实现经济增长与不可再生资源要素和二氧化碳等温室气体排放脱钩的科技革命和产业变革。

当前，我国制造业面临的严峻挑战包括国际"绿色贸易壁垒"、环境问题与资源问题（图 1-5）。

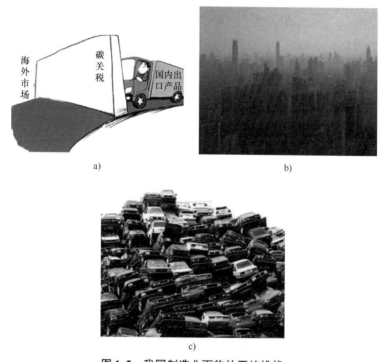

海外市场　碳关税　国内出口产品

a)

b)

c)

图 1-5　我国制造业面临的严峻挑战

a）国际"绿色贸易壁垒"　b）环境问题　c）资源问题

1）国际"绿色贸易壁垒"。当前，发达国家制定了严格的环境相关法案与指令，包括《关于限制在电子电气设备中使用某些有害成分的指令》（简称为

《RoHS 指令》）和《报废的电子电气设备指令》（简称为《WEEE 指令》）等，对我国食品、机电、纺织、皮革、陶瓷、烟草等行业出口贸易提出了严峻的挑战。

2）环境问题。进入 20 世纪 80 年代以来，随着经济的快速发展，温室效应等全球性环境问题以及区域性的环境污染问题日益突出。据统计，我国制造业产生的碳排放占全国碳排放的 36%。

3）资源问题。一方面，目前我国制造业资源效率低下且自然资源进入匮乏期，导致资源成本日益增加；另一方面，大量产品面临报废，亟待高效高附加值循环再利用。

绿色制造是从源头控制制造业环境污染并解决当前资源约束的关键途径，是塑造未来产业竞争力、走可持续发展的必由之路，是解决民生关切问题、形成新的经济增长点、建设制造强国的必然选择，因此发展绿色制造意义重大。

1.2　绿色制造内涵

1.2.1　基本概念

关于绿色制造，学术界认为比较系统地提出绿色制造概念的文献是美国制造工程师学会（SME）于 1996 年发表的绿色制造蓝皮书 *Green Manufacturing*，其明确提出：绿色制造，又称为清洁制造，其目标是使产品从设计、生产、运输到报废处理的全过程对环境的负面影响达到最小。1998 年美国制造工程师学会在国际互联网上发表了题为《绿色制造的发展趋势》的报告，对绿色制造的重要性和有关问题做了进一步的阐述。这些年来，随着科技的发展和对绿色制造研究的深入，绿色制造的内涵不断丰富。2000 年重庆大学刘飞教授将其定义为："绿色制造是一种综合考虑环境影响和资源消耗的现代制造模式，其目标是使得产品从设计、制造、包装、使用到报废处理的整个生命周期中，对环境负面影响小、资源利用率高、综合效益大，使得企业经济效益与社会效益得到协调优化。"

1.2.2　绿色制造内涵的广义性

由绿色制造的定义可知，绿色制造具有非常深刻丰富的内涵，其广义性表现为：

1）绿色制造中的"制造"涉及产品整个生命周期，因而是一个"大制造"概念，同计算机集成制造、敏捷制造等概念中的"制造"一样。绿色制造体现了现代制造科学的"大制造、大过程、学科交叉"的特点。绿色制造的生命周期示意图如图 1-6 所示。

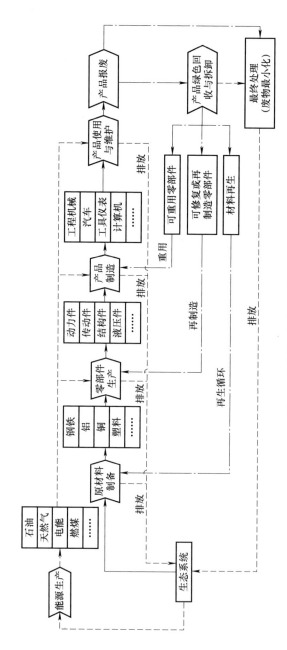

图1-6 绿色制造的生命周期示意图

2）绿色制造涉及的范围非常广泛，包括机械、电子、食品、化工、军工等，几乎覆盖整个工业领域。

3）绿色制造涉及的问题包括三部分：一是制造问题；二是环境保护问题；三是资源优化利用问题。绿色制造是这三部分内容的交叉和集成。

4）资源问题、环境问题、人口问题是当今人类社会面临的三大主要问题，绿色制造是一种充分考虑前两大问题的现代制造模式；从制造系统工程的观点来看，绿色制造是一个充分考虑制造业资源和环境的复杂系统工程问题。

当前人类社会正在实施全球化的可持续发展战略，绿色制造实质上是人类社会可持续发展战略在现代制造业中的体现。

1.3 绿色制造的主要内容

根据绿色制造的定义可知，绿色制造致力于减小产品从设计、制造、包装、使用到报废处理的整个生命周期中的环境负荷并提高资源利用率。因此，绿色制造涉及绿色设计、绿色制造工艺、资源化与再制造、绿色制造评价等绿色制造关键技术。

▶ 1.3.1 绿色设计

绿色设计对于产品整个生命周期的资源消耗和环境影响具有决定性的作用，其影响度可达 70%～80%，直接影响产品制造、使用和回收再利用的绿色性。绿色设计应遵循"3R（Reduce、Reuse、Recycle）"的原则，设计产品时不仅要考虑减少产品制造物质和能源消耗，减少有害物质的排放，而且要综合考虑产品及零部件报废后能够重新利用或便于分类回收并再生循环。目前，工业发达国家先进的绿色设计技术发展迅速并得到广泛推广应用。

▶ 1. 绿色材料替代设计

开展绿色材料替代设计的主要目的是在保持材料性能不变或提升的情况下，改善其环境性能。目前各国开展的绿色材料替代设计主要涉及仿生材料、复合材料、可回收材料、合金材料等。Wang 等通过热等静压技术制备了 SCS-6 纤维增强 Ti/Ti-25 Al-10Nb 仿生叠层复合材料，与传统的 Ti 基复合材料相比，该材料在韧性和抗损伤性方面有了显著的提高；Holmes 等利用一种新型竹基复合材料制作风力电动机叶片，可改善其环境性能；Kam 等将回收材料作为绿色制造的一部分，推广使用可回收材料来减小环境影响。另外，含 Y_2O_3 的 MCrAlY 涂层是涡轮叶片、导向叶片等发动机热端部件用的第三代涂层，已在国外高性能、长寿命发动机上得到应用。

为了便于在设计阶段选择结构性能较优、环境性能较好的材料并有助于绿色材料替代设计，目前工业发达国家开发了相应的软件工具以支持绿色材料替代设计。其中，欧特克设计软件（Autodesk Inventor）的 Eco-Materials Adviser 和 Granta 的 CES Selector 软件工具，能够形成基于材料属性的材料图表，并根据材料追溯、材料配置、环境影响分析过程对材料进行比较，最终寻找到替代方案。

▶▶ 2. 节能性设计

节能性设计是在设计时综合考虑产品制造、使用等过程的能耗情况，通过应用环保节能型材料、优化机械结构、合理地制订并应用创新制造工艺、使用清洁燃料替代等措施实现产品的节能减排。

当前节能性设计主要集中在高效动力、清洁燃料（如太阳能、甲醇、液化石油气、压缩天然气、乙醇等）替代设计方面。福特 Edge HySeries 采用了结合车载氢燃料电池发电机和锂离子蓄电池的氢燃料电池动力系列混合传动系，该新型动力系统将传统燃料电池系统的尺寸、重量、成本和复杂性减少了 50% 以上。通用汽车雪佛兰 Volt 采用了一套独特的电力驱动装置来提高车辆的行驶效率，降低电动机的总转速。该公司还通过应用节能控制技术，优化汽车内燃机的最佳工作状况，大幅度降低能耗指标，超出现行高效节能汽车效率一倍以上。另外，通用汽车推出的全新一代别克君越 eAssist 混合动力车，汇集了多项混合动力前沿核心技术，如起步/加速助力、发动机启停系统、减速断油、制动能量回收等，借助 eAssist 智能混合动力技术，实现比同级传统动力车型节油 20%。

▶▶ 3. 轻量化设计

目前国内外对于轻量化设计的研究主要围绕轻量化材料的运用、结构轻量化设计与优化（图 1-7）和先进的净成形工艺等方面展开，涉及工业装备、家电、汽车和飞机等轻量化产品开发。Emmelmann 等通过激光直接进行飞机结构的仿形制造，同时分析加工区域的温度分布并给出合适的加工工艺参数，为飞机制造业确定了合适的激光立体成形工艺。

▶▶ 4. 面向回收/拆卸/再制造的设计

在产品设计时不仅要考虑零部件的成本、可加工性、质量，还要考虑零部件的环境属性。面向回收/拆卸/再制造的设计需充分考虑多寿命周期服役、材料相容性、可拆解性等因素，提高产品生命终期的回收、拆解效率以及零部件再制造的服役安全寿命。面向再制造的设计是面向拆解、清洗、分类、检查、修复和装配的所有再制造阶段的设计。面向拆卸的设计，需考虑减少拆卸步骤的数量和复杂性，其设计原则为组件方便拆卸、使用易分离的连接形式且连接的寿命应与产品寿命一致。

减重19%

图1-7 轻量化设计

1.3.2 绿色制造工艺

绿色制造工艺及装备是实现制造业绿色发展的根本保障。绿色制造工艺是指在保障加工质量和加工效率的前提下，充分考虑环境影响和资源效率综合效益的现代清洁高效制造工艺。绿色制造工艺技术的创新一般可通过新工艺原理应用、绿色工艺装备研制、替代性工艺技术开发、工艺链集成优化、辅助物料（切削液、溶剂等）的环保化实现。

1. 铸造

铸造是将液体金属浇注到与零件形状相适应的铸造空腔中，待其冷却凝固后获得零件或毛坯的方法。铸造是零部件制造中应用非常广泛的工艺之一，可分为砂型铸造和特种铸造两大类。铸造工艺污染较为严重，其主要的污染源有有害气体、废水、固体废弃物等。铸造工艺的质量及排放可通过先进技术得到改善，如在线工艺质量控制技术可提高成品率；无模铸造及砂型涂层技术可减少环境污染；基于工艺模型的环境评估能为铸造的环境影响提供量化工具；热管理及废热回收技术能减少能源及温室气体的排放；近净成形精密铸造技术能减少或消除产品后续的加工或精加工步骤等。

2. 材料成形加工

近年来，成形加工的绿色性提升主要是通过改善与提升加工效率、模具制造技术和系统润滑等方式实现的。单点渐进成形技术（SPIF）是改善成形加工环境性能的先进技术之一，它适用于小批量成形加工，可减少成形模具的物料和能源消耗。模具激光熔覆再制造技术，可增加模具的服役寿命，减少模具制造碳排放。此外，轻量化构件液力成形、模具涂层技术、近净成形技术等都可减少成形加工的环境影响。

3. 切削与磨削

切削与磨削都是减材工艺，其能源消耗也不容忽视。减少切削与磨削的能源消耗需从以下几个方面考虑：加工能耗、切削液和切屑回收。其中，减少加工能耗主要通过应用绿色机床来实现。绿色机床具有如下特点：①机床零部件由再生材料制造；②机床的质量和体积减小50%以上；③机床能效提高30%～40%；④污染排放减少50%～60%；⑤报废后机床的材料100%可回收。此外，金属切削液的消耗严重威胁了工人的职业健康并造成了恶劣的环境影响，因此减少或消除切削液的使用对于保障工人健康、保护环境意义重大。目前，国际上普遍通过开发并应用干切技术、微量润滑技术和环保切削液来缓解切削液带来的环境问题。在切削与磨削过程中，切屑是物料和能源消耗的另一大影响因素。虽然大部分切屑能被回收，但从经济与环境的角度，最好通过零部件设计与工艺规划尽可能使切削余量最小化，并且通过铁屑回收减少物料消耗。

4. 改性处理

改性处理是采用化学或物理的方法改变材料或零件表面的化学成分或组织结构以提高材料或零件性能的一类技术，是所有制造工艺中环境污染最严重的工艺。基于生命周期的工艺设计可以最小化金属热处理、电镀等改性处理过程的排放。另外，还可通过减少前置工艺的冷却润滑残留；开发低热量的热处理工艺替代整体热处理，如超声、激光、微波处理等；采用选择性局部热处理工艺，如热喷涂替代整体表面电镀工艺；减少有毒有害溶剂的使用和提高回收再利用等方式减少改性处理的环境影响。

1.3.3 资源化与再制造

在当前世界资源不断耗竭、环境逐渐破坏的情况下，如何从宏观上理解和把握减少资源消耗的方式是当前政府和企业亟须清晰认识的问题。由公式"资源消耗量 = 产品和服务的需求量 × 资源消耗率"可知，减少资源消耗可通过减少需求和提高资源效率两种方式来实现。由于经济发展的需要，产品和服务的需求量在未来将持续增长，因此，只有通过大力提高资源效率这一途径来减少资源消耗、应对全球资源危机。

麻省理工学院 Gutowski 教授和剑桥大学 Allwood 教授等的联合研究结果表明，资源的回收再利用是提高资源效率的主要方式。材料能源强度及节能潜力预估见表1-1。以钢材的能源强度为例，采用最佳可利用技术可使钢材的能源强度减少9%~30%（其中发展中国家的节能潜力可达到30%），而通过废钢材料的最大回收再利用可使钢材的能源强度减少64%。

表1-1　材料能源强度及节能潜力预估

材料	初级材料能源强度/（MJ/kg）	最佳可利用技术减少能源强度百分比	次级材料能源强度/（MJ/kg）	最大回收再利用减少能源强度百分比
钢	25	9%~30%	9	64%
铝	93	12%~23%	6	94%
水泥	4	20%~25%	—	0%
纸	23	18%~28%	12	48%
塑料	32	9%~27%	15	25%

虽然资源回收再利用的节能潜力巨大，但是当前资源回收再利用率并不高，尤其是稀有金属的回收。耶鲁大学 Reck 和 Graedel 2012 年发表在 *Science* 杂志上的 "Challenges in Metal Recycling" 一文中指出全球金属回收再利用率普遍较低，钢铁、铝、铜等金属回收再利用率超过50%，而绝大部分其他金属材料回收再利用率均低于50%，特别是稀有金属回收再利用率低于1%。影响金属回收再利用率的主要因素有金属回收效率低、破碎分选技术落后等。因此，为了应对未来材料回收的挑战，应加强先进技术的普及应用、实施面向材料回收的设计、提高废弃产品的回收率等。

再制造可以显著地减少材料能源强度，但是再制造产品的节能潜力还需从产品的全生命周期角度进行评价。Gutowski 等指出对于使用阶段能源消耗占主导的产品，再制造产品能效下降所导致的能耗增长将抵消甚至超过再制造产品材料能源强度下降减少的能耗。表1-2 列出了再制造发动机各部件的节能潜力，六缸柴油机使用再制造的部件可以减少 16250 MJ 的能源消耗。

表1-2　再制造发动机各部件的节能潜力

部　件	制造/MJ	再制造/MJ
发动机组（铸铁）	9970	600
气缸盖（铸铁）	4445	1110
曲轴（钢）	2800	110
连杆（钢）	330	10
活塞（钢）	555	20
总能源消耗	18100	1850
再制造节能	16250	

1.3.4 绿色制造评价

产品生命周期评价作为一种量化产品或系统环境影响的方法被广泛应用于绿色制造评价中。生命周期评价最早出现在 20 世纪 60 年代末至 70 年代初的美国。美国中西部研究所于 1969 年对可口可乐公司的饮料包装瓶进行了评价研究，该研究从原材料采掘到制造，再到废弃物最终处置，进行了全过程的跟踪与定量研究，揭开了生命周期评价的序幕。当时把这一分析方法称为资源与环境状况分析（Resource and Environmental Profile Analysis，REPA）。20 世纪 70 年代中期由于能源危机，REPA 有关能源分析的工作备受关注，进入 20 世纪 80 年代后，公众的环境意识进一步提高，产品的环境性能成为市场竞争的重要因素。生命周期评价作为扩展和强化环境管理、评价产品性能、开发绿色产品的有效工具，得到了学术界、企业界和政府的一致认同，其应用领域也从包装材料和日用品扩展到冰箱、洗衣机等家用电器以及建材、铝材、塑料等原材料。

目前，有许多对生命周期评价（LCA）的定义，其中以国际环境毒理学与化学学会（SETAC）以及国际标准化组织（ISO）的定义极具权威性。SETAC对 LCA 的定义是：LCA 是一个通过识别和量化能源、材料消耗及废弃物排放来评价产品、工艺过程或活动环境负荷，并评估这些能源、材料消耗及废弃物排放对环境的影响，识别和评估环境改善机会的过程。ISO 14040 对 LCA 的定义是：LCA 是一种评估产品（或服务）潜在环境影响的技术，它通过编制产品或服务相关输入和输出清单数据，评估与产品或系统有关的潜在环境影响，并且解释与研究目标相关的清单分析和影响评估结果。不管是哪种定义，生命周期评价的基本内涵是一种用于评价产品或服务相关的环境因素及其整个生命周期环境影响的工具，它注重于研究产品系统在生态健康、人类健康和资源消耗领域内的环境影响，不涉及经济和社会方面的影响。

绿色制造的一个重要挑战是如何快速、可靠地量化检测和评价产品生命周期的资源消耗和环境影响，为此，发达国家学术界和工业界都较为注重绿色制造基础数据和评价决策软件工具的开发。目前已研究开发了 LCA、SimaPro、GAbi、Ecoinvent、SolidWorks Sustainability 等多种产品生命周期评价与生态设计软件及基础数据库，并且 ISO 制定了标准 LCA 研究框架，为政府、企业和消费者开展绿色制造相关的分析和决策提供了参考，它们已得到了商业化推广应用，初步形成了绿色制造的咨询服务行业。

1.3.5 绿色制造模式

绿色制造是一种综合考虑环境影响和资源消耗的现代制造模式，而近年来提出的生态工厂（Eco-factory）和生产者延伸责任制（Extended Producer Responsibility，EPR）等则是绿色制造新模式的具体体现和应用。通过产业模式的变革与创新，传统制造逐渐向绿色、低碳、环保的新型制造模式转变。

⯈ 1. 生态工厂

生态工厂是利用生态学物种共生和物质循环、转化、再生原理，采用系统工程优化方法，运用现代科技成果而设计的物质和能量多层次、多级别利用的产业技术系统。生态工厂的物质转化可简述为"资源→产品→再生资源"或"原料→产品→剩余物→产品"的过程，具体表现为过程减量化（Reduce）、再利用（Reuse）、再循环（Recycle）。它要求人们尽可能优化物质的整个循环体系，从零部件生产、产品装配直到废弃物的处理各个环节都应充分实现资源、能源、经济、环境等的协调优化。

生态工厂一般还通过融合新能源和能量回收技术实现能源自主独立。它从全局的、系统的观点规划和处理每一个环节，比"节能型"和"清洁型"工厂高一个层次。通过精心策划、合理安排，在确保产品质量和效益不断提升的情况下，使工厂的环境负荷最小，为此生态工厂要求工业系统同它周围的环境协调一致。

⯈ 2. 生产者延伸责任制

在1988年，瑞典环境经济学者托马斯（L. Thomast）在给瑞典环境署提交的一份报告中首次提出了生产者延伸责任制的概念。托马斯教授认为：生产者延伸责任制是一种环境保护制度，旨在降低产品的环境影响。生产者延伸责任制要求生产者对产品整个生命周期的环境影响，特别是对产品的回收、循环和最终处置负责。因此，生产者延伸责任制确定了废物回收处理处置以及再循环利用的责任主体，从理论上填补了产品报废后产品社会责任的空白。

生产者延伸责任制主要有以下优点：首先有利于设计和制造循环再利用的产品；其次有利于降低产品生命终期的回收处理成本和提高资源循环再利用效率；最后生产者延伸责任制是推动循环经济发展的根本性的产业模式。它能有效解决当前世界面临的一些困境，如在家电和电子产品领域，目前我国已经进入产品淘汰的高峰期。电视、洗衣机、冰箱、空调、计算机五大件每年的淘汰量在2000万台以上，相比较之下，手机的更新换代速度更快。"电子垃圾"的增长速度是普通废弃物的3倍。这些"电子垃圾"如果处理不当，危害极其严重，特别是电视、计算机、手机、音响等电子产品，含铅、镉、汞、六价铬、聚合溴化联苯（PBB）、聚合溴化联苯乙醚（PBDE）六种有毒有害材料。这些日益增多的废弃物，若不能得到有效处理，将会对环境造成极大的危害。面对如此之大的潜在威胁，只靠政府来应对环保问题是不够的，企业应该逐步实行生产者延伸责任制，义不容辞地承担起环境责任、生态责任和社会责任。

1.4 绿色制造研究现状

1.4.1 工业发达国家政府战略

1. 美国政府战略

美国能源部提出：到 2020 年铸造单位产品能耗降低 20%；热处理能耗降低 80%，实现热处理过程零排放；10 年内将制成品在生产过程和产品生命周期内的能耗降低 50% 等。美国政府在《先进制造伙伴计划》中将"可持续制造"列为 11 项振兴制造业的关键技术之一。美国能源部、国防部、基金委和商务部等机构联合构建了美国先进制造战略框架，从能效提升及清洁能源开发利用两大主线来提高美国制造业的安全性、环保性，从而提升美国制造业的竞争力。

在能效提升方面，美国政府主要针对高能源强度行业（包括金属冶炼、石油精炼、化工、造纸、食品加工等行业）开展能效提升，分析了美国各大能源密集型行业的节能潜力。以化工行业为例，当前每年能耗为 3100 TBtu（1Btu = 1055.06J）左右，若在该行业推广应用商业化的能效提升技术则每年可减少能耗 766 TBtu，若进一步采用处于研发阶段的新技术，每年将减少能耗 1221 TBtu。对于制造工艺的能效提升，主要从以下四个方面开展：①应用先进的传感技术、控制技术、建模和平台技术等；②采用先进的工艺强化技术；③大力推广应用制造业电网集成技术，如热电联供技术（CHP）、分布式发电技术（DG）等；④新燃料开发及原料重用。

在清洁能源开发利用方面，美国政府大力发展太阳能、风能、热能等可再生能源，提出"清洁能源制造计划（Clean Energy Manufacturing Initiative）"，以实现制造业能源独立。为了促进清洁能源的开发，美国在与清洁能源生产相关的材料、工艺与信息技术平台的开发方面加大了研发投入力度，主要包括先进的材料制造、关键材料、先进的复合材料与轻量化材料、3D 打印/增材制造、下一代电动机等。涉及的材料或技术主要包括太阳能光伏电池、碳纤维材料、LED、薄膜、多材料连接等。

在制定的先进制造战略框架下，美国政府投入了大量资金支持开展有关绿色制造的研究。美国能源部设立了大量有关绿色制造的专项计划，包括下一代材料、下一代电动机、创新工艺与新材料技术、下一代制造工艺、热电联产技术等。其中,"下一代材料"计划重点支持耐热耐老化材料、功能适应性强和高性能材料及低成本材料的研发;"下一代电动机"计划由能源部资助 2200 万美元重点支持新兴的宽带隙技术以降低电动机的能耗,使之减少 30% 的能源浪费,并减少高达 50% 的 MW 级电动机及其驱动系统体积;"下一代制造工艺"计划重点支持可实现能源效率双倍提升的新型工艺技术研发,重点支持反应与分离、高温处理、废热最小化与再利用以及可持续制造工艺,其中在可持续制造工艺中重点支持了汽车覆盖件制造相关的电液近净成形工艺、干式硫酸法制浆工艺等。

⫸ 2. 欧洲政府战略

欧洲推行了《欧盟地平线 2020 计划(Horizontal 2020)》,该计划是欧盟有史以来出台的最大的研究与创新计划。该计划提出欧盟拟在 2014—2020 年分别在卓越科学(Excellent Science)、工业领先(Industrial Leadership)和社会挑战(Societal Challenges)方面投资 244.41 亿欧元、170.16 亿欧元和 296.79 亿欧元,其余经费用于四项单列计划及欧洲原子能共同体关于核能的研究,以确保欧洲制造业的全球竞争力。其中 30.18 亿欧元将被用于气候行动、提升环境、资源效率和稀有材料保护等与绿色制造紧密相关的社会挑战中。同时,该计划中提到资源貌似丰富且廉价的时代即将结束,整个社会需依赖于高水平的生态创新和高水平的社会、经济组织等增强应对气候变化的适应能力和资源匮乏的调节能力。计划中预计生态创新带来的全球市场规模到 2030 年将增加两倍,生态创新将为增强欧洲经济竞争力和增加就业机会提供重大机遇。

2013 年英国政府科学办公室在《未来制造》报告中预测:到 2050 年全球人口将增加到 90 亿,对相应的工业品的需求量翻一番,进而材料的需求量翻一番,能源的需求量翻三番。为应对未来环境、资源的挑战,英国政府将可持续制造定义为下一代制造,并制定了可持续制造发展路线图,即近期(2013—2025 年)以提升工业资源效率为主要目标;中期(2025—2050 年)注重开发和应用新型商业模式、新产品、新技术和新系统,实现全生命周期价值链和技术链的创新变革;长期(2050 年以后)通过建立起完整的可持续工业体系,特别是资源高效循环利用体系,最终才可实现节材 75%、温室气体排放减少 80% 的愿景,使得工业发展与资源环境脱钩。

此外,英国政府在《下一代制造革新(Next Manufacturing Revolution)》中预测,通过提升非劳动资源生产率,英国制造企业保守估计每年将获得 100 亿英镑的额外利润增加值,每年减少 27 t 的温室气体排放并新增 30 万个就业岗位。根据 2015 年 10 月英国工程和自然科学研究委员会（EPSRC）发布的循环经济制造业专项报告，英国政府将在已资助近 2 亿欧元研发经费的基础上继续加大科研投入，以应对未来原材料短缺及其材料成本攀升削弱企业利润的危机，并提高循环经济制造业的全球竞争力。

1.4.2 绿色制造学术动态

1. 国外动态

21 世纪以来，绿色制造一直是学术研究热点。世界范围内多所高校都开展了绿色制造的研究，包括美国的麻省理工学院、加州大学伯克利分校、普渡大学等，英国的剑桥大学、利物浦大学、拉夫堡大学等，德国的柏林工业大学、开姆尼茨工业大学等，以及丹麦技术大学，日本的东京工业大学，澳大利亚的新南威尔士大学等。与绿色制造直接相关的专门学术刊物多达数十种，其中较著名的包括 *Journal of Industry Ecology*、*Cleaner Production*、*International Journal of Sustainable Manufacturing*、*International Journal of Life Cycle Assessment*、*International Journal of Remanufacturing* 等。世界范围内多个与绿色制造相关的国际学术组织，包括美国机械工程师学会（ASME）、美国电气电子工程师学会（IEEE）、国际生产工程科学院（CIRP）等被建立。下面简述在国际上具有较大影响力的学术研究团队。

麻省理工学院环境友好制造（Environmentally Benign Manufacturing，EBM）研究团队隶属于美国制造与生产实验室、麻省理工学院机械工程系。该团队在麻省理工学院 Timothy Gutowski 教授的带领下专注于研究与制造和产品相关的环境影响。该研究团队主要的研究领域包括：基于熵熔热力动力学理论的绿色制造基础模型；汽车装配厂的能量使用及碳排放；钣金件新型增量板料成形工艺；产品再制造、再回收系统；系统与制造过程的环境分析与全生命周期评估；高效、环境友好型材料；制造过程的热力学分析等。下一步将研究消费侧的环境影响问题。EBM 团队在以上领域的研究已取得重大成果，并在麻省理工学院开设了三门相关课程。

国家标准与技术研究院（National Institute of Standards and Technology，NIST）成立于 1901 年，是美国早期的自然科学实验室之一，其主要从事物理、生物和工程方面的基础和应用研究以及测量技术和测试方法方面的研究，提供标准、标准参考数据及有关服务，在国际上享有很高的声誉。NIST 的使命是：开发和促进计量、标准和技术，以提高生产率、改善生活质量。近年来 NIST 开展了大量绿色制造项目研究，涉及可持续产品或工艺标准、可持续工程材料、制造业可持续评估技术、集成制造与单元制造等。

剑桥大学工业可持续发展中心（Center for Industrial Sustainability, CIS）隶属于英国工程和自然科学研究委员会，主要由剑桥大学、克兰菲尔德大学、帝国理工学院和拉夫堡大学组成。其重点开展的研究工作包括智能化生态工厂、工业生态模式创新等。近年来，CIS 开展了大量可持续发展项目，如商业模式的再思考，其目的是建立一种可持续工业系统的商业模式。项目着眼于推进商业模式创新的研究和实践，应用主体建模技术突破现有的以复杂行为为特征的商业模式，为当代企业从可持续发展中谋求效益与环境保护的协调发展提供了参考。此外，CIS 还大力支持工具的研究与开发并使其得到广泛的应用，从而大面积推广绿色制造。CIS 已开发包含可持续价值分析工具、系统流与能力评估工具和工厂能源效率工具等约 20 种工具。在技术研发方面，主要涉及的研发项目包括资源效率制造、电子产品机械拆卸回收技术、生态工厂和生态效率控制系统等。

拉夫堡大学创新制造与工程研究中心（Innovative Manufacturing and Construction Research Centre, IMCRC）创建于 2001 年 10 月 1 日，合作的机构超过 400 家，并成功地完成了 200 多个研究项目，是英国工程和物理科学研究会资助成立的最大的研究中心。IMCRC 覆盖了从设计、材料、工艺到管理流程等一系列研究问题，并涉及制造业、建筑业、系统工程和计算机科学等领域。该中心开展的具体研究内容包括可持续产品制造研究、新工业发展验证模型和策略研究、鞋类产品材料物质回收设计方法研究、包装碳排放和生态足迹研究等。

新南威尔士大学可持续制造与生命周期工程研究组（Sustainable Manufacturing & Life Cycle Engineering, SMLCE）于 1998 年成立，成立初期由 H. Kaebernick 教授牵头研究生命周期工程等相关内容。该研究组自建立以来就与世界各国组织机构保持良好的合作关系，其主要研究内容有：①生态设计；②低碳制造；③能效评估；④碳足迹评估；⑤生命周期评估（LCA）和生命周期成本（Life Cycle Cost, LCC）分析；⑥可持续供应链管理；⑦生命终期产品处理（包括再使用、再制造与资源回收）。

实施绿色制造，科学制定法规和标准要先行，让绿色制造各项措施和技术推广做到有据可循、有法可依。目前发达国家，特别是欧盟国家非常注重绿色标准和规范的制定。国际上已形成相对完善的绿色制造标准体系，如 ISO 14040 产品生命周期评价、ISO 50001 能源管理体系、ISO 14955 机床能效与生态设计等标准，以及由欧盟立法制定的强制性标准《关于限制在电子电气设备中使用某些有害成分的指令》（Restriction of Hazardous Substances, RoHS）、《能源相关产品》（Energy related Products，ErP）、《报废的电子电气设备指令》（Waste Electrical and Electronic Equipment，WEEE）等，如图 1-8 所示。标准规范体系的建设有利于引导和规范企业和消费者的绿色行为以及避免非绿色产品进入本国市场，形成绿色贸易壁垒。

图 1-8　部分绿色标准

⫸ 2. 国内动态

我国高度重视绿色制造的发展。2006 年 2 月，国务院发布了《国家中长期科学和技术发展规划纲要（2006—2020 年）》，将绿色制造列为制造业科技发展的三大方向之一：积极发展绿色制造，加快相关技术在材料与产品开发设计、加工制造、销售服务及回收利用等产品全生命周期中的应用，形成高效、节能、环保和可循环的新型制造工艺，使我国制造业资源消耗、环境负荷水平进入国际先进行列。2011 年 7 月，科技部发布了《国家"十二五"科学和技术发展规划》，明确提出"重点发展先进绿色制造技术与产品，突破制造业绿色产品设计、环保材料、节能环保工艺、绿色回收处理等关键技术。开展绿色制造技术和绿色制造装备的推广应用和产业示范，培育装备再制造、绿色制造咨询与服务、绿色制造软件等新兴产业"。2015 年 5 月，国务院发布了《中国制造 2025》，提出"全面推行绿色制造"，实施"绿色制造工程"，明确了"加大先进节能环保技术、工艺和装备的研发力度，加快制造业绿色改造升级；积极推行低碳化、循环化和集约化，提高制造业资源利用效率；强化产品全生命周期绿色管理，努力构建高效、清洁、低碳、循环的绿色制造体系"的总体发展思路。

国内一些组织机构、科研院所和高等院校在科技部、国家自然科学基金委员会和有关部门的支持下对绿色制造及相关问题开展了研究，形成了一支专业从事绿色制造技术研发的队伍。中机生产力促进中心是国内最早涉足绿色制造领域的研究单位，自承担"八五"国家科技攻关计划项目"清洁生产技术选择与数据库的建立"以来，长期开展绿色制造共性技术研发。全国绿色制造技术标准化技术委员会以促进绿色制造技术应用为核心，重点开展绿色制造基础性标准的制定工作，为我国装备制造业绿色制造提供技术导向和市场规范。绿色制造产业技术创新战略联盟作为国内绿色制造技术的创新合作组织，在科技部的统筹领导下联合国内从事绿色制造研究与产品开发的科研院所、行业协会、生产企业等组织，积极宣传与普及绿色制造理念，开展绿色制造技术与装备的研发和应用推广，促进绿色制造技术在节能减排和循环利用等领域的应用。

重庆大学早在20世纪80年代就开始从事与机床能量消耗相关的绿色制造技术研究工作，在绿色制造共性技术研究及应用、机械加工系统能量信息特性、机床绿色再制造成套技术、制造系统碳效率评估优化方法等方面开展了广泛的研究。清华大学早在1997年就开始从事机电产品绿色设计研究，并在家电产品全生命周期评价、绿色材料选择、可拆卸性设计、系统能效优化等方面开展了深入研究。大连理工大学在机床结构轻量化设计、数控机床能耗建模、机械装备再制造等方面开展了广泛研究。山东大学可持续制造研究中心致力于绿色设计、绿色加工和再制造等方面的研究，在再制造产品损伤演变规律、再制造产品质量状态检测技术、产品生命周期评价、新型绿色产品等方面取得了一些研究成果。国内绿色制造领域著名的研究单位还包括浙江大学、上海交通大学、装甲兵工程学院、合肥工业大学、武汉科技大学、中国汽车技术研究中心、机械科学研究总院先进制造技术研究中心等高校和科研院所。

▷▷ 1.4.3 典型企业绿色实践

▷▷ 1. 通用汽车

美国通用汽车公司（General Motors Corporation）成立于1908年9月16日，是全球最大的汽车公司。公司下属的分部达20多个，分布在六大洲，其产品销售于全球120多个国家和地区，2014年工业总产值达1000多亿美元。"为消费者终生负责"是通用汽车公司对消费者的承诺，多年来该公司一直致力于安全、舒适、环保的汽车研发。在技术方面，通用汽车公司始终走在最前列，其中发动机与驱动系统技术远超美国其他汽车公司，并且不断推动可替代能源开发应用与高效的汽车设计。在环境保护方面，通用汽车公司不断探索创新的方法来解决环境问题以遵循其客户至上的理念。公司通过持续不断地采取政策和发展技术来促进汽车从供应链到制造过程的零污染、绿色化。其中，雪佛兰沃蓝达（Volt）作为汽车界的首款增程型电动车，在2016年两次获得美国年度绿色汽车奖。通用汽车公司大力发展可再生能源，获得大量清洁能源授权发明专利，多台设备获得美国能源部"节能之星"，并且是签署了气候宣言的汽车制造公司，通过优先制订策略来应对气候变化。

为了减少汽车生产过程中对环境的污染，通用汽车公司主要在增加可再生能源的使用和节约能源两大方面开展了大量行动。

（1）使用可再生能源　1995年，通用汽车公司率先使用可再生废物填埋气体能源。2005年，第一次使用太阳能板供电，至2016年，已实现106MW可再生能源使用，累计节约成本8000万美元，并且可再生能源使用量持续攀升，通用汽车公司已成为美国第一大太阳能使用的汽车制造商。通用汽车公司曾承诺到2020年实现125MW可再生能源使用，到2050年使59个国家共计350个工厂实现100%的可再生能源使用——主要通过提高能源效率、使用清洁能源、开发电池存储技术解决可再生能源间歇性问题和制订政策来实现100%可再生能源使用。

（2）零填埋需求　为了减少废物排放并实现产品的回收利用，通用汽车公司通过制造和销售绿色汽车来增强员工及社区的环保意识，并且制订零填埋的目标持续不断地探寻新的方法提高能效。近年来，通用汽车公司在全球已建成131处零填埋设施，回收处理了全球约85%的制造废物，实现了日常运行所有废物（其中3/4为制造工厂废物）的回收、再使用及能源转化，其中平均97%的日常运行废物被90处制造零填埋设施回收和再使用，3%转化为能量，另外41处非制造零填埋设施，帮助办公楼和技术中心等实现零填埋。

在回收领域，通用汽车公司于2007—2010年投资了25亿美元，随后几年投资金额不断攀升。2014年，通用汽车公司从其全球范围内的工厂回收或再使用250万t废料（相当于3800万袋垃圾），避免了1000万t二氧化碳当量的碳排放。

除了大量使用可再生能源和零填埋来实现清洁生产，通用汽车公司还通过使用能源管理系统追踪大多数制造工厂的能耗状况，从而实现生产过程能耗的实时监测，并且在能效提升技术、水资源保护及减碳方面投入大量资金。此外，公司还致力于降低办公区的能耗以减少能源使用，如设置计算机休眠、购买节能灯等。通过可再生能源的使用与提高能源效率，通用汽车公司于2005—2010年，每辆汽车制造过程中减少了28%的能耗，共计减少温室气体排放334万t，不仅提高了生产率、质量和效率，而且减轻了环境负担。

▶▶2. 卡特彼勒

美国卡特彼勒公司成立于1925年，总部位于美国伊利诺伊州，是世界上极大的工程机械和矿山设备、燃气发动机和工业用燃气轮机生产厂家之一，也是世界上极大的柴油机生产厂家之一，约拥有员工105700人，共计300万台产品销往世界各地。卡特彼勒公司作为行业的领先者，也一直投身于减少环境污染、增加能源效率的行动中。自 2006 年以来，公司一直致力于通过降低能源强度，使用可替代、可再生能源以及产品再制造等措施减少环境影响。

可持续发展始终是卡特彼勒公司坚定不移的追求和业务核心。公司自 1998 年以来就制订了能源效率目标，不断推动能源效率项目并鼓励使用可替代、可再生能源发电，也进一步增加了对替代电力能源（热电联供）的使用。至 2015 年公司 27.1% 的电能来自可再生能源或替代能源，其中公司利用的分布式发电系统，在改善能源供应的同时，释放的温室气体也比传统的电网系统更少。公司还致力于将可再生能源和替代能源的利用进一步扩展到世界各地的城市、农村和偏远社区。目前，卡特彼勒公司正在安装的 500 kW 太阳能电池板、500 kW 储能系统和微电网控制器能实现与现有柴油发电机的无缝整合，油耗和废气排放预计可减少 33%，发电机的维护成本预计可减少 25%。

此外，卡特彼勒公司还致力于发展循环经济，通过再制造高效地利用材料。据统计，公司再制造业务部门拥有年处理 200 万旧件的能力，2007 年的销售额超过 20 亿美元。每年超过 8 万 t 废旧金属被再制造或回收处理。公司再制造产品一直保持与新产品相同的性能与可靠性，几乎实现"零废物"排放，同时再制造过程"附加值"保留了原产品附加值的 5%。

3. 其他企业

除了通用汽车公司与卡特彼勒公司，发达国家中还有许多典型企业都在不断实施绿色制造。日本索尼公司提出了"走向零排放"全球环境计划：到 2050 年实现产品及商业活动全生命周期的零环境足迹，并通过轻量化设计、能效设计和使用回收材料等方式来逐步实现目标。德国西门子公司是世界极大的机电生产公司之一，一直致力于清洁能源的使用，如太阳能、风能等以减轻环境负担并缓解能源危机。日本丰田公司 2000 年左右提出的"环境行动计划（Environmental Action Plan）"要求在汽车行业最大限度地实现环境保护，其提出的"绿色供应链指南（Green Supplier Guidelines）"指出将消除危险化学原料的使用。

1.5 绿色制造发展趋势

1. 制造模式创新与实践将成为推动绿色制造的重要驱动力

绿色制造的科技创新不仅体现在产品、技术上，还需在制造模式上产生变革。目前工业生态对于构建绿色供应链和实现工业园区物料流的高效循环利用具有重要作用。生产者延伸责任制实际上是产品全生命周期工程和循环经济模式在企业商务模式方面的具体体现，对于降低产品生命终期的回收处理成本和提高资源循环再利用效率意义重大。制造企业由原来的产品提供者转换为服务提供商，将有利于绿色可持续消费模式的形成，从而减少产品的无效需求及其导致的资源浪费，并有利于提高在役产品的利用率和产品资源利用效率。目前，国内大多数企业实施绿色制造只是在现有制造模式上通过引进先进技术、管理优化等方式提高制造业的绿色性，不能从根本上改变制造业的现状。绿色制造是一场制造业的产业蜕变，只有通过材料、工艺、产品、制造模式等的颠覆性科技创新和系统重构，才可能突破现有发展模式，实现发展与环境约束的"脱钩"。

2. 高度重视规划的战略引导与目标导向作用

因绿色制造具有系统性、长期性、战略性，其技术创新和产业进程是由绿色制造目标驱动的，清晰明确的目标对于引领产品全生命周期技术创新以及产业模式变革具有重要的引导作用。例如，英国针对航空产业的绿色制造进行了系统规划，设定了至2050年的行业总体目标，包括减碳和降噪目标等，围绕既定目标对民航整个产业链进行重构规划，制定技术路线图和配套运行规范，其内容涉及航空发动机、飞机外形设计、新材料研制、涂层创新、航线规划、机场航站楼设计以及机场物流、生物燃油等，这为行业绿色制造的中长期发展提供了系统全面的参考。

3. 注重发展标准、法规以及评价决策工具的开发与推广

发达国家为赢得未来绿色制造的竞争力，早在20世纪90年代就已经开始被动或主动地进行绿色制造标准、法规和评价决策工具的研发，目前已形成比较系统的绿色制造标准和法规体系、产品全生命周期评价与设计软件工具以及基础数据库，从而掌握了绿色制造国际话语主动权。基于此，在国际贸易中已形成围绕发展中国家的绿色贸易壁垒，但同时也使得绿色制造的理念得以快速引起社会和工业界的关注，而工具软件和基础数据的开发可逐步让可持续理念融入产品开发实践中，让产品绿色设计和评价成为可能。

4. 将下一代绿色材料与绿色工艺技术创新作为研发重点

资源约束和环境危机必将重构现代工业，引发新一轮的工业革命。绿色制造要求产品节能、低排放、无害化和有利于回收再利用，并需要满足一系列严格的标准、法规要求。鉴于市场的全球化以及发达国家引领的绿色贸易壁垒，产品绿色创新是发展趋势，但现有材料和制造工艺技术尚无法满足这种

发展趋势。环境友好、高效、低成本的下一代绿色材料及工艺技术的颠覆性创新，是绿色制造战略的必然需求和核心驱动力，也是引发工业绿色革命的技术基础。

▶▶ 5. 制造系统与装备能效优化技术将得到快速发展和推广应用

目前我国的综合能源效率约为33%，比发达国家低近10%，单位GDP能耗强度是发达国家的4~6倍，钢铁、有色冶金、石化等行业产品单位能耗平均比国际先进水平高40%。因此，未来要降低我国的能源消耗，其关键路径是加强制造系统与装备能效优化技术的研发和推广应用，大幅提高我国工业生产及其产品的综合能效，如制造系统能效优化与提升技术、高参数超超临界机组技术、热电多联产技术、高能效内燃机、高能效机床等。

▶▶ 6. 循环经济制造业将成为重大新兴产业和技术创新领域

循环经济制造业通过再使用、再制造、资源化再利用等技术，不仅可以提高资源循环效率，而且可以减少废物排放、节约能源、减少水污染和垃圾填埋等。尽管循环经济制造业发展前景广阔，但目前该领域先进技术的应用和创新仍有待大力推进，以期有效解决因技术落后导致的废旧产品回收率低下、拆解处理成本高以及循环再利用附加值低等问题。

参 考 文 献

[1] 李应振. 从农业文明到生态文明：走向人与自然的和谐发展 [J]. 阜阳师范学院学报（社会科学版），2006（2）：71-73.

[2] NELSON G, CAMPBELL S, WOZNIAK P. Beyond Earth Day：Fulfilling the Promise [M]. Madison：University of Wisconsin Press, 2002.

[3] GROSSMAN G M, KRUEGER A B. Economic Growth and the Environment [J]. The Quarterly Journal of Economics, 1995, 110（2）：353-377.

[4] WWF. China Ecological Footprint Report 2012 [R]. Gland：WWF, 2012.

[5] 李克强. 2016年政府工作报告（全文）[EB/OL].（2016-03-05）[2019-11-01]. http://www. scio. gov. cn/ztk/dtzt/34102/34261/34265/Document/1471601/1471601. htm.

[6] MELNGK S A, SMITH R T. Green Manufacturing [M]. Dearborn：Society of Manufacturing Engineers, 1996.

[7] 刘飞. 21世纪制造业的绿色变革与创新 [J]. 机械工程学报，2000, 36（1）：7-10.

[8] 席俊杰. 在制造业实施绿色制造的探讨 [J]. 机床与液压，2005（10）：42-46.

[9] WANG P C, HER Y C, YANG J M. Fatigue Behavior and Damage Modeling of SCS-6/Titanium/Titanium Aluminide Hybrid Laminated Composite [J]. Materials Science & Engineering A,

1998, 245 (1): 100-108.

[10] HOLMES J W, BRØNDSTED P, SØRENSEN B F, et al. Development of a Bamboo-Based Composite as a Sustainable Green Material for Wind Turbine Blades [J]. Wind Engineering, 2009, 33 (2): 197-210.

[11] KAM B H, CHRISTOPHERSON G, SMYRNIOS K X, et al. Strategic Business Operations, Freight Transport and Eco-efficiency: A Conceptual Model [M] //SARKIS J. Greening the Supply Chain. London: Springer, 2006: 103-115.

[12] ANGULO, DIAZ P A. Microstructural Characterization of a Plasma Sprayed ZrO_2-Y_2O_3-TiO_2 Thermal Barrier Coating [D]. London: Brunel University, 1996.

[13] 曹雅莉. 浅析节能设计理念在机械制造与自动化中的应用 [J]. 装备制造技术, 2013 (8): 257-258.

[14] EMMELMANN C, PETERSEN M, KRANZ J, et al. Bionic Lightweight Design by Laser Additive Manufacturing (LAM) for Aircraft Industry [J]. Proceedings of SPIE: The International Society for Optical Engineering, 2011, 8065 (1): 12.

[15] 易军, 梁洁萍, 周敬东. 制造技术基础 [M]. 北京: 北京航空航天大学出版社, 2011.

[16] HAAPALA K R, ZHAO F, CAMELIO J, et al. A Review of Engineering Research in Sustainable Manufacturing [J]. Journal of Manufacturing Science & Engineering, 2013, 135 (4): 041013.

[17] DAHMUS J B. Can Efficiency Improvements Reduce Resource Consumption? [J]. Journal of Industrial Ecology, 2014, 18 (6): 883-897.

[18] RECK B K, GRAEDEL T E. Challenges in Metal Recycling [J]. Science, 2012, 337 (6095): 690-695.

[19] SUTHERLAND J W, ADLER D P, HAAPALA K R, et al. A Comparison of Manufacturing and Remanufacturing Energy intensities With Application to Diesel Engine Production [J]. CIRP Annals - Manufacturing Technology, 2008, 57 (1): 5-8.

[20] GUTOWSKI T G, SAHNI S, BOUSTANI A, et al. Remanufacturing and Energy Savings [J]. Environmental Science & Technology, 2010, 45 (10): 4540-4547.

[21] 宋丹娜, 柴立元, 何德文. 生命周期评价模型综述 [J]. 工业安全与环保, 2006, 32 (12): 38-40.

[22] VARELA DÍAZ V M, GUARNERA E A, COLTORTI E A. Life-cycle Impact Assessment: A Conceptual Framework, Key Issues, and Summary of Existing Methods [J]. Boletín De La Oficina Sanitaria Panamericana Pan American Sanitary Bureau, 1986, 100 (4): 369-386.

[23] U. S. EPA. Life Cycle Assessment: Inventory Guidelines and Principles [R]. Washington: U. S. Environmental Protection Agency, 1993.

[24] 全国环境管理标准化技术委员会. 环境管理 生命周期评价 原则与框架: GB/T 24040—2008 [S]. 北京: 中国标准出版社, 2008.

［25］曹立月. 资源综合利用在创建生态型工厂中的实践［J］. 莱钢科技, 2002 (5)：66, 69.

［26］鲍健强, 翟帆, 陈亚青. 生产者延伸责任制度研究［J］. 中国工业经济, 2007 (8)：98-105.

［27］JOHNSON M. AMO Overview：Peer Review 2016 Opening/Welcome［EB/OL］. (2016-08-14)［2016-11-08］. http：//energy. gov/sites/prod/files/2016/07/f33/AMO% 20Peer% 20 Review_AMO_Overview_Johnson_final% 202016_compliant. pdf.

［28］JOHNSON M. AMO Overview：Peer Review 2015 Opening/Welcome［EB/OL］. ［2015-05-28］. http：//energy. gov/sites/prod/files/2015/06/f22/2015-5-28% 20AMO% 20Overview% 20for% 20Peer% 20Review% 20-% 20public. pdf.

［29］Office of Energy Efficiency & Renewable Energy. Research & Development Projects［EB/OL］. ［2016-11-12］. http：//energy. gov/eere/amo/research-development-projects.

［30］EU. Horizon 2020 the EU Framework Programme for Research and Innovation［EB/OL］. ［2016-11-12］. https：//docplayer. net/1502719-The-eu-framework-programme-for-research-and-innovation. html.

［31］UK. The Future of Manufacturing：A New Era of Opportunity and Challenge for the UK Project Report［EB/OL］. ［2016-11-12］. https：//www. gov. uk/government/uploads/system/uploads/attachment_data/file/255922/13-809-future-manufacturing-project-report. pdf.

［32］LAVERY G, PANNELL N, BROWN S, et al. The Next Manufacturing Revolution：Non-Labour Resource Productivity and its Potential for UK Manufacturing［R/OL］. ［2019-12-11］. https：//www. ifm. eng. cam. ac. uk/uploads/Resources/Next-Manufacturing-Revolution-full-report. pdf.

［33］Sustainable Aviation. Sustainable Aviation CO_2 Road-Map［EB/OL］. ［2019-12-11］. https：//www. sustainableaviation. co. uk/wp-content/uploads/2018/06/FINAL__SA_Roadmap_2016. pdf.

第2章

——

绿色制造基础理论

2.1 可持续制造理论

恩格斯在《自然辩证法》中告诫人们：不要过分陶醉于我们人类对自然界的胜利，对于每一次这样的胜利，自然界都对我们进行了无情的报复。这就为今天的人类社会选择发展道路指明了方向——实现人与自然的和谐统一。目前，可持续发展观念已渗透到自然科学和社会科学等领域。它要求人们要珍惜自然环境和资源，在满足当代人需要的同时，不损害后代人满足其需要的能力。可持续发展已逐渐成为人们普遍接受的发展模式，并成为人类社会文明的重要标志和共同追求的目标。我国在 1995 年召开的"全国资源环境与经济发展研讨会"上将"可持续发展"定义为：可持续发展的根本点就是经济社会的发展与资源环境协调，其核心就是生态与经济相协调。可以理解为，可持续发展实质是在谋求经济发展、环境保护和生活质量提高之间实现有机平衡的一种发展。

根据可持续发展的概念可知，可持续发展具有三个明显的特征，即"三度"（发展度、持续度、协调度）。

（1）发展度　发展度是指人类社会发展的程度，主要指是否在发展且是否在健康地发展。可持续发展绝非反对发展，而是不以牺牲环境和子孙后代利益为目的的发展，强调健康地发展。

（2）持续度　持续度是从"时间维"上把握发展度，强调人类长远发展的需要，强调自然生态环境的需要。

（3）协调度　协调度强调了发展度与持续度的平衡关系，强调当代人的利益与子孙后代利益的协调、发展速度与生态环境效益的协调。

可持续发展的"三度"关系如图 2-1 所示。

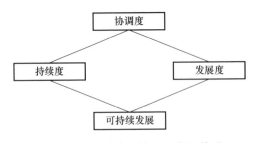

图 2-1　可持续发展的"三度"关系

制造业是我国国民经济的支柱产业，是经济社会发展的重要保障。但世界上极大部分的能源消耗、资源浪费和废弃物产生都源自于制造业。因此，基于可持续发展的内涵，国内外专家就提出了可持续制造这一概念，它是从可持续发展的角度构建的新制造系统。可持续制造是可持续发展的一个重要组成部分，是可持续发展战略思想在制造业中的体现。对于可持续制造来说，有两种界定。

其一，它针对的是产品生命周期中的一个阶段（生产阶段的环境友好型），通过新型绿色技术、绿色加工工艺，减少碳排放量的生产方式。

其二，它是一种适应于整个产品生命周期的综合策略，不仅能够系统地降低对环境的影响，同时可以提高产品的经济效益。

不论是何种界定，可持续制造都有利于提高制造领域的资源效率并降低环境影响，使可持续发展成为可能。

在从制造大国走向制造强国的道路上，制造业的可持续发展不仅仅是制造企业本身需要遵循可持续发展理论，同时其他涉及制造的相关产业和活动也需要以可持续发展的方式进行生产。因此，对大制造系统组织管理模式的深入研究就显得尤为重要。目前以生命周期管理、可持续供应链管理、商业模式转型三者居多。

可持续制造涉及三个重要的内容，它们分别是：①选择和应用合适的评价指标对制造系统的可持续性进行评价；②实现综合的、透明的、可重复的生命周期评价；③基于选定的指标和生命周期评价优化系统。显然，可持续制造评价系统的建立至关重要。当前，常用的可持续性评价工具主要有生命周期评价、层级分析法、离散事件模拟等。

2.2　工业生态理论

随着工业化进程的推进，大规模工业生产在不断满足人类日益增长的物质需求的同时造成了能源和资源的大量消耗，对自然环境造成了严重污染。发达国家都曾经历过"先污染后治理"的发展模式，此种不可持续的发展模式严重破坏了生态环境，导致大面积的环境污染在发达国家中爆发，如英国工业革命时期"伦敦烟雾事件"曾震惊一时，随后各国积极探索新的绿色发展途径来应对资源环境危机。

在此背景下，工业生态学应运而生。工业生态学是将生态学原则应用于工业生产系统，研究各种工业活动、工业产品与环境之间的相互关系，从而改善现有工业生产系统，设计新的工业生产系统，为人类提供对环境无害的产品和服务。工业生态学试图将整个工业生产系统视为一种类似于自然生态系统的封闭体系，将工业生产中一个企业产生的废弃物或副产品作为另一个企业的原料，从而使整个工业生产系统的各个要素之间相互依存，形成类似于自然生态系统的工业共生生态系统。

▶2.2.1 工业生态园区

工业生态园区（Eco-Industrial Park）又称为绿色工业园区，是根据循环经济理论和工业生态学原理建立的一种与生态环境和谐共存的新型工业园区，旨在构建一种类似于自然生态系统的封闭体系，通过"工业共生""要素耦合"和"工业生态链"在园区内企业间实现废弃物、能量及信息的交换，并通过"3R"——减量化（Reduce）、再使用（Reuse）、再循环（Recycle）方式实现资源循环高效利用，减少污染。由一个企业产生的副产品作为另一企业的原料，通过废弃物交换、循环利用、清洁生产等手段，园区对外界的废弃物排放量趋近于零，同时资源得到最优化利用，物质、能源的使用成本得以降低，最终实现经济发展和环境保护的可持续发展。目前，关于工业生态园区最常被引用的是美国 Indigo 发展研究所 Ernest Lowe 教授提出的定义：工业生态园区是一个由制造业企业和服务业企业组成的企业生物群落，它通过包括能源、水和材料这些基本要素在内的环境与资源方面的合作和管理，来实现生态环境与经济的双重优化和协调发展，最终使该企业生物群落寻求一种比每个公司优化个体表现实现的个体效益之和还要大得多的群体效益。

由此可见，工业生态园区是一种典型的工业生态模式（以节约资源、保护生态环境和提高物质综合利用为特征的现代工业发展模式，是由社会、经济、环境三个子系统复合而成的有机整体），它被认为是继经济技术开发区、高新技术开发区之后的第三代产业园，其特点是：相互利用废料、减少废弃物排放、提高资源利用率。

工业生态园区自 20 世纪 70 年代开始萌芽，随后在以美国、加拿大为首的西方发达国家中开展了工业生态园区的实践。在世界各国的工业生态园区中，丹麦的卡伦堡（Kalundborg）工业生态园区最为著名，其自 20 世纪 70 年代以来逐渐形成了一种新的体系——工业共生体（Industrial Symbiosis），它被认为是当代工业生态园区的雏形。世界上第一个工业共生体——卡伦堡工业共生体如图 2-2 所示。它主要包括发电厂、炼油厂、制药厂、石膏板厂等核心生产部门，通过商业贸易方式充分利用各企业产生的废弃物或副产品，从而构成互惠互利的工业代谢生态链，形成工业共生网络，使物质、能源的利用最大化，不仅减少了污染，而且降低了物料、能源使用成本，并取得了良好的社会效益。

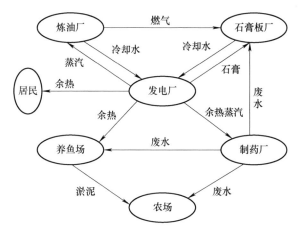

图 2-2　卡伦堡工业共生体

2.2.2　生态产业链

　　生态产业链是建设工业生态园区的重要手段，一个完整的生态产业链可以使产业内部的各环节密切链接与交互，使产业内部的各种资源充分流动，从而使副产品（能源、水和物质）或者废弃物得到最大程度利用，减少资源和能源的损失。具体来说，在生态产业链中，物质生产企业旨在开发不可再生资源和可再生资源，从而为加工生产企业提供初级原料和能源；加工生产企业将物质生产企业提供的初级原料或来自其他企业的副产品、废弃物等加工成满足人类生产生活所需的最终产品或中间产品；还原生产企业将生产过程中的各种副产品和废弃物进行处理，通过再资源化等技术手段重新生产出次级原料供其他企业使用或对各种副产品和废弃物进行无害化处理。技术生产者可为生态产业链中的各企业提供技术支持，使之朝着更加丰富和完善的方向发展。工业生态园区生态产业链模型如图 2-3 所示。

　　从生态产业链的结构可以看出，工业生态园区对于工业的绿色循环发展有重大意义。首先是产业集群内企业生产成本的大幅度降低和生产率的提高；其次是一个完备的生态产业链能够产生巨大的吸附作用，吸引新的企业不断集聚到集群内以寻求最大的商业利益；再次是生态产业链上的企业可以整合各种资源，实现集群整体效益最大化；最后是生态产业链可以聚集大量企业，这些企业在市场上既竞争又结盟，有助于增强抗风险的能力，起到稳定集群的作用。从整体上来讲，构建生态产业链既能节约资源、减少环境污染，而且能促进各企业互利共赢，进而实现社会、生态、经济的共同发展。

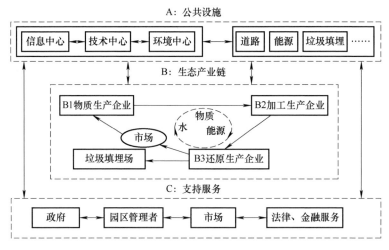

图 2-3　工业生态园区生态产业链模型

2.3　产品生命周期理论

2.3.1　产品生命周期

产品生命周期是指产品从原材料采掘、原材料生产、产品设计制造、包装储运、销售使用,直到最后废弃处置的全过程,即产品从"摇篮"到"坟墓"的生命全过程。产品(包括过程和服务)不仅是产业生产各种效益的载体,也是产业生产与环境(包括资源与能源)相互作用的基本单元。产品系统实际就是为实现一个或多个特定的功能而由物质和能量联系起来的单元过程的集合,如原材料采掘、原材料生产、产品设计制造、产品使用和产品用后处理等过程的集合(图 2-4)。在产品系统中,系统的输入(资源与能源)造成生态破坏与资源耗竭,而作为系统输出的"三废"排放却造成了环境污染。因此所有生态环境问题无一不与产品系统密切相关。产品作为联系生产与消费的中介,对当前人类所面临的生态环境问题有着不可推卸的责任。

产品生命周期管理主张从产品原料供给过程、产品设计制造过程、产品储运过程、产品使用过程直到产品废弃处置过程都应该对环境影响最小。以前的环境管理重点往往局限于产品设计、产品制造和废弃处置三个阶段,而忽视了原材料采掘与生产和产品使用等重要阶段。仅仅控制某种产品制造过程中的环境影响,而忽略其"上游"的原材料供给方生产过程和其"下游"的产品使用方使用过程所带来的环境影响，结果很难准确评估和真正减少该种产品所产生的实际环境影响。从末端治理与简单生产过程控制逐渐转向于以产品周期各阶段为生命链的全方位、全过程控制管理是实现可持续发展的必然要求。这种产品生命周期管理的思想实质就是全面环境管理的思想。

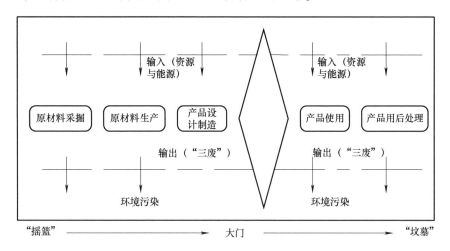

图 2-4　产品系统与生态环境问题图

2.3.2　多生命周期工程

1. 产品多生命周期的概念

产品多生命周期不仅包括本代产品生命周期的全部时间，而且包括本代产品报废或停止使用后，产品或其有关零部件多代产品中的循环使用和循环利用的时间（以下统称为回用时间）。

2. 产品多生命周期工程

产品多生命周期工程是指从产品多生命周期的时间范围来综合考虑环境影响与资源综合利用问题和产品寿命问题的有关理论和工程技术的总称，其目标是在产品多生命周期时间范围内，使产品回用时间最长，对环境的负面影响最小，资源综合利用率最高。

由于科学技术的迅猛发展，产品生命周期将越来越短，因此为了实现产品多生命周期工程的目标，必须在综合考虑环境和资源效率问题的前提下，高质量地延长产品或其零部件的回用次数和回用率，以延长产品的回用时间。

3. 产品多生命周期工程的体系结构

产品多生命周期工程的体系结构如图 2-5 所示。其中绿色制造的理论和技术是产品多生命周期工程的理论和技术基础，而产品或其零部件回用处理技术和废弃物再资源化技术则是关键技术。

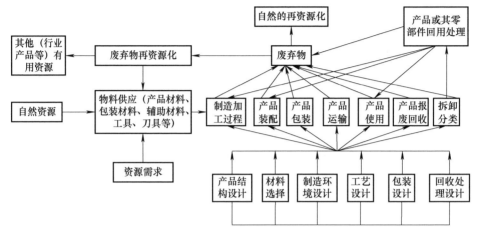

图 2-5 产品多生命周期工程的体系结构

▷▷ **4. 产品多生命周期工程的特征模型**

产品多生命周期工程的特征模型可视为一多目标规划模型，其目标函数有 3 个，即在产品多生命周期范围内，产品的回用时间 (f_t) 尽可能长，资源综合利用率 (f_r) 尽可能高，环境负影响 (f_e) 尽可能小；其约束条件主要有 5 个，即产品的功能 (f)、交货期 (t)、质量 (q)、成本 (c)、服务 (s) 达到相应的指标值。

产品多生命周期工程的特征模型为

$$\begin{cases} \max \boldsymbol{V} = \left[f_t(\boldsymbol{X}), f_r(\boldsymbol{X}), -f_e(\boldsymbol{X}) \right] \\ \text{s. t.} \begin{cases} g_q(\boldsymbol{X}) \geq \boldsymbol{I}_q, g_f(\boldsymbol{X}) \geq \boldsymbol{I}_f, g_t(\boldsymbol{X}) \geq \boldsymbol{I}_t, \\ g_c(\boldsymbol{X}) \geq \boldsymbol{I}_c, g_s(\boldsymbol{X}) \geq \boldsymbol{I}_s \end{cases} \end{cases} \quad (2\text{-}1)$$

式中，$\boldsymbol{X} = (x_1, x_2, x_3, \cdots, x_n)^\mathrm{T}$ 表示影响产品多生命周期工程的回用时间、资源综合利用率、环境状况以及产品 f、t、q、c、s 的各种因素；$g_q(\boldsymbol{X})$、$g_f(\boldsymbol{X})$、$g_c(\boldsymbol{X})$、$g_t(\boldsymbol{X})$、$g_s(\boldsymbol{X})$ 是产品的质量、功能、成本、交货期及服务的函数或向量函数；$\boldsymbol{I}_q$、$\boldsymbol{I}_f$、$\boldsymbol{I}_c$、$\boldsymbol{I}_t$、$\boldsymbol{I}_s$ 是产品的质量、功能、成本、交货期及服务指标常数或常向量。

▷▷ **5. 涉及的主要技术内容及研究现状**

（1）产品多生命周期的经济与控制策略 产品多生命周期的经济与控制策略研究包括产品多生命周期的成本分析，产品多生命周期的监测系统、信息系统和控制系统的开发研制，可持续工业生产的新型企业的生产、经营、管理集成制造模式研究等。

近年来对产品多生命周期的经济与控制策略研究已取得了一定的成果，但这些研究大都局限在本代产品生命周期时间范围内。例如，Alting 等提出了制造企业解决资源与环境问题的两个方向，即实施环境管理系统（EMS）和产品服务规划（PSS）。EMS 要求制造企业应完全认识到其制造行为所产生的环境后果（包括制造的产品本身及其制造场所），关心环境应成为企业总经理及其所有员工工作内容的重要组成部分；PSS 则是在整个产品生命周期范围内分析并改善资源利用率和履行环境的能力。Kastelic 等研究了产品生命周期中制造过程阶段的信息系统开发问题，探讨了该阶段信息系统的关系数据库概要设计、库结构体系及设计开发中的有关问题。Tipnis 还给出了制造企业面向产品生命周期设计的"7E"战略，即与生态友好竞争（Ecology）、保护环境（Environment）、减少能耗和开发清洁能源（Energy）、提高资源效率和生产经济产品（Ecolomy）、拥有高度责任感和充满活力的员工（Empowering）、鼓励进取、摒弃无知和偏见（Education）、在生态竞争中保持优势（Excellence）。

（2）产品多生命周期的工艺和生产技术　该研究内容涉及面甚广，包括产品设计、制造、装配、包装、运输、使用、报废回收、拆卸以及回用处理整个产品多生命周期中每个环节的所有工艺和生产技术。目前在该内容上的研究仅局限于理论和试验阶段，如 Weule 分别对真空吸尘器上使用的 2 种相互可替代的吸管——聚氯乙烯（PVC）吸管和钢制吸管，在其产品多生命周期中（特别是制造过程）的物能资源消耗和环境负影响状况开展了试验研究。结果表明，PVC 吸管的物能资源消耗量和对环境负影响程度明显低于钢制吸管。Harjula 等还探讨了绿色的产品拆卸设计技术问题。

（3）产品多生命周期的环境技术　产品多生命周期的环境技术（或清洁化技术）是实现环境负影响最小这个目标的关键技术。随着人们对环境意识的加强，对环境技术的研究也显得十分活跃，但是现有研究基本局限于某个特殊生产工艺或产品多生命周期的某一阶段，尚缺乏系统的、成套的环境技术。例如，当前有研究用超低温液体（如液氮等）作为切削液来对某些特殊材料（如钛合金钢）进行切削加工，该低温加工方法可显著减小环境污染且有较高的加工性价比。

（4）产品多生命周期的资源技术　关于产品多生命周期的资源技术的研究近年来越来越受到国际上的重视，研究非常活跃，但现有研究大都集中在原材料优化下料、制造过程优化控制、制造设备优化调度等某些单项技术上，未能从系统的角度，从整个产品多生命周期整体和全局角度来研究资源技术及其成套技术。

▶6. 产品多生命周期工程的实施战略途径

（1）加强环境和资源的法制法规建设　加强环境和资源的法制法规建设是实施产品多生命周期工程的根本保障。实施产品多生命周期工程本身是一种企业行为，但要使企业真正将其作为自觉的企业行为，政府必须先行一步，因此它也是一种政府行为。而政府行为的具体体现就是要建立健全环境和资源的法制法规。关于环境和资源问题的法制法规建设，在一些发达国家已引起足够重视，如日本1991年出台了《废弃物回收法》，德国1991年出台了《包装材料处理法》，而美国各州均有众多的环境和资源的法制法规，且其数量以每年3%～5%的速率增加。我国近年来也十分重视环境和资源的法制法规建设。总之，环境和资源法制法规的建立和健全将有力地保证产品多生命周期工程的顺利实施。

（2）深入研究绿色制造的理论、技术和绿色设计的并行工程模式　绿色制造的理论、技术主要涉及5个方面，简称为"五绿"问题：绿色设计、绿色材料、绿色工艺、绿色包装、绿色处理，其中绿色设计是关键。绿色设计（Design for Environment，DFE）主要包括6个方面内容：①绿色的产品结构设计；②绿色的产品材料选择；③绿色的制造环境设计；④绿色的工艺设计；⑤绿色的包装方案设计；⑥绿色的回收处理设计。

绿色设计的并行工程模式又称为并行式绿色制造系统设计（或并行式绿色设计模式），是并行工程在绿色制造中的具体应用，它综合考虑了绿色设计的设计内容广泛性（包括上述6个方面内容）、设计目标复杂性（包括环境、资源、功能、成本等）、设计人员多样性（如环境工程师要参与设计）等众多因素。但要系统实施并行式绿色设计模式，许多问题（如支撑环境、Team Work集成模式等）有待做进一步深入研究。

（3）大力开发绿色的资源优化利用技术　在制造系统中，最大限度地利用资源和最低限度地产生废弃物，是全球性环境治本的根本措施。因此大力开发绿色的资源优化利用技术是实施产品多生命周期工程的主要途径。这些技术包括废弃物再资源化技术（如废弃物降解、再生、加压、碎裂、浮选等技术）、产品零部件循环使用技术（如重用、整修等技术）、循环利用技术（如有关物理处理技术和化学处理技术）、制造系统优化技术、制造过程物料优化控制技术、制造设备优化利用技术等，尤其是前两项资源优化利用技术是实施产品多生命周期工程的关键技术。

（4）研制产品多生命周期工程评估系统　实施产品多生命周期工程是一个

极其复杂的系统工程。在产品多生命周期过程中，资源消耗繁多，消耗情况复杂，且对环境的影响状况也多种多样。如何测算和评估这些状态，如何评估产品多生命周期工程实施状况和程度，至今仍无系统的、统一的方法和指标体系。因此，要推广实施产品多生命周期工程，急需研制产品多生命周期工程评估系统，包括评价指标、评估内容和评价方法等。

2.4 全球气候变暖理论

2.4.1 全球气候变暖与工业发展

1. 全球气候变化的现状及趋势

100 多年来，全球正经历着以气候变暖为主要特征的气候变化。联合国政府间气候变化专门委员会（Intergovernmental Panel on Climate Change，IPCC）于 2013 年 9 月公开发布了第 5 次评估报告，该报告阐述了有关气候变化的自然科学、气候变化的影响以及减缓气候变化等方面的最新研究成果。其中，气候变化的自然科学报告对大气、海洋、冰冻圈以及大气环流等地球气候系统的变化进行了系统评估，以便增强对全球和区域尺度气候变化趋势和过程的了解。该报告指出，1880—2012 年，全球平均地表温度上升了 0.85℃，1951—2012 年，全球平均地表温度的升温速率几乎是 1880 年以来升温速率的 2 倍。最近 3 个连续 10 年地表温度比之前自 1850 年以来的任何一个 10 年都高。1971—2010 年，海洋上层（0~700m）的热含量约增加了 17×10^{22} J，洋面附近的升温幅度最大，75m 以上深度的海水温度升幅为每 10 年 0.11℃。此外，2002—2011 年，格陵兰冰盖的冰储量每年约减少 215 Gt，南极冰盖的冰储量每年约减少 147 Gt。1971—2009 年，全球山地冰川平均每年减少 226 Gt 的冰体。由于海水受热膨胀、冰雪消融及陆地储水进入海洋，1901—2010 年，全球平均海平面上升了 0.19m，上升速率为每年 1.7 mm。近几年，海平面上升不断加速，1993—2010 年全球平均海平面上升速率高达每年 3.2 mm。这一切的观测结果都进一步证实了气候变暖。

与此同时，IPCC 发布的第 5 次评估报告中预测了 RCP2.6、RCP4.5、RCP6.0 和 RCP8.5 情景下的未来气候系统变化。每种情景都提供了一种受社会经济条件和气候影响等的排放路径，并给出了到 2100 年相应的辐射强迫值。预估结果表明，随着温室气体的排放，全球温度将进一步升高。与 1986—2005 年相比，预计 2016—2035 年全球平均地表温度将升高 0.3~0.7℃，2081—2100 年将升高 0.3~4.8℃。

▶▶ 2. 工业发展已成为影响全球气候变暖的主要因素

自然因素和人为因素是引起全球气候变暖的两大原因。其中自然因素主要是指太阳活动、火山爆发以及气候系统内部变化（如厄尔尼诺、温盐环流等自然现象）等导致的全球气候变化；人为因素主要是指因人类活动（如燃烧化石燃料）而产生温室气体导致的全球气候变化。长期以来，IPCC针对气候变化的主要原因开展了深入的研究。IPCC于1990年发布的第1次评估报告中指出：近百年的气候变化可能是自然波动或人类活动或两者共同造成的。随后的研究则逐步证实了人类活动对气候变暖影响的主导性。第5次评估报告获得了1750—2011年人为与自然驱动因子的辐射强迫估计值，发现人为因素（如CO_2等温室气体排放）的辐射强迫估计值远远高于自然变化产生的辐射强迫估计值，并从1970年开始，人为因素的辐射强迫增速加快。由此表明，人为温室气体排放是造成20世纪中叶以来气候变暖的主要原因。

自1750年人类工业化以来，全球大气中CO_2、CH_4和N_2O等温室气体的浓度持续上升。2012年全球CO_2、CH_4和N_2O的大气浓度分别达到393.1×10^{-6}、1819×10^{-9}和325.1×10^{-9}，分别比工业化前高出41%、160%和20%。此外，由于工业发展高度依赖于化石燃料的燃烧，目前各国的工业碳排放已成为总碳排放的主要部分。以我国2003—2011年的碳排放量为例，如图2-6所示，每年工业整体碳排放量占国家总碳排放量的比例均在70%以上。由工业发展导致的温室气体排放已成为全球温室气体排放的主要来源。因此，工业发展已成为全球气候变暖的主要因素。

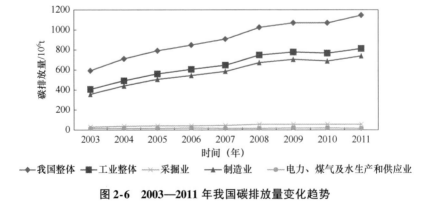

图 2-6　2003—2011 年我国碳排放量变化趋势

▶ 3. 应对全球气候变化的措施

《联合国气候变化框架公约》早已指出：（令人）感到忧虑的是，人类活动已大幅增加大气中温室气体的浓度，这种增加增强了自然温室效应，将引起地球表面和大气进一步升温，并可能对自然生态系统和人类产生不利影响。气候变化会对陆地和淡水生态系统、海洋系统等造成较大影响，从而危害人类安全及健康，不利于社会的稳定与繁荣。据统计，就气候变化对全球经济的影响而言，如果温度升高约 2℃，全球每年造成的经济损失将是总收入的 0.2% ~ 2%，而很大程度上经济损失将超过这个范围。

为了加强应对气候变化威胁，2016 年 4 月 22 日全球 200 多个国家共同签署了气候变化协定——《巴黎协定》。该协定的主要目标是将 21 世纪全球平均气温上升幅度控制在 2℃ 以内，并朝着 1.5℃ 的目标努力。为此，全球二氧化碳累计排放量（包括所有人为二氧化碳排放源）应分别控制在 0 ~ 1.57 万亿 t 碳（33% 以上的概率）、0 ~ 1.21 万亿 t 碳（50% 以上的概率）和 0 ~ 1.00 万亿 t 碳（66% 以上的概率）。以 66% 以上的概率将温升控制在 2℃ 之内的情景为例，这意味着相当大的碳排放空间已经用完，2100 年之前剩下的碳排放空间已经不足一半。因此人类必须迅速展开行动，减少温室气体排放。

▶ 2.4.2　IPCC 碳排放计算模型

▶ 1. IPCC 温室气体碳排放计算模型

温室气体（Greenhouse Gas，GHG）主要包括二氧化碳（CO_2）、甲烷（CH_4）、氧化亚氮（N_2O）、氢氟碳化合物（HFC）、全氟碳化合物（PFC）和六氟化硫（SF_6）6 种气体。由于各温室气体的辐射强迫（Radiation Forcing）各不相同，从而导致一段时期内累积辐射强迫（Cumulative Radiation Forcing）不同，即各温室气体对气候的潜在影响不同。因此，为了便于计算与比较，IPCC 提出将全球变暖潜值（Global Warming Potential，GWP），即二氧化碳当量，用于表征不同温室气体排放对潜在气候变化的影响。具体的做法是：将二氧化碳的 GWP 定为 1，其余气体的排放量按照对应的 GWP 转化为二氧化碳的排放量。因此在碳排放计算时涉及的碳排放量均是指温室气体排放量转化为二氧化碳当量后的排放量，通常用 $gCO_2 - e$ 作为碳排放量的计量单位。表 2-1 列出了 IPCC 发布的主要温室气体全球变暖潜值。

若某过程排放 1 g CO_2、3 g CH_4 和 4 g N_2O，加入考虑影响尺度为 100 年，则该过程的碳排放为：$1 \times 1(gCO_2) + 25 \times 3(gCH_4) + 298 \times 4(gN_2O) = 1268 \, gCO_2 - e$。

表 2-1 IPCC 发布的主要温室气体全球变暖潜值

温室气体	全球变暖潜值/（gCO$_2$ - e/g）		
	20 年	100 年	500 年
CO$_2$	1	1	1
CH$_4$	72	25	7.6
N$_2$O	289	298	153
CCl$_3$F	6730	4750	1620
CCl$_2$F$_2$	11000	10900	5200

▶▶ 2. 能源、物料的碳排放系数

根据 IPCC 发布的《国家温室气体排放清单指南》、国家发展和改革委员会应对气候变化司发布的《各种能源折标准煤及碳排放参考系数》以及全国能源基础与管理标准化技术委员会发布的《综合能耗计算通则》可以分别计算得到能源及典型物料的碳排放系数。

（1）能源的碳排放系数 能源的碳排放系数是指消耗单位能源直接和间接产生的各种温室气体的总和，包括产生于能源燃烧过程的直接温室气体排放及能源开采、生产、运输等阶段的间接温室气体排放，即能源整个生命周期内的碳排放，并将除二氧化碳外的其他温室气体根据其 GWP 等效为 CO$_2$ 量，单位采用 kgCO$_2$ - e/t 标煤。

根据我国能源统计制度，我国主要使用的能源包括原煤、洗精煤、其他洗煤、焦炭、焦炉煤气、其他焦化产品、原油、汽油、柴油、煤油、燃料油、液化石油气、炼厂干气、天然气、电力等。上述能源分三类来计算，即一次能源的碳排放、一般二次能源的碳排放及基于我国电力构成的电力生产的碳排放，根据生命周期评价的基本原理分别求取一次能源的碳排放系数、一般二次能源的碳排放系数及我国电力生产的碳排放系数，具体研究结果见表 2-2。

表 2-2 能源的碳排放系数

（单位：kg CO$_2$ - e/t 标煤）

序号	能源名称	碳排放系数	序号	能源名称	碳排放系数
1	原煤	3138.08	8	柴油	2632.23
2	洗精煤	3287.97	9	燃料油	2722.88
3	焦炭	4473.47	10	液化石油气	2300.72
4	焦炉煤气	1667.27	11	炼厂干气	2155.57
5	原油	2253.86	12	天然气	1744.07
6	汽油	2492.08	13	电力	2.41
7	煤油	2556.47	—	—	—

（2）机械制造工业典型物料的碳排放系数　物料的碳排放系数定义为每单位材料 j 产出过程所排出的温室气体量，并以二氧化碳当量表示。依据 LCA 的基本原则，第 j 种物料碳排放系数的具体计算公式为

$$EF_j = \sum_{i=1}^{n} E_j \eta_i EF_i \qquad (2-2)$$

式中，EF_j 是第 j 种物料的碳排放系数（kg CO_2 - e/t 标煤）；E_j 是第 j 种物料生命周期内的载能量（Embodied Energy）（t 标煤），由直接能耗和间接能耗组成；η_i 是消耗的第 i 种能源在材料载能量中的百分比；EF_i 是第 i 种能源的碳排放系数（kg CO_2 - e/t 标煤）；n 是能源消耗的种类数量。

典型物料的碳排放系数见表 2-3。

表 2-3　典型物料的碳排放系数

（单位：kg CO_2 - e/t 标煤）

序号	物 料 名 称	碳排放系数	序号	物 料 名 称	碳排放系数
1	生铁	2130.28	6	钢材	5926.26
2	铸铁	4445.81	7	精铜	3685.23
3	轧钢	2882.83	8	铝材	12807.04
4	锻钢	5429.91	9	铅材	2215.62
5	铸钢	6356.11	10	锌材	4312.77

参 考 文 献

[1] 刘培哲. 可持续发展理论与《中国 21 世纪议程》[J]. 地学前缘, 1996, 3（1）：1-9.

[2] 张春霞. 科技创新与经济可持续发展 [D]. 天津：河北工业大学, 2005.

[3] 马宗晋, 姚清林. 社会可持续发展论 [J]. 自然辩证法研究, 1996（12）：28-30.

[4] 石磊. 工业生态学的内涵与发展 [J]. 生态学报, 2008, 28（7）：3356-3364.

[5] 牛文元. 中国可持续发展的理论与实践 [J]. 中国科学院院刊, 2012, 27（3）：280-289.

[6] 何东, 曹丹. 论区域工业生态系统的构建 [J]. 西华大学学报（哲学社会科学版）, 2007（2）：23-26.

[7] 杨京平. 生态工程学导论 [M]. 北京：化学工业出版社, 2005.

[8] 劳爱乐, 耿勇. 工业生态学和生态工业园 [M]. 北京：化学工业出版社, 2003.

[9] 王兆华, 尹建华, 武春友. 生态工业园中的生态产业链结构模型研究 [J]. 中国软科学, 2003（10）：149-152.

[10] 李宏宇. 发展循环型工业治理我国工业污染 [J]. 理论探讨, 2006（2）：72-74.

［11］ 陈庄，刘飞，陈晓慧. 基于绿色制造的产品多生命周期工程［J］. 中国机械工程，1999，10（2）：233-235.

［12］ ALTING L, LEGARTH J B. Life Cycle Engineering and Design［J］. CIRP Annals, 1995, 44（2）：569-579.

［13］ KASTELIC S, KOPAC J, PEKLENIK J. Conceptual Design of a Relational Data Base for Manufacturing Processes［J］. CIRP Annals, 1993, 42（1）：493-496.

［14］ TIPNIS V A. Evolving Issues in Product Life Cycle Design［J］. CIRP Annals, 1993, 42（1）：169-173.

［15］ WEULE H. Life-Cycle Analysis – A Strategic Element for Future Products and Manufacturing Technologies［J］. CIRP Annals, 1993, 42（1）：181-184.

［16］ HARJULA T, RAPOZA B, KNIGHT W A, et al. Design for Disassembly and the Environment［J］. CIRP Annals , 1996, 45（1）：109-114.

［17］ CHURCH J, CLARK P, CAZENAVE A. Climate Change 2013：The Physical Science Basis. Contribution of Working Group I to the Fifth Assessment Report of the Intergovernmental Panel on Climate Change［R］. Cambridge：Cambridge University Press, 2013.

［18］ 董思言，高学杰. 长期气候变化：IPCC 第五次评估报告解读［J］. 气候变化研究进展，2014，10（1）：56-59.

［19］ 程豪. 碳排放怎么算：《2006 年 IPCC 国家温室气体清单指南》［J］. 中国统计，2014（11）：28-30.

［20］ 陶雪飞，曹华军，李洪丞，等. 基于碳排放强度系数的产品物料消耗评价方法及应用［J］. 系统工程，2011，29（2）：123-126.

［21］ 王学荣. 从传统生产力到生态生产力：扬弃与超越［J］. 武汉科技大学学报（社会科学版），2013，15（1）：12-15.

［22］ 贾春雨. 生态工业园：可持续的工业革命［J］. 内蒙古环境科学，2009，21（5）：10-14.

第 3 章

———

生命周期评价方法及应用

3.1 生命周期评价方法

▶3.1.1 生命周期评价概述

生命周期评价（Life Cycle Assessment，LCA）作为一种综合量化产品、服务或系统从"摇篮到坟墓"的全生命周期资源消耗和环境影响的方法，被广泛应用于产品的环境影响评价，进而辨识环境影响热点，探索改善环境影响的机会。生命周期评价不仅能用于量化产品整个生命周期的环境影响，而且可针对某个工艺过程或技术进行环境影响评价。因而生命周期评价可支持绿色产品的设计、绿色工艺技术开发及绿色回收方案的评价与优化等。

▶1. 生命周期评价的起源及发展

LCA 从 20 世纪 60 年代末至 70 年代初在欧洲和美国被提出以来，历经 50 多年的发展已被广泛应用于产品或服务环境影响评价，并形成了 ISO 14000 环境管理系列标准。纵观 LCA 的发展史，LCA 大致经历了三个代表性的阶段。

LCA 最早于 20 世纪 60 年代末至 70 年代初被美国中西部研究所（MRI）应用于可口可乐公司饮料包装瓶的资源和环境状况分析（Resource and Environmental Profile Analysis，REPA）。该研究对比分析了常用的玻璃瓶与其替代品塑料瓶从原材料采掘到生命周期末端的环境影响，被认为是生命评价方法应用的开端。在 LCA 发展初期，大多数研究都聚焦在包装品和固体废物的 REPA 分析。由于大多与产品相关的污染物排放都与能源消耗相关，因此能源分析法被广泛应用于这些研究中。

到了 20 世纪 70 年代中期，欧美政府开始关注 LCA 的研究并积极推动 LCA 在工业企业中的应用，如欧洲经济合作委员会在"液体食品容器指南"中要求相关企业全面监管其产品生产过程中的资源、能源消耗以及废弃物排放。这一时期，由于全球面临能源危机，能源消耗成为公众关注的焦点并被应用于大多数研究中。到了 20 世纪 80 年代，LCA 的案例研究进程有所放缓，但是学术界关于 LCA 的方法论研究一直稳步向前，初步形成了较为规范的清单分析方法并开发了商业化的 LCA 软件。

20 世纪 90 年代以后，由于资源环境问题日益严重以及人们环保意识的增强，LCA 受到更广泛的关注并得到快速发展。1990 年在国际环境毒理学与化学学会（SETAC）召开的有关生命周期评价的国际学术研讨会上，首次提出 LCA 这一概念，并在之后的多次研讨会上对 LCA 的方法开展了更广泛的研究。生命周期清单（Life Cycle Inventory，LCI）数据库、环境评价方法以及 LCA 相关的学术期刊等被相继开发或创立。1993 年国际标准化组织（ISO）起草了 ISO 14000 环境管理系列国际标准，正式将 LCA 纳入该标准体系中。至 1997 年起，ISO 先后颁了 ISO 14040 ~ 14043 系列标准，规定了 LCA 研究的框架、清单分析、影响评价及生命周期结果解释等一系列内容。

我国生命周期评价理论研究起步较晚，1998 年，国家"九五"高新技术研究计划支持了"材料的环境协调性评价研究"课题，对国内主要基础材料的环境负荷进行了全面评估。参照国际标准，我国于 1999 年发布了 GB/T 24040—1999《环境管理 生命周期评价 原则与框架》，等同于国际标准 ISO 14040；2000 年发布了 GB/T 24041—2000《环境管理 生命周期评价 目的与范围的确定和清单分析》，等同于国际标准 ISO 14041；2002 年又发布了 GB/T 24042—2002《环境管理 生命周期评价 生命周期影响评价》和 GB/T 24043—2002《环境管理 生命周期评价 生命周期解释》。

LCA 方法发展至今，已成为国际上公认的产品环境性能评价的方法，被广泛应用于机械、化工、纺织、农业等行业中。多种商业 LCA 软件和数据库被开发，为 LCA 研究提供了工具和数据来源。表 3-1 列出了国内外著名的商业 LCA 软件。

表 3-1　国内外著名的商业 LCA 软件

软件名称	国家	开发单位	特　点
SimPro	荷兰	Leiden 大学环境科学中心（CML）	它是一款综合全面的 LCA 软件，支持产品或工艺过程生命周期环境影响评价以及环境产品声明（Environmental Product Declaration，EPD），配置多种 LCI 数据库，包括通用数据库（Ecoinvent）以及特定行业的数据库如农业足迹数据库（Agri-footprint）和欧盟生命周期基础数据库（ELCD）。该软件支持查看数据库、单元过程、结果和环境排放源等内容
GaBi	德国	PE International	它集成了多种原材料、能源及工艺数据，支持生命周期环境影响和社会影响评价、物质流分析（Material Flow Analysis，MFA）及碳足迹计算，使用参数功能进行建模，便于进行场景分析
OpenLCA	德国	GreenDelta	它是一款开源的 LCA 评价工具，同时支持产品环境足迹（Product Environmental Footprint，PEF）及生命周期成本、社会评价等，支持产品系统的自动和图形化创建，能够集成 GIS 数据并参数化定义特定区域的环境影响因子，使区域化影响评估成为可能

（续）

软件名称	国家	开 发 单 位	特　　点
GREET	美国	Argonne National Laboratory	专用的车用燃料及汽车生命周期能量消耗与排放计算工具，内含车用燃料周期和汽车生命周期的能耗和排放数据库
Boustead	英国	Boustead Consulting Ltd.	主要用于清单分析中的单元过程废热、空气排放、水排放、固体废弃物等的计算，不包括生命周期评价阶段；该软件配置的数据库包含有欧美、日本等国多个过程单元的污染物排放数据
eFootprint	中国	亿科环境科技有限公司	网络化通用的 LCA 软件，适用于各种产品的 LCA 分析、产品碳足迹（Product Carbon Footprint，PCF）评价、产品Ⅲ型环境声明（EPD）、产品生态设计（Ecodesign）等。集成了中国生命周期基础数据库（CLCD）、Ecoinvent 数据库及 ELCD 数据库

▶▶ 2. 生命周期评价的概念

生命周期评价自出现以来，许多研究机构或个人尝试对 LCA 进行定义。SETAC 对 LCA 的定义是：LCA 是一个通过识别和量化能源、材料消耗及废弃物排放来评价产品、工艺过程或活动环境负荷，并评估这些能源、材料消耗及废弃物排放对环境的影响，识别和评估环境改善机会的过程。ISO 14040 将 LCA 定义为一种评估产品（或服务）潜在环境影响的技术，它通过编制产品或服务相关输入和输出清单数据，评估与产品或系统有关的潜在环境影响，并且解释与研究目标相关的清单分析和影响评估结果。虽然关于 LCA 的定义并不是完全统一，但是其核心思想都是"对产品或系统从制造、使用、回收及报废处置等生命周期过程潜在的环境影响进行评价"。

由 LCA 的定义可知：①LCA 是一种系统性、定量化的环境影响评价方法，其相比于定性的评价更具客观性与科学性；②LCA 考虑产品或系统整个生命周期过程，即从"摇篮"到"坟墓"（Cradle to Grave），包括原材料采掘与生产、产品制造、产品使用与维护、产品回收与报废处理等各阶段，图 3-1 所示为完整的产品生命周期过程；③LCA 以整个生命周期内的资源和能源消耗及废弃物排放来计算环境负荷，并且包括多种环境影响的评价；④LCA 注重对评价结果的解释及如何减少产品或系统的环境影响。

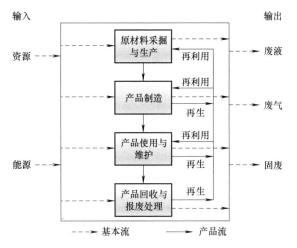

图 3-1 完整的产品生命周期过程

3.1.2 生命周期评价基本框架

在 LCA 发展之初，SETAC 最先制定了 LCA 的基本框架，如图 3-2 所示。该框架呈三角形，主要包括目标与范围确定、清单分析、影响评价和改善评价四个有机联系的部分。在此基础上，经过进一步发展与完善，ISO 建立了一个更加通用的 LCA 基本框架，如图 3-3 所示，包括目标与范围确定、清单分析、影响评价和解释说明四部分内容。ISO 认为改善评价是开展 LCA 的目的，并不是 LCA 本身的一

图 3-2 SETAC 制定的 LCA 基本框架

个阶段，因此 ISO 标准将改善评价修改成解释说明并和前三个步骤互相关联。ISO 标准对 LCA 操作步骤进行了细化，使其更加有利于开展生命周期评价研究，目前已成为 LCA 的实施准则。

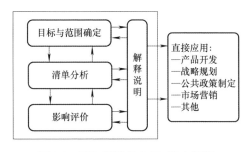

图 3-3 ISO 制定的 LCA 基本框架

生命周期评价可以：①识别与评价产品生命周期各阶段环境改善的机会，帮助绿色产品开发和产品改进；②量化措施、政策等对环境造成的影响，为企业、政府提供面向环境改善的决策支持；③为授予"绿色"标签产品的环境标准提供量化依据，引导"绿色营销"和"绿色消费"。根据不同的评价目的，LCA 各实施步骤的内容有所区别，下面将分述生命周期评价各实施步骤的具体内容。

▶▶ 1. 目标与范围确定

目标与范围确定是 LCA 研究的第一步，其中目标确定主要是明确开展此项生命周期评价的目的、原因及研究结果预期的应用等。它直接影响了系统边界的确定以及后续清单分析和解释说明。常见的生命周期评价的目的包括：①比较特定商品或服务对环境的影响；②识别产品系统中对环境影响贡献最大的部分（即"热点识别"）；③评估产品改进设计的环境改善潜力；④评价产品的环境性能，用于产品环境声明（EPD）或其他类型的产品环境足迹的声明；⑤制定生态标签的标准；⑥制定考虑环境因素的政策。如果开展生命周期评价的目的是比较特定产品系统对环境的影响，从而确定到底哪一个产品系统的环境性能更优，那么这些产品系统生命周期过程相同的部分就可以被排除在系统边界之外。但若 LCA 研究是为了评价产品的环境性能而用于产品环境声明，那就需要尽可能全面地将生命周期各阶段的活动包含在研究中。

LCA 研究范围的确定需满足 LCA 的研究目的，主要包括确定：①交付物，分为 LCI 结果或者生命周期影响评价（LCIA）结果；②评估的对象，包括确定产品或系统的功能（Functions）、功能单位（Functional Unit）和基本流（Elementary Flows）；③LCI 建模框架和多功能过程的处理方法；④系统边界；⑤LCI 数据的质量要求；⑥影响评价指标和影响评价方法；⑦研究报告形式等。

▶▶ 2. 清单分析

清单分析是生命周期评价的第二步，也是评价过程中耗时最长且最难的一步，其结果是进行后续影响评价的基础。清单分析的目的是量化所研究的系统与环境交换的基本流。具体说来，清单分析是对产品、工艺或活动在其整个生命周期阶段的资源、能源消耗及环境排放数据进行收集和定量计算，并最终获得与功能单位相适应的输入输出结果的过程。清单分析的步骤主要包括数据收集准备、数据收集、验证数据的有效性、将数据与单元过程关联、将数据与功能单位关联以及数据集成等过程，如图 3-4 所示。

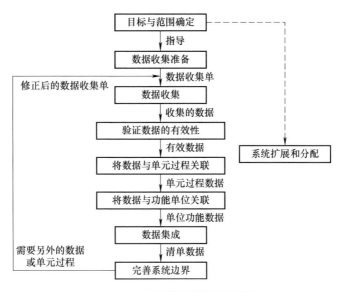

图 3-4 生命周期清单分析流程图

▷ 3. 影响评价

在上一步骤中，通过清单分析获得了产品系统的资源、能源消耗及环境排放（即基本流），但是由于这些消耗与排放带来的影响大小不一，因此还不足以根据这些消耗与排放做出决策。这时就需要对这些清单结果的潜在环境影响进行评估，说明各清单结果的相对重要性，也即生命周期影响评价（Life Cycle Impact Assessment，LCIA）。

根据 ISO 14042 标准规定，LCIA 包含必备要素——影响类型（Impact Categories）、类型指标（Category Indicators）及特征化模型（Characterisation Models）的选择，分类（Classify），特征化（Characterisation）以及可选要素——评估（Valuation）。

（1）影响类型、类型指标及特征化模型的选择 环境影响类型的确定需要将清单结果与环境问题相关联。因此，确定环境影响类型往往与所关心的环境问题或所保护的领域密切相关。SETAC 提出了以保护自然资源、人类健康和生态系统健康为目标的环境影响分类方法，将环境影响分为资源耗竭、环境污染以及生态系统和景观的退化三大类，并将各大类影响进一步细分成非生物资源耗竭、生物资源耗竭、全球气候变暖、臭氧层破坏等一些具体的影响类型，见表 3-2。根据所关心的环境问题不同，影响类型的划分方案侧重点将有所区别。当前，国际上开发的许多 LCIA 方法包含的环境影响类型均有所不同。影响类型的选择可帮助指导清单分析中有关基本流的收集，因此需根据定义的研究目标选择合适的影响类型。

表 3-2　SETAC 影响类型分类

环境影响大类	具体环境影响类型	环境保护目标		
		自然资源	人类健康	生态系统健康
资源耗竭	非生物资源耗竭	√		
	生物资源耗竭	√		
环境污染	全球气候变暖		√	√
	臭氧层破坏		√	√
	人体毒性		√	
	生态系统毒性		√	√
	光化学氧化物形成		√	√
	酸化		√	√
	富营养化			√
生态系统和景观的退化	土地使用		√	

注：√表示有影响。

　　类型指标是对环境影响类型的定量表达，可通过 LCI 结果确定各环境影响类型的影响机制。例如，辐射强迫（Radiative Forcing，W/m^2）类型指标通常用于描述 CO_2、CH_4、N_2O 等温室气体引起的全球气候变暖影响。

　　特征化是通过特征因子（Characterisation Factor）将不同 LCI 结果对某个具体影响类型的贡献转化成统一的单位，以反映这些物质对某种环境影响类型的相对重要程度。特征因子通过特征化模型计算而得，通常可直接以绝对值表示某种物质的环境影响大小（如病例数/单位有毒气体排放）或者以污染物等效因子法来间接表示物质的环境影响大小［如政府间气候变化专门委员会以 CO_2 为等效物，采用全球变暖潜值（GWP）将其他同类温室气体的全球变暖影响转换为 CO_2 的当量值，从而获得不同污染物的当量值总和］。目前主要的特征化模型包括负荷模型、当量模型、固有的化学特性模型、总体暴露 – 效应模型、点源暴露 – 效应模型。当前国际上已开发出了包括 ReCiPe、CML、TRACI、EDIP、LIME、IMPACT 2002 + 在内的多种 LCIA 方法，在使用时可根据 LCA 的研究目标与范围进行选择。

　　（2）分类　分类是将清单分析的基本流分配到不同环境影响类型的过程，如将 CO_2 排放归入全球气候变暖影响。由于一些物质可以在并行或串行模式下产生多重影响，因此对基本流的环境影响进行分类并不容易，往往需要环境有关的专门知识。在并行的情况下，一种物质同时产生多种影响，如 SO_2 既可能造成酸化，吸入后又可能危害人体健康。在串行的情况下，一种物质的不利影响可能导致产生其他的环境影响，如 SO_2 导致的酸化可能致使土壤中的重金属流动性增强从而造成人体和生态系统毒性。因此需要视情况对物质的环境影响进行分类和计算。

（3）特征化 在这一步中，LCI 中的所有基本流对环境影响的贡献程度都将被评估。对于某一特定环境影响类型 j，其值为与其相关的所有基本流的环境影响之和。而每种基本流的环境影响可进一步通过物质的排放量与其相应的特征因子之积计算而得，即

$$EI_j = \sum_i CF_i E_i \tag{3-1}$$

式中，EI_j 是第 j 种环境影响潜值（如温室气体潜值，$kgCO_2 - e$）；CF_i 是第 i 种物质对第 j 种环境影响的特征因子（如 CO_2 的 GWP 为 1 $kgCO_2 - e/kgCO_2$，CH_4 的 GWP 为 25 $kgCO_2 - e/kgCH_4$，N_2O 的 GWP 为 320 $kgCO_2 - e/kgCH_4$）；E_i 是第 i 种物质的排放量（如 CO_2 的排放量，kg）。

（4）评估 评估为 LCA 的可选要素，主要包括标准化（Normalization）、加权（Weighting）、分组（Grouping）等过程。

通过特征化可以得到不同影响类型的环境影响潜值，但是各环境影响潜值具有不同的单位，无法比较不同影响类型的相对大小。因此，为了进一步为决策提供依据，可对各环境影响潜值进行标准化处理。标准化是根据基准确定某一影响潜值相对大小的过程，一般可将全球、全国或某一地区的资源消耗、环境排放总量或人均资源占有量、环境排放量等作为标准化基准。

标准化统一了各环境影响潜值的量纲，但是即使不同影响类型的标准化结果相同，也不能反映其对环境影响的严重程度相同。因此需要对不同环境影响的严重程度进行排序，即赋予不同的权重，从而得到综合的环境影响值。目前，确定权重的方法有专家打分法、层次分析法、目标距离法以及货币化方法等。但是由于权重的确定是基于主观价值判断，不具有客观性，因此存在较大的不确定性。标准化和加权评估也是 LCA 的可选步骤。

4. 解释说明

解释说明是对 LCA 研究结果进行分析、形成结论并报告生命周期解释结果的过程。解释说明应提供易于理解的且和研究目标与范围一致的结论，并且应说明研究的局限性，以帮助其他研究者评估其结果稳健性和潜在弱点。

根据 ISO 14043 的要求，生命周期评价的结果解释说明主要包括：

1）重大问题识别。对 LCI 和 LCIA 结果进行分析，确定清单数据类型（包括能源资源消耗和环境排放等）、环境影响类型（如全球气候变暖、酸化、富营养化等）和生命周期各阶段对结果的主要贡献，从而识别关键的环境问题。

2）评估。评估是对整个生命周期评价过程进行完整性、敏感性和一致性检查，以确定结果的可靠性和稳定性。完整性检查的目的是确保所有数据（特别是重大问题相关数据）都完整，若相关的信息或数据缺失，则要重新对目标与范围进行调整。敏感性检查的目的是确定最终结论是否受到假设、方法或数据等的影响，从而评价结论的可靠性。一致性检查的目的是确定所使用的假设、方法或数据是否和研究目标与范围一致。

3）结论、局限性和建议。根据上述结果，给定符合研究目标与范围的结论及建议，说明研究的局限性，最终形成报告。

解释说明的内容及其与其他生命周期阶段的关联关系如图 3-5 所示。

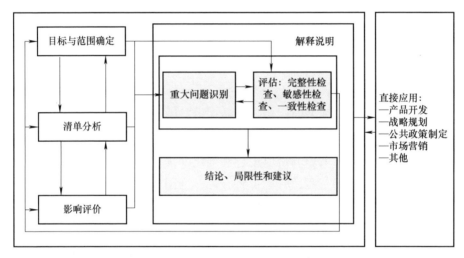

图 3-5　解释说明的内容及其与其他生命周期阶段的关联关系

3.2　电动汽车与传统燃油汽车的对比生命周期评价

▷3.2.1　研究背景

随着节能环保要求不断增强，电动汽车近年来被许多国家大力推广，成为现代交通系统的重要组成部分。为达成《巴黎协定》中 2030 年前实现全国二氧化碳排放达到峰值的目标，我国政府出台了一系列政策，重点推广新能源汽车，包括电动汽车、插电式混合动力汽车以及燃料电池汽车，以减少汽车行业的排放。因此，近年来我国的新能源汽车数量迅速增长，使我国成为最大的新能源汽车市场。据统计，2018年我国新能源汽车总销量超过100万辆，新能源汽车库存261万辆。在所有新能源汽车中，电动汽车占比超过80%。此外，我国政府曾制定了2020年电动汽车和插电式混合动力汽车累计产量达到500万辆的目标，并且到2030年实现新能源汽车占新车销量的30%。在我国不断推进汽车行业向电气化转型的背景下，电动汽车是否比传统燃油汽车具有更好的环境性能备受关注。尽管电动汽车在使用阶段相比于传统燃油汽车具有高能效和低排放的优势，但是电动汽车在生产制造阶段的资源消耗和环境排放以及使用阶段电能消耗的高排放问题也不容忽视。在我国，电动汽车是否比传统燃油汽车更加环境友好，这需要从生命周期的角度对电动汽车与传统燃油汽车的各种环境影响类型进行对比评价，从而为汽车行业的绿色发展和汽车生命周期管理提供量化数据支持。

3.2.2 评价对象

为了保证电动汽车和传统燃油汽车的可比性与代表性，选择我国市场份额占比较高的比亚迪·秦系列三款不同动力的"A"级汽车进行比较，分别是燃油动力汽车（ICEV）秦Pro、插电式混合动力汽车（PHEV）秦Pro DM和电动汽车（BEV）秦EV500。车辆的技术参数见表3-3。三款车型具有相似的尺寸、技术水平以及输出功率，因此更具可比性。三款车型的主要区别在于动力系统，ICEV的动力系统包括油箱、发动机、电子燃烧控制系统等，BEV的动力系统包括镍钴锰酸锂（NMC）电池、温控系统、电机和电气控制系统等，而PHEV的动力系统包括上述所有部件。PHEV和BEV的重量略高于ICEV，这主要是由于电池及其配件增加了额外的重量。根据比亚迪官方给出的质保里程，假设汽车和电池的寿命里程为15万km。PHEV搭载14.38kW·h容量的NMC电池，可提供82km的全电动驾驶，同时还配备了内燃机，可延长其行驶里程。假设PHEV的使用场景为85%的电动模式用于每周通勤，15%的燃油模式用于周末长途旅行。

表3-3 车辆的技术参数

类 型	ICEV	PHEV	BEV
车型名称	BYD 秦 Pro	BYD 秦 Pro DM	BYD 秦 EV500
长/mm×宽/mm×高/mm	4765×1837×1500	4765×1837×1495	4765×1837×1515

（续）

类　　型	ICEV	PHEV	BEV
轴距/mm	2718	2718	2718
净重/kg	1380	1690	1650
发动机最大功率/kW	118	118	—
发动机最大转矩/N·m	245	245	—
电机最大功率/kW	—	110	120
电机最大力矩/N·m	—	250	280
油箱容量/L	50	39	
百公里油耗/（L/100 km）	6.5	4.3	—
电池电量/kW·h	—	14.38	56.4
纯电动续驶里程/km	—	82	420
百公里电耗/（kW·h/100 km）	—	17.5	13.4
汽车和电池的寿命里程/km	150000	150000	150000

▶ 3.2.3　目标与范围确定

汽车的功能是运输人或物，不同道路条件和行驶速度等都会影响汽车使用过程中的燃油消耗或电力消耗，为了对 ICEV、PHEV 和 BEV 进行公平且合理的比较，统一采用我国现行能耗测试标准下的汽车燃油或电力消耗来进行评价。因此，将汽车 LCA 研究的功能单位定义为：车辆在我国现行能耗测试标准下行驶 1 km。本研究考虑了汽车从原材料获取、汽车制造、使用维护到报废处理的生命周期过程，如图 3-6 所示。汽车生命周期又可分为材料周期和燃料/电能周期，其中燃料/电能周期包括油井到油箱（WTT）和油箱到车轮（TTW）两个阶段。本研究采用 SimaPro 对三辆车的生命周期系统进行建模，采用 Ecoinvint v 3.4 作为背景数据源，并根据我国实际情况对其中大部分关键参数进行了调整，以适应我国的实际情况。本研究采用了 ReCiPe 的环境影响评价方法，共考虑了 18 个环境影响类型，即全球气候变暖潜值（GWP）、平流层臭氧耗竭潜值（SODP）、电离辐射潜值（IRP）、光化学臭氧合成潜值 – 人类健康（OFP-HH）、细颗粒物形成潜值（PMFP）、光化学臭氧合成潜值 – 陆地生态系统（POCP-TE）、陆地酸化潜值（TAP）、淡水富营养化潜值（FEUP）、海洋富营养化潜值（MEUP）、陆地生态毒性潜值（TETP）、淡水生态毒性潜值（FEP）、海洋生态毒性潜值（MEP）、人类致癌毒性潜值（HCTP）、人类非致癌毒性潜值（HNCTP）、土地利用潜值（LU）、矿产资源稀缺潜值（MRSP）、化石资源稀缺潜值（FRSP）和水资源消耗潜值（WC）。

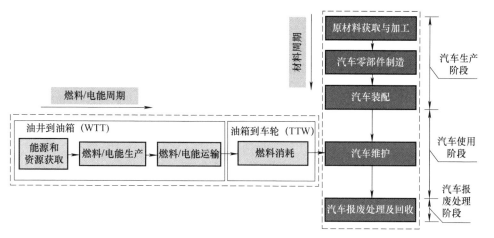

图 3-6　汽车生命周期过程

3.2.4　清单分析

1. 材料周期

汽车材料周期包括原材料获取与加工、汽车零部件制造、汽车装配、汽车维护和汽车报废处理及回收。由于我国没有公开的汽车材料组成数据，本研究采用了 Greet 模型中 ICEV、PHEV 和 BEV 的材料组成（除电池外），并根据所研究的车辆实际重量获得了每种材料的消耗，见表 3-4。此外，三种车型都配备了12V 的铅酸电池（针对 ICEV 和 PHEV）或磷酸铁锂离子（LFP）电池（针对BEV），PHEV 和 BEV 还配备了 NMC 电池。各汽车配备电池的重量及材料组成见表 3-5，其中 NMC 电池的材料组成来自于 Majeau-Bettez 等人，而 ICEV 和PHEV 的 12V 铅酸电池的材料组成来自 Greet 模型，BEV 用 LFP 电池的材料组成来自 Majeau-Bettez 等人。

表 3-4　汽车（除电池外）的材料组成及重量

材料名称	ICEV		PHEV		BEV	
	比例（%）	重量/kg	比例（%）	重量/kg	比例（%）	重量/kg
钢材	62.9	785	64.3	925.9	65.5	804.34
铸铁	10.3	128.5	7.2	103.7	2.0	24.56
锻铝	1.9	23.7	1.2	17.3	1.5	18.42
铸铝	4.5	56.2	6.7	96.5	5.6	68.77
铜	1.9	23.7	4.5	64.8	5.8	71.22

（续）

材料名称	ICEV		PHEV		BEV	
	比例（%）	重量/kg	比例（%）	重量/kg	比例（%）	重量/kg
镁合金	0.02	0.2	0.02	0.3	0.02	0.25
玻璃	3.0	37.4	2.5	36	3.1	38.07
塑料	11.1	138.5	9.8	141.1	11.9	146.13
橡胶	2.2	27.5	1.9	27.4	1.7	20.88
其他	2.18	27.3	1.88	27	2.88	34.36
合计	100	1248	100	1440	100	1227

表 3-5　各汽车配备电池的重量及材料组成

12V 铅酸电池（针对 ICEV 和 PHEV）		12V LFP 电池（针对 BEV）		NMC 电池	
16kg		10kg		PHEV：142 kg　BEV：350 kg	
材料名称	比例	材料名称	比例	材料名称	比例
塑料	6.1%	$LiFePO_4$	25%	$LiNi_{0.4}Co_{0.2}Mn_{0.4}O_2$	23.2%
铅	69.0%	石墨	8%	石墨	9.4%
硫酸	7.9%	铜	9.3%	铜	9.3%
玻璃纤维	2.1%	锻铝	23.4%	锻铝	23.6%
水	14.1%	电解液	12%	电解液	12%
其他	0.8%	塑料	20.3%	塑料	20.3%
—	—	其他	2%	其他	2.2%

　　汽车装配涉及喷漆、加热、空气压缩、焊接、材料处理、通风和空调（HVAC）及照明等的能耗和排放。汽车装配阶段的能耗参考 Greet 模型公开的数据，见表 3-6。此外，在汽车维护阶段，需更换铅酸电池、轮胎和液体等。汽车维护阶段零部件及液体的消耗见表 3-7。在汽车报废处理及回收阶段，首先进行预处理，包括去除残留的油、安全气囊、冷却剂等；然后拆卸电池和轮胎，进行进一步回收；余下部分通过机械破碎、磁选和重介质分离等技术筛选出废铁、废铝和废铜等有价值的材料进行回收，剩余部分进行无害化处理。由于废铁、废铝和废铜等材料可被用于生产铁、铝、铜二次材料，因此避免了部分原材料的生产，这部分由二次原料替代原材料而减少的原材料生产消耗和排放被视为汽车报废处理及回收阶段减少的排放。本研究采用 Hao 等人提供的详细车辆回收清单数据。NMC 电池回收采用先进的湿法冶金技术，铜和铝都可以回收，

电池回收的清单数据由谢英豪等人提供。

表 3-6 汽车装配阶段的能耗　　　　　（单位：MJ/辆）

能　　源	油漆生产	喷　涂	HVAC 及照明	加　　热	材料处理	焊　　接	空气压缩
天然气	303	483	1045	0	216	288	432
电能	0	2428	0	3146	0	0	0

表 3-7 汽车维护阶段零部件及液体的消耗

类　　型	ICEV	PHEV	BEV
轮胎/kg	36（3）	36（3）	36（3）
发动机润滑油/kg	4（39）	4（39）	—
制动油/kg	1（3）	1（3）	1（3）
传动液/kg	11（1）	1（1）	1（1）
动力系统冷却剂/kg	10（3）	10（3）	7（3）
风窗玻璃液/kg	3（19）	3（19）	3（19）
黏合剂/kg	14	14	14
12V 铅酸电池/kg	16（2）	16（2）	—

注：括号内数值表示汽车维护阶段零部件及液体的更换次数。

▶▶ **2. 燃料/电能周期**

汽车燃料/电能周期包括燃料的生产和运输阶段以及燃料的使用阶段。BEV 不产生尾气排放，而 ICEV 和 PHEV 由于燃料燃烧会产生尾气排放。基于我国的汽车能耗测试标准（即 NEDC 工况），BEV 和 PHEV 的百公里电耗见表 3-3。假设汽车的平均充电效率为 90%，基于此可计算汽车使用阶段的实际电耗。我国 2019 年的平均电力结构见表 3-8，其中火力发电占比较大（达 68.89%），其次是水电（占 17.77%）。本研究的 ICEV、PHEV 遵循国 V 排放标准，相当于欧 V 排放标准。因此，本研究中 ICEV、PHEV（燃油模式下）的排放数据采用 Ecoinvent 中欧 V 中型 ICEV 的排放数据。

表 3-8 我国 2019 年的平均电力结构

类　　型	发电量/TW·h	占　　比
火力发电	5046.8	68.89%
煤电	4553.8	62.16%
天然气发电	232.5	3.17%
燃油发电	6	0.08%
生物质能	111.1	1.52%
其他热能	143.4	1.96%

（续）

类　　型	发电量/TW·h	占　　比
核电	348.7	4.76%
水电	1302.1	17.77%
风电	405.3	5.53%
太阳能发电	223.7	3.05%
合计	7326.6	100%

3.2.5　影响评价

　　三款车型生命周期行驶 1 km 的环境影响评价结果如图 3-7 所示，其中三款汽车的所有环境影响都分别按照每个环境影响类型中三款汽车最高的影响进行了标准化。汽车的生命周期环境影响进一步被细分为汽车生产（不含电池）、电池生产、汽车使用、汽车维护、汽车回收（不含电池）及电池回收几个阶段。汽车使用由 WTT 和 TTW 组成，它们共同代表了燃料/电能周期的贡献。

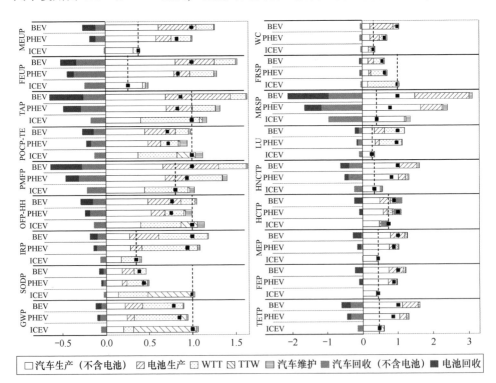

图 3-7　三款车型生命周期行驶 1 km 的环境影响评价结果

由图 3-7 可知，BEV 相对于 ICEV 具有降低 GWP、SODP、POCP-TE 和 FRSP 环境影响的潜力，这主要是因为 BEV 的燃料/电能周期的环境影响比 ICEV 更低。然而，BEV 和 PHEV 的 IRP、FEUP、MRSP 和所有与毒性相关的影响比 ICEV 更高，因此 BEV 具有向这些环境影响类型转移的风险。通过进一步的分析发现，导致 BEV 和 PHEV 的这些环境影响较大的原因是 BEV 和 PHEV 使用阶段中电的消耗以及汽车（包含电池）的生产。除 TAP 和 HCTP 外，PHEV 的总体环境影响介于 BEV 和 ICEV 之间。

三款汽车的环境影响已按照每个环境影响类别中的最大值进行归一化，黑点代表汽车的总体环境影响（正负抵消后的环境影响）。

三款车型生命周期行驶 1 km 的 GWP 如图 3-8 所示。基于我国当前的平均电力结构，BEV 和 PHEV 的生命周期 GWP 分别为 156 gCO$_2$ – eq/km 和 169 gCO$_2$ – eq/km，相比于 ICEV 的 GWP，分别降低了 23% 和 17%。汽车使用阶段的排放是三种汽车全生命周期 GWP 的主要贡献者，分别占 ICEV、PHEV 和 BEV 总

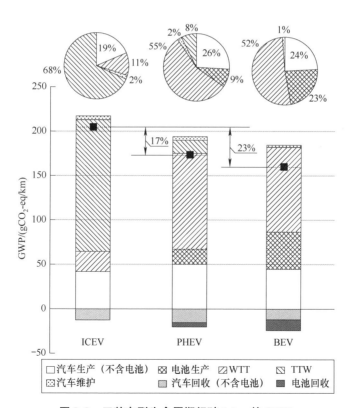

图 3-8　三款车型生命周期行驶 1 km 的 GWP

GWP 的 79%、63% 和 52%。而在汽车使用过程中，ICEV 在 TTW 阶段尾气排放导致的 GWP 是该汽车使用阶段 GWP 的主要来源，而 PHEV 和 BEV 的 GWP 主要由 WTT 阶段中与发电排放相关的 GWP 决定。BEV 生产阶段的 GWP 是汽车生命周期 GWP 的另一贡献者，占据近一半的汽车生命周期 GWP。BEV 生产阶段的排放达 86 gCO_2 – eq/km，是 ICEV 生产阶段（41 gCO_2 – eq/km）的两倍。虽然 BEV 和 PHEV 的整车生产 GWP 较高，但汽车运行过程中的低碳排放弥补了这一不足。BEV 回收的 GWP 获益为 26 gCO_2 – eq/km。如果将回收阶段的环境获益计算在内，即回收材料用于汽车制造，则 BEV 生产阶段的 GWP 将降低到 60 gCO_2 – eq/km。在这种情景下，BEV 生产的 GWP 占比将降低到汽车整个生命周期 GWP 的 39%。

3.3　机床的生命周期评价及优化

3.3.1　研究背景

在所有工业活动中，制造业贡献了全球约 36% 的二氧化碳排放和 33% 的电力消耗。在我国，制造业甚至占能源消费总量的 55% 左右。机床作为制造业的基本生产设备被广泛使用。近年来，我国金属切削机床年产量已超过 60 万台，连续多年位居世界第一。机床结构复杂，零部件往往较多，使用寿命也较长。因此，机床在生命周期内会产生大量的资源消耗及环境排放。鉴于此，对机床开展生命周期评价并且寻求降低机床的资源消耗和环境排放方法，对于整个制造业的节能减排具有重要意义。因此，本节以高速干切滚齿机床为研究对象，采用生命周期评价（LCA）方法对机床生命周期资源消耗和环境影响进行分析，识别机床生命周期资源消耗和环境排放"热点"，为机床绿色改进提供方法以及数据支持。

3.3.2　评价对象

本节以重庆市某机床制造企业典型高速干切滚齿机床产品 YDE3120CNC 为研究对象。该机床在床身整体结构上不同于传统滚齿机，床身和立柱采用的是双层壁、高筋板对称结构设计，这使得其可以满足机床高速以及高刚度的要求，同时采用大倾斜面设计，保证切屑能够快速从床身中排出，减少了机床因切削热产生的热变形。高速干切滚齿机床采用电主轴直驱式滚齿刀架，实现了机床的高精度和高效率加工，其采用带阻尼的高速齿轮副工作台，可以提高加工精度。高速干切滚齿机床由于采用无切削液方式加工齿轮，有效地消除因切削液带来的环境污染，降低了能源的消耗，也降低了工人在车间的健康危害。以单台高速干切滚齿机床年加工 45 万件齿轮为例，与湿切机床相比，可节约电能 2.7 万 kW·h/年，减少碳排放约 18t/年，节约切削液 5000L/年，具有显著的节能及环保效益。该机床型号的命名方式为：Y——齿轮加工机床；D——直驱传动；E——干式切削；31——立式滚齿机床；20——机床加工工件的最大规格（外径为 200mm）。YDE3120CNC 是面向齿式滚齿加工工艺而全新设计的、具有当今先进水平的新一代数控高速干切自动滚齿机床，也是一种典型的绿色环保机床，主机重约 14380kg。

机床左视图与俯视图如图 3-9a、b 所示，机床三维视图如图 3-9c 所示。图中标号为机床的 14 个主要部件，各部件名称及功能简介如下。

1）床身。床身是滚齿机床的基础部件，其上安装有大立柱、工作台等多种部件，床身采用高强度、高刚性的多层筋板结构，保证了机床加工精度的稳定。

2）机床护罩。全封闭的机床护罩可有效地防止机床加工时产生的粉尘对工作场地的污染。从工作安全方面考虑，机床在加工时不能打开护罩。

3）径向进给单元。径向进给单元上装有控制滚刀箱转角的蜗杆、蜗轮和伺服电动机。

4）轴向进给单元。轴向进给单元在大立柱上做轴向移动。

5）大立柱。大立柱偏置固定在床身上，其上承载着轴向进给单元和径向进给单元，并且与后立柱连接。

6）小立柱。小立柱上装有外支架滑板、伺服电动机、直角减速机、直线导轨和搬运机械手。伺服电动机控制外支架滑板移动，所以可以由数控编程控制外支架滑板行程极限，有效防止误操作和机械故障时造成的零件损坏和安全事故。外支架顶尖采用 1∶5 锥度连接，常用推荐电动机电流负荷值 10%~20%。

7）滚刀箱。滚刀箱上装有圆光栅的直驱电主轴、驱动滚刀主轴和切向窜刀电动机，以此来控制 Y 轴运动，具有高刚性的直线导轨结构，能承受滚齿切削时的大负荷。主轴与刀杆连接采用 1∶10 锥度和端面均贴死的过定位安装方式，并由碟簧组拉紧，提高了切削时主轴刚性。小滑座采用螺杆碟簧手动进退，保证刀杆远端支承刚性。

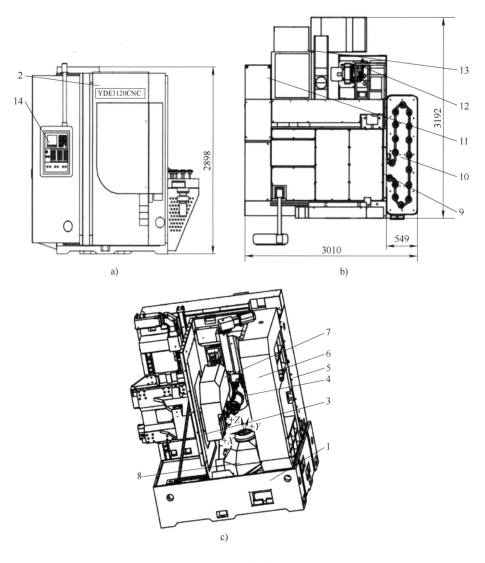

图 3-9 机床

a) 机床左视图 b) 机床俯视图 c) 机床三维视图

1—床身 2—机床护罩 3—径向进给单元 4—轴向进给单元 5—大立柱 6—小立柱 7—滚刀箱
8—工作台 9—双工位搬运机械手 10—自动存储料仓 11—电气系统 12—液压系统
13—磁性刮板排屑器 14—操纵站

8）工作台。工作台位于床身上，工作台面是安装滚齿夹具和工件的基准；工作台主轴由高精度滚动轴承支承，采用直驱力矩电动机驱动，由高精度圆光栅采集分度信号，实现工作台的回转运动，保证工作台的高转速、高精度、高刚性。

9）双工位搬运机械手。双工位搬运机械手固定在后立柱上，负责把工件从料仓中抓取放到夹具上，并将已经加工好的工件放回料仓中。机械手靠一个伺服电动机带动进行回转，手爪由一个双向液压缸带动齿条和齿轮运动实现张开和闭合，并由一个升降液压缸带动整个机械手上升、下降。

10）自动存储料仓。自动存储料仓固定在床身侧面，该机构负责存储和传送工件到特定位置供机械手搬运，并将已加工的工件送出。料仓可存放 10 ~ 20 个工件，工件数视工件直径大小而定，最大直径为 200mm。

11）电气系统。控制电箱内有数控系统及高电压元件，只有在调整机床的电气系统时才允许打开电箱。

12）液压系统。液压系统包含液压油箱、空气和液压油过滤器、液压泵、润滑脂泵、电磁阀和电动机，为机床的液压、冷却和润滑提供各种介质。

13）磁性刮板排屑器。磁性刮板排屑器位于床身后侧中间位置。磁性刮板排屑器能快速将加工时产生的铁屑从加工区域运出。

14）操纵站。操纵站是操作人员与数控机床（系统）进行交互的工具，主要由显示装置、NC 键盘、MCP、状态灯、手持单元等部分组成。

▶▶ 3.3.3　目标与范围确定

数控滚齿机床的功能是加工齿轮，因此将机床 LCA 的功能单元确定为：采用两班制（每班 8 h）模式加工模数为 2.5 mm、齿数为 40、齿宽为 25 mm 的目标齿轮 10 年。本节考虑了机床从"摇篮"到"坟墓"的生命周期过程中的资源消耗和环境影响。机床从"摇篮"到"坟墓"主要包括机床制造阶段（含原材料制备、毛坯生产、零部件制造及装配）、运输阶段、使用阶段、回收阶段。图 3-10 所示为高速干切滚齿机床的系统边界。表 3-9 中列出了系统边界中主要包含与不包含的内容。本节采用 GaBi 8.2 对机床产品系统的生命周期各阶段进行建模，主要考虑九大资源环境影响的评价指标，分别为全球气候变暖潜值（GWP）、酸化潜值（AP）、富营养化潜值（EP）、化石燃料消耗潜值（ADP）、人体毒性潜值（HTP）、光化学臭氧合成潜值（POCP）、淡水水生生态毒性潜值（FAETP）、海水水生生态毒性潜值（MAETP）、陆地生态毒性潜值（TETP）。

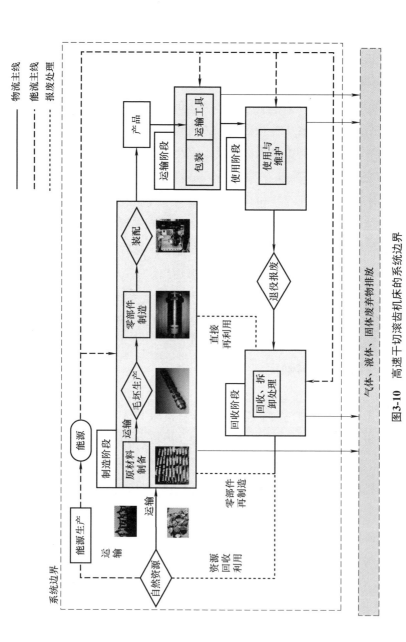

图3-10 高速干切滚齿机床的系统边界

表 3-9　系统边界中主要包含与不包含的内容

包含的内容	不包含的内容
矿产资源及能源的采掘	非金属零部件的生命周期
矿产资源及能源的加工与运输	电动机等外购件不考虑加工的消耗，只考虑其
仅考虑金属零部件的生命周期	金属件的材料消耗
零部件毛坯制造过程消耗	零部件在制造过程中的运输
机床零部件的制造过程消耗	机床小配件（螺柱、垫圈、铭牌等）
机床零部件的装配过程消耗	机床包装的回收
机床产品在运输阶段中的包装消耗与燃油损耗	机床各阶段中人的做功
机床在使用过程中的功耗和液压油、压缩空气、	机床安装与拆卸过程的消耗
水等物耗	使用阶段中故障情况
机床材料的回收利用	
零部件制造过程中铁屑的回收	

3.3.4　清单分析

1. 机床制造阶段

高速干切滚齿机床制造阶段主要包括原材料制备、毛坯生产、零部件制造及装配过程，制造阶段的清单分析与 GaBi 模型相较于其他阶段是最复杂的。因为机床零部件众多，经界定范围限制后仍有部件 14 个、零件 54 个。根据调研获取的高速干切滚齿机床设计图样信息，其零部件名称、相应材料与质量等清单信息见表 3-10。基于此信息，将机床的制造阶段分为三个层次，分别是零件层、部件层和产品层，并按照这三个层次进行建模。

表 3-10　高速干切滚齿机床零部件清单信息

部件编号	部件名称	零件编号	零件名称	材料类型	质量/kg
P1	床身	P1-1	床身	20MoCr4	3777.356
P2	机床护罩	P2-1	外护罩	Q235A	733.916
		P2-2	内护罩	Q235A	272.742
P3	径向进给单元	P3-1	蜗杆	40Cr	6.642
		P3-2	蜗轮	TZA65B	15.133
		P3-3	径向进给滑块	45	10.61
		P3-4	径向进给导轨	45	18.574
		P3-5	径向进给电动机	28Mn6	22
		P3-6	径向进给滑板	QT600-3	458.88

（续）

部件编号	部件名称	零件编号	零件名称	材料类型	质量/kg
P4	轴向进给单元	P4-1	蜗杆	40Cr	6.642
		P4-2	蜗轮	TZA65B	15.133
		P4-3	轴向进给滑块	45	13.8
		P4-4	轴向进给导轨	45	36.24
		P4-5	轴向进给电动机	28Mn6	22
		P4-6	轴向进给滑板	QT600-3	470.881
P5	大立柱	P5-1	大立柱	HT300	3670.334
P6	小立柱	P6-1	后立柱	HT300	1789.465
		P6-2	滑板	HT300	82.233
		P6-3	滚珠丝杠副	GCr15	10.731
P7	滚刀箱	P7-1	大滑座	QT600-3	225.256
		P7-2	小滑座	QT600-3	63.193
		P7-3	底座	QT600-3	225.034
		P7-4	刀架主轴	38CrMoAlA	21.188
		P7-5	螺母托座	45	10.291
		P7-6	液压缸	HT300	17.315
		P7-7	轴承座	HT300	14.771
P8	工作台	P8-1	工作台壳体	HT300	244.837
		P8-2	工作台主轴	38CrMoAlA	75.45
		P8-3	工作台台面	40Cr	42.95
		P8-4	工作台主轴电动机	28Mn6	22
		P8-5	轴承座	40Cr	70.67
		P8-6	压盖	40Cr	27.76
		P8-7	液压缸座	40Cr	30.36
P9	双工位搬运机械手	P9-1	套筒	40Cr	18.528
		P9-2	液压缸	40Cr	11.88
		P9-3	连接板	40Cr	15
		P9-4	转轴	40Cr	10.67
P10	自动存储料仓	P10-1	底板	Q235A	223.282
		P10-2	盖板	Q235A	97.188
		P10-3	链轮底座	45	12.785
		P10-4	链轮	40Cr	23.055

部件编号	部件名称	零件编号	零件名称	材料类型	质量/kg
P11	电气系统	P11-1	电动机转接板	45	23.3
		P11-2	Y轴电动机接盘	45	19.79
		P11-3	X轴轴承座	40Cr	24.97
		P11-4	安装板	Q235A	22.102
		P11-5	电箱	Q235A	119
P12	液压系统	P12-1	面板	Q235A	61.895
		P12-2	接油盘	Q235A	22.822
		P12-3	矩形钢管	45	28.77
		P12-4	侧板	Q235A	22.97
P13	磁性刮板排屑器	P13-1	板	Q235A	19.9
		P13-2	角钢	45	41.332
P14	操纵站	P14-1	操纵站箱体	Q235A	11.509
		P14-2	出线槽体	Q235A	48.158

注：该表中只计入机床各部件中主要零件材料消耗。

2. 机床运输阶段

YDE3120CNC 高速干切滚齿机床主机重约 14380 kg，根据机床使用手册，所用起吊设备应能足够承担各部件的相应负荷。如果无合适起吊设备，也可采用 18t 以上载重的叉车对主机进行搬运。基于此本节选取 GaBi 数据库中负载 18t 的吊机，运行距离设为 200m。机床一般由货车运输到使用地，模型中采用自重为 26 ~ 28t、有效负载为 18.4t 的货车进行运运，运输距离由使用地的位置决定。据调研，该企业的主要用户有 5 家，分别是浙江双环、深圳比亚迪、上海法斯特、江苏双环和重庆蓝带，运输距离分别为 1802 km、1468 km、1730 km、1590 km 和 60 km，因此模型中运输距离取其平均值 1330 km。

3. 机床使用阶段

高速干切滚齿机床在使用阶段主要的消耗包括主要能源消耗（电耗）、刀具消耗和辅助物料消耗（压缩空气、冷却水及 L-HM46 液压油）。高速干切滚齿机床作为绿色机床，加工过程中无切削液消耗，而是利用压缩空气进行冷却与排屑。机床加工对象选择模数为 2.5 mm、齿数为 40、齿宽为 25 mm 的目标齿轮。齿轮的三维图如图 3-11 所示。测得 YDE3120CNC 机床在加工该齿轮时的加工周期为 118.57s，其中切削时长为 109.57s，空载时长为 4s，换料时长为 5s。机床使用寿命为 10 年，每年按工作日 264 天进行计算，采用两班制（每班 8h）加工目标齿轮。

高速干切滚齿机床在使用阶段各项消耗的计算依据如下。

(1) 使用阶段的电耗 机床不同运行状态下的电耗是不一样的,其消耗量主要由机床 8 台电动机的运行功率和运行时间确定。通常总的电耗由三部分组成,分别是:①不随加工状态变化而变化的电耗,称为恒定电耗,如照明电耗、电子控制系统电耗等;②随加工状态变化而变化的电耗,但在不同状态的

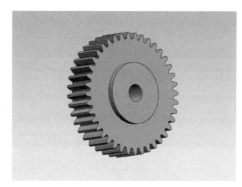

图 3-11 齿轮的三维图

电耗为定值,称为稳态电耗,如双工位搬运机械手电耗、自动存储料仓电耗等;③随进给速度、加工零件、刀具材料、切削速度等参数变化而变化的电耗,称为切削电耗,如主轴电耗、进给系统电耗、工作台电耗等。在基础 GaBi 模型中暂不考虑电耗的变化情况,采用的方法是测量在加工若干齿轮周期内的平均总功率,该值为 13.1 kW。

(2) 使用阶段的刀具消耗 该企业选用的刀具是 S390;基体毛坯直径为 81 mm,长度为 182.5 mm;基体材料为高速钢,质量为 7.805 kg;涂层材料为 TiAlN,质量为 0.0292 kg。据员工经验,加工目标齿轮时,该刀具单次可加工 1100 件,刀具可刃磨 16 次,因此一把刀具可加工目标齿轮 18700 件。

(3) 使用阶段的液压油消耗 在机床安装连接好后,需向液压油箱内用过滤精度为 5μm 的注油车注入清洁的 L-HM46 液压油,油箱油液容积约为 40L,每半年更换一次液压油。

(4) 使用阶段的冷却水消耗 机床主轴电动机和工作台直驱电动机为水冷却电动机,需将冷却水输送到电动机内,把其热量带出,回到水冷机,循环往复。水冷却系统中的冷却水需要每三个月更换一次,更换的冷却水为清洁的蒸馏水或纯净水,并添加防冻剂(乙二醇)和 2% 的防锈剂,每次更换量为 60L。

(5) 使用阶段的压缩空气消耗 压缩空气经空气处理单元处理后,分为三部分:一是用于阀岛;二是用于内护罩排屑;三是用于冷却。其中用于冷却的压缩空气需先经过空气冷干机进行干燥和制冷。冷却切削区域包括滚刀、滚刀和工件接触区域、去毛刺机构和工件接触区域。用压缩空气能提高刀具寿命,减少机床热变形。压缩空气气源的质量要求为:经过初级过滤的压缩空气压力

需达到 0.5 ~ 0.7 MPa，流量为 10 m³/h，含水率需低于 1%，杂质浓度需低于 100 mg/m³，最大杂质颗粒需小于 50μm。

▶▶ 4. 机床回收阶段

高速干切滚齿机床是一种典型的、具有高附加值的机电产品，即使机床在退役报废之后仍然有较大的回收再制造价值。高速干切滚齿机床在回收阶段一般有三种处理方式：①资源回收利用，这种方式是将废旧机床拆卸后，将其零部件作为新产品的原材料进行利用；②零部件再制造，零部件在达到一定性能要求后作为新产品的零部件进行使用；③直接再利用，这种方式是将废旧机床拆卸后，其部分零部件的性能依然可以满足新产品零部件的性能要求，简单清洗后直接使用。

在回收阶段的基础模型中，处理方式采用第一种方式，只是对机床零部件的资源回收利用，暂时不考虑零部件再制造与直接再利用，但在后文敏感性分析中，会结合实际对不同类型零部件采用不同的处理方式，并建立相应的 GaBi 模型。

▶▶ 3.3.5 影响评价

基于高速干切滚齿机床的 GaBi 模型及仿真数据，可得到机床各阶段九大指标的环境影响，如图 3-12 所示，相对应的具体数据见表 3-11。

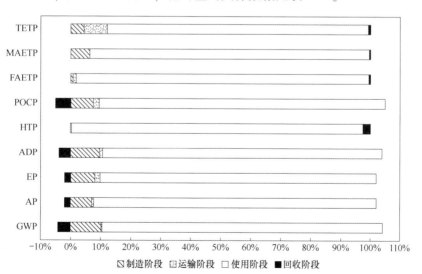

图 3-12 高速干切滚齿机床各阶段环境影响

注：各环境影响指标均以生命周期总量进行百分比换算。

表 3-11 高速干切滚齿机床各阶段环境影响数据

环境影响指标及单位		GWP	AP	EP	ADP	HTP	POCP	FAETP	MAETP	TETP
		$kgCO_2$-e	$kgSO_2$-e	kgPhosphate-e	MJ	kgDCB-e	kgEthene-e	kgDCB-e	kgDCB-e	kgDCB-e
制造阶段	P1 床身	1.52×10^4	4.47×10	3.80	1.45×10^5	2.89×10^3	4.21	9.76×10	1.97×10^6	6.51×10
	P2 机床护罩	5.59×10^3	1.40×10	1.22	5.40×10^4	1.79×10^4	1.85	3.92×10	5.26×10^5	1.76×10
	P3 径向进给单元	2.72×10^3	7.15	6.15×10^{-1}	2.63×10^4	7.71×10^3	8.89×10^{-1}	1.96×10	2.77×10^5	9.42
	P4 轴向进给单元	2.72×10^3	7.15	6.15×10^{-1}	2.63×10^4	7.71×10^3	8.89×10^{-1}	1.96×10	2.77×10^5	9.42
	P5 大立柱	1.48×10^4	4.35×10	3.71	1.41×10^5	2.81×10^3	4.05	9.48×10	1.91×10^6	6.33×10
	P6 小立柱	7.74×10^3	2.26×10	1.92	7.38×10^4	2.85×10^3	2.14	4.99×10	9.82×10^5	3.26×10
	P7 滚刀箱	2.23×10^3	6.66	5.63×10^{-1}	2.13×10^4	4.42×10^2	6.20×10^{-1}	1.46×10	2.93×10^5	9.88
	P8 工作台	1.96×10^3	5.87	4.92×10^{-1}	1.87×10^4	4.47×10^2	5.39×10^{-1}	1.34×10	2.68×10^5	8.68
	P9 双工位搬运机械手	2.42×10^2	6.97×10^{-1}	5.81×10^{-2}	2.33×10^3	2.98×10^2	7.09×10^{-2}	1.77	3.17×10^4	1.01
	P10 自动存储料仓	1.90×10^3	4.87	4.22×10^{-1}	1.83×10^4	5.60×10^3	6.16×10^{-1}	1.34×10	1.87×10^5	6.25
	P11 电气系统	8.72×10^2	2.54	2.11×10^{-1}	8.34×10^3	6.37×10^2	2.44×10^{-1}	7.03	1.18×10^5	3.94
	P12 液压系统	6.77×10^2	1.80	1.54×10^{-1}	6.52×10^3	1.57×10^3	2.11×10^{-1}	5.03	7.35×10^4	2.46
	P13 磁性刮板排屑器	2.74×10^2	7.66×10^{-1}	6.46×10^{-2}	2.62×10^3	3.82×10^2	8.01×10^{-2}	2.15	3.39×10^4	1.14
	P14 操纵站	2.61×10^2	7.40×10^{-1}	6.21×10^{-2}	2.49×10^3	2.69×10^2	7.40×10^{-2}	2.09	3.37×10^4	1.13
	制造阶段合计	5.72×10^4	1.63×10^2	1.39×10	5.47×10^5	5.15×10^4	1.65×10	3.80×10^2	6.98×10^6	2.32×10^2
运输阶段		1.78×10^3	1.44×10	3.07	6.01×10^4	2.93×10^2	4.04	5.64×10^2	1.71×10^5	4.09×10^2
使用阶段		5.29×10^5	2.21×10^3	1.60×10^2	5.34×10^6	4.58×10^7	2.10×10^2	5.52×10^4	1.06×10^8	4.65×10^3
回收阶段		-2.39×10^4	-4.67×10	-3.49	-2.27×10^5	1.08×10^6	-1.10×10	2.24×10^2	3.18×10^5	3.10×10
总计		5.64×10^5	2.34×10^3	1.73×10^2	5.72×10^6	4.69×10^7	2.20×10^2	5.64×10^4	1.13×10^8	5.32×10^3

根据图 3-12 与表 3-11 可以看出，使用阶段的九大环境影响指标数量均是最大的，使用阶段的全球气候变暖潜值、酸化潜值、富营养化潜值、化石燃料消耗潜值、人体毒性潜值、光化学臭氧合成潜值、淡水水生生态毒性潜值、海水水生生态毒性潜值及陆地生态毒性潜值占机床生命周期总值的比例分别约为 89%、92%、90%、89%、97%、91%、97%、93%、87%，均值约为 92%。制造阶段九大环境影响指标占机床生命周期总值的比例均值约为 5.9%，运输阶段九大环境影响指标占机床生命周期总值的比例均值约为 1.6%，回收阶段九大环境影响指标占机床生命周期总值的比例均值约为 −1.5%，可以看出回收阶段在只采用基本资源回收利用的方式下依然能明显降低部分环境影响指标的污染排放。值得注意的是，图 3-12 中九大环境影响指标的比例均以生命周期产生量的总量换算而得，所以 HTP、FAETP、MAETP 与 TETP 指标因回收阶段同样产生污染，其各阶段的百分比和恰好为 100%，而其他环境影响指标回收阶段为负值，所以制造阶段、使用阶段和运输阶段的百分比和超出 100%，且超出部分与回收阶段的数量值相等。

因机床零件数量多，在此只考虑制造阶段部件层的环境影响，制造阶段机床部件的环境影响如图 3-13 所示，相关数据见表 3-11。目前全球气候变暖问题是全球共同关注的问题，也是学术界研究热点所在，因此现以全球气候变暖潜值（GWP）为例详细说明机床各部件在制造阶段中的环境影响情况。可以看出床

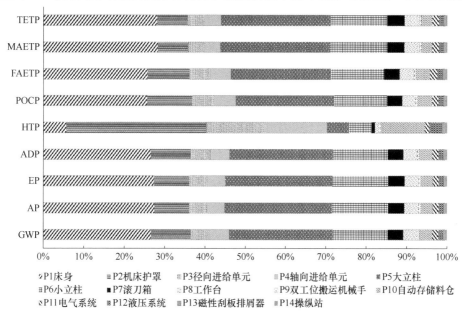

图 3-13 制造阶段机床部件的环境影响

身与大立柱的 GWP 最大，分别为 1.52×10^4 kgCO$_2$-e 与 1.48×10^4 kgCO$_2$-e，占所有部件的 26.63% 与 25.88%；小立柱与机床护罩的 GWP 也较大，而这四个部件的质量也较大，从而可以发现质量较大的零部件是 GWP 指标的主要来源。其他环境影响指标也有类似现象，环境影响与部件的质量成正相关。因此，钢铁等各类原材料的制备过程是造成机床制造阶段环境影响的主要原因，所以在绿色关键因素敏感性分析时应考虑轻量化这一因素，轻量化方法能减少制造阶段中原材料的需求量，从而有效地降低机床的环境影响。

3.3.6　基于敏感性分析的机床绿色设计策略分析

由机床的生命周期评价结果可知，部件质量、电耗、回收方式对机床的资源环境影响较大，因此在高速干切滚齿机床的制造阶段、使用阶段和回收阶段等主要生命周期阶段中分别选取轻量化、电动机效率与再利用率等典型绿色设计因素进行敏感性分析，从而确定绿色改进设计重点。

1. 制造阶段轻量化因素分析

保持电动机效率与再利用率因素不变，对高速干切滚齿机床采用轻量化绿色设计策略，如优化结构或更换轻质材料等，依次在原始研究的基础模型上减小高速干切机床的质量。现定义轻量化比为轻量化设计后的机床质量与现机床质量的比值，在轻量化比分别为 100%、95%、90%、85% 和 80% 五种条件下，计算得到其对应的 GWP，结果如图 3-14 所示。

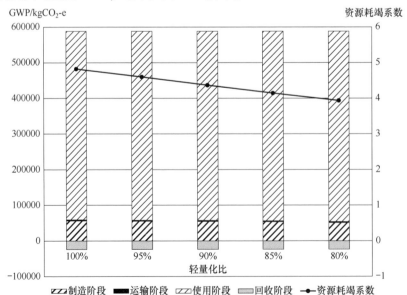

图 3-14　轻量化因素的资源环境影响

结果表明，高速干切滚齿机床的 GWP 随机床轻量化比的降低而降低，其质量每降低 5%，GWP 总值平均下降约 764.2 $kgCO_2-e$，而制造阶段的 GWP 平均下降约 1310.42 $kgCO_2-e$，这是因为机床质量下降后，其原材料所引起的全球气候变暖潜值会随之下降，但回收阶段的 GWP 也会减小，所以制造阶段的 GWP 减少值大于机床生命周期的 GWP 减少值。因为机床制造阶段的环境影响占其生命周期环境影响的比值较小，所以 GWP 总值变化较小。不同轻量化比下各阶段的 GWP 表明，轻量化因素主要影响制造阶段与回收阶段，对运输阶段的资源改善效果较小，而对机床的使用阶段基本没影响。

▷▶ 2. 使用阶段电动机效率因素分析

保持轻量化与再利用率因素不变，对高速干切滚齿机床采用提升电动机效率的策略，依次在原始研究的基础模型上提高电动机效率。在机床 LCA 基础模型中，实测的电动机平均功率为 13.1 kW，而机床总额定功率为 47 kVA/50 Hz，则现状态下电动机效率为 28%。在电动机效率分别为 28%、33%、38%、43% 和 48% 五种条件下，计算得到其对应的 GWP，结果如图 3-15 所示。

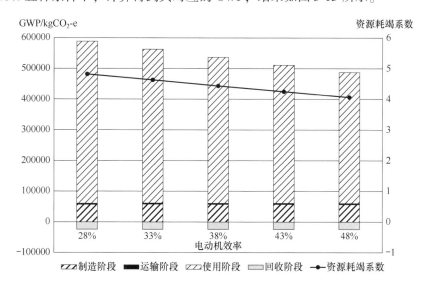

图 3-15　电动机效率因素的资源环境影响

结果表明，高速干切滚齿机床的 GWP 随机床电动机效率的提升而降低，其电动机效率每提升 5%，GWP 总值平均下降约 25367.59 $kgCO_2-e$，而使用阶段的 GWP 平均下降同样也为 25367.59 $kgCO_2-e$，这说明电动机效率只改变机床使用阶段的环境影响，而对制造阶段、运输阶段和回收阶段没有产生任何改变，GWP 的下降源自于电能的消耗量减少。与轻量化因素相比，电动机效率直接影响的是环境负荷更严重的使用阶段，所以其 GWP 的减少值明显远大于轻量化中GWP 的减少值，因而在环境保护方面，提升机床的电动机效率相较于轻量化设计更具有优化潜力。

3. 回收阶段再利用率因素分析

保持轻量化与电动机效率因素不变，对高速干切滚齿机床采用再制造或直接再利用策略以提升机床在回收阶段的再利用率。定义再利用率为可再制造部件质量和可直接再利用部件质量占机床总质量的比例。回收阶段主要考虑两种情形：情形 A，机床在额定寿命周期后，部件无法满足新部件的性能要求，只能将部件材料熔炼为钢坯进行资源回收利用，回收处理模型为基础模型中的回收模块；情形 B，机床在额定寿命周期后，部件因功能、结构及材料的区别，少数部件可以在经过简单检测、清洗、涂漆后直接再利用，一部分部件受损情况较小，经过一定再制造技术修复后可再次使用。据调研，再制造过程中人为做功主体，辅助设备做功较少，因此不考虑再制造工艺中的资源消耗。据员工经验，当高速干切滚齿机床废弃后，通常床身、大立柱在经过简单处理后可直接用于同型号类型的机床产品，而小立柱及机床护罩经过再制造后可再次利用，其他部件因为精度等性能要求无法再次利用，只能按情形 A 中的方式处理，因为可再次利用的部件是用于支承机床的结构件，质量均较大，所以再利用率高达77%。在以上两种情况下，经 GaBi 8.2 软件仿真计算得到其对应的 GWP，结果如图 3-16 所示。

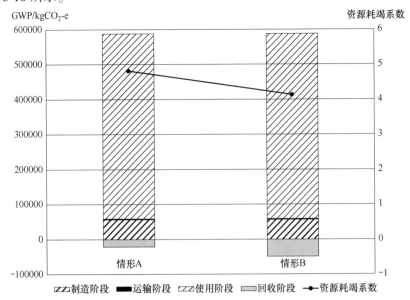

图 3-16　再利用率因素的资源环境影响

结果表明，高速干切滚齿机床的 GWP 随机床再利用率的提高而降低，从情形 A 到情形 B，GWP 总值下降了约 27520 $kgCO_2 - e$，而回收阶段的 GWP 下降量约等于下降总量，这说明再利用率只改变机床回收阶段的环境影响，而对制造阶段、运输阶段和使用阶段没有产生任何改变，因为再利用的部件并没有直接用于模型中。按再利用率提高 5% 进行换算，GWP 下降值约为 1787 $kgCO_2 - e$。

参 考 文 献

［1］ HUNT R G, FRANKLIN W E. LCA-How It Came about-Personal Reflections on the Origin and the Development of LCA in the USA ［J］. International Journal of Life Cycle Assessment, 1996（1）: 4-7.

［2］ GUINEE J B, HEIJUNGS R, HUPPES G, et al. Life Cycle Assessment: Past, Present, and Future ［J］. Environmental Science & Technology, 2011, 45（1）: 90-96.

［3］ 杨建新. 产品生命周期评价方法及应用 ［M］. 北京: 气象出版社, 2002.

［4］ 方景瑞. 新能源汽车能源及环境效益的分析研究与评价 ［D］. 长春: 吉林大学, 2009.

［5］ HAUSCHILD M Z, ROSENBAUM R K, OLSEN S I. Life Cycle Assessment: Theory and Practice ［M］. Berlin: Springer, 2017.

［6］ SimPro. Why Choose Simapro? ［EB/OL］. ［2021-05-06］. https://simapro.com/.

［7］ SCHENONE F. Life Cycle Analysis Software and Databases ［EB/OL］. ［2021-05-06］. https://www.appropedia.org/Life_cycle_analysis_software_and_databases.

［8］ OpenLCA. Features Overview ［EB/OL］. ［2021-05-06］. https://www.openlca.org/openlca/openlca-features.

［9］ Argonne National Laboratory. GREET® Model ［EB/OL］. ［2021-05-06］. https://greet.es.anl.gov/index.php.

［10］ The Global Development Research Center. Defining Life Cycle Assessment ［EB/OL］. ［2021-05-06］. https://gdrc.org/uem/lca/lca-define.html.

［11］ ISO. Environmental Management-Life Cycle Assessment-Principles and Framework: ISO 14040: 1997 ［S］. Geneva: International Organization for Standardization, 1997.

［12］ 林衍. 矿冶产品的生命周期评价: 以钢铁材料为例 ［D］. 重庆: 重庆大学, 1998.

［13］ REAP J, ROMAN F, DUNCAN S, et al. A Survey of Unresolved Problems in Life Cycle Assessment, Part 1 ［J］. The International Journal of Life Cycle Assessment, 2008, 13（4）: 290-300.

［14］ EC-JRC. International Reference Life Cycle Data System（ILCD）Handbook-General Guide for Life Cycle Assessment-Detailed Guidance ［Z］. 2010.

［15］ ISO. Environmental Management-Life Cycle Assessment-Requirements and Guidelines: ISO

14044：2006［S］. Geneva：International Organization for Standardization，2006.

［16］ CHANG D，LEE C K M，CHEN C H. Review of Life Cycle Assessment Towards Sustainable Product Development［J］. Journal of Cleaner Production，2014，83（83）：48-60.

［17］ 全国环境管理标准化技术委员会. 环境管理　生命周期评价　原则与框架：GB/T 24040—2008［S］. 北京：中国标准出版社，2008.

［18］ ISO. Environmental Management-Life Cycle Assessment-Life Cycle Impact Assessment：ISO 14042：2000［S］. Geneva：International Organization for Standardization，2000.

［19］ IPCC. Climate Change 2007：the Physical Science Basis. Contribution of Working Group I to the Fourth Assessment Report of the IPCC［R］. Cambridge：Cambridge University Press，2007.

［20］ 胡志远. 燃料乙醇生命周期评价及多目标优化方法研究［D］. 上海：上海交通大学，2004.

［21］ ANDREAS R，SERENELLA S，JUNGBLUTH N. Normalization and Weighting：the Open Challenge in LCA［J］. The International Journal of Life Cycle Assessment，2020，25（2）：1859-1865.

［22］ FERNÁNDEZ-TIRADO F，PARRA-LÓPEZ C，ROMERO-GÁMEZ M. A Multi-Criteria Sustainability Assessment for Biodiesel Alternatives in Spain：Life Cycle Assessment Normalization and Weighting［J］. Renewable Energy，2021，164：1195-1203.

［23］ ISO. Environmental Management-Life Cycle Assessment-Life Cycle Interpretation：ISO 14043：2000［S］. Geneva：International Organization for Standardization，2000.

［24］ MAJEAU-BETTEZ G，HAWKINS T R，STRØMMAN A H. Life Cycle Environmental Assessment of Lithium-Ion and Nickel Metal Hydride Batteries for Plug-In Hybrid and Battery Electric Vehicles［J］. Environmental Science & Technology，2011，45：4548-4554.

［25］ HAO H，QIAO Q Y，LIU Z W，et al. Impact of Recycling on Energy Consumption and Greenhouse Gas Emissions from Electric Vehicle Production：The China 2025 Case［J］. Resources，Conservation and Recycling，2017，122：114-125.

［26］ 谢英豪，余海军，欧彦楠，等. 废旧动力电池回收的环境影响评价研究［J］. 无机盐工业，2015，47（4）：43-46.

［27］ IBBOTSON S M，KARA S. A Framework for Determining the Life Time Energy Consumption of a Product at the Concept Design Stage［J］. Procedia Cirp，2018，69：704-709.

［28］ 国家统计局能源统计司. 中国能源统计年鉴2017［M］. 北京：中国统计出版社，2017.

［29］ 国家统计局. 中国统计年鉴2019［M］. 北京：中国统计出版社，2019.

［30］ 谈翼飞. 高速干切滚齿机床生命周期评价及绿色创新优化［D］. 重庆：重庆大学，2018.

第 4 章

——

绿色设计技术

4.1　绿色设计概述

4.1.1　绿色设计的基本概念

绿色设计（Design for Environment，DFE）是一种充分考虑产品生命周期各个阶段资源消耗和环境影响的现代产品设计方法。绿色设计又称为环境可持续设计、环境友好设计。

绿色设计的基本思想是：要从根本上节约资源和减少产品生命周期各个阶段对环境的影响，关键在于设计过程。特别是环境影响，不能等产品产生了不良的影响之后再采取防治措施（即目前常采用的末端处理办法），而应该在设计阶段就充分考虑到产品在原材料获取、制造、运输、销售、使用、维护及报废后的回收处理等各阶段的环境影响。产品设计者必须与产品有关人员密切合作，进行信息共享，应用环境评价等准则，约束和优化产品规划、产品方案设计、材料选择、产品结构设计、制造工艺规划、包装设计、回收处理方案设计等过程，在保证产品技术可行和经济合理的基础上，使得产品生命周期资源消耗尽可能少、环境影响极小。

与传统设计相比，绿色设计具有以下明显特点。

（1）充分考虑资源消耗和环境污染的问题　传统设计主要是根据该产品的性能、质量和成本等指标进行设计，设计过程中很少考虑产品生产制造、使用及回收处理等过程的环境影响，是一种粗放型生产模式下的产品设计方法。按传统设计生产制造出来的产品，在其使用寿命结束后往往不能被有效回收，而且其生命周期全过程都可能造成资源的大量消耗和生态环境的污染，违背可持续发展原则。绿色设计作为一种现代设计方法，它将节约资源和减少环境影响作为主要目标，是解决资源和环境问题的有效途径。

（2）扩大了产品生命周期的概念　传统产品生命周期是从"产品的生产到使用寿命终结"为止；而绿色设计将产品生命周期延伸到了"产品使用回收后的回收利用及废弃物处理"，甚至产品多生命周期过程，即不仅包括本代产品生命周期的全部时间，而且包括本代产品报废或停止使用后，产品或其有关零部件在下一代、再下一代等多代产品中循环使用和循环利用的时间。这种扩大了的产品生命周期概念便于在设计过程中从总体的角度理解和掌握与产品有关的资源消耗问题和环境影响问题。绿色设计中一种典型的产品生命周期过程树如图4-1所示。

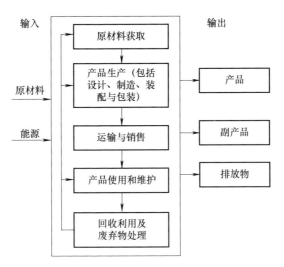

输入　　　　　　　　　　　　　　　　　输出

原材料

能源

图4-1　产品生命周期过程树

（3）绿色设计是一个并行闭环的设计过程　绿色设计是一个"设计→评价→反馈→设计"的闭环过程，同时产品生命周期各个阶段的资源消耗和环境影响必须并行考虑，才能实现各阶段设计的协调优化，因而绿色设计是一个并行闭环的设计过程。

4.1.2　绿色设计的原则

绿色设计是以节约资源和保护环境为指导思想的一种现代产品设计方法。在设计新产品时，产品规划、产品方案设计、材料选择、产品结构设计、制造工艺规划、包装设计、回收处理方案设计等过程都必须考虑节省资源和保护环境这两个因素。一般地，绿色设计应遵循以下原则。

（1）环境友好性原则　绿色设计的特点在于在设计阶段就充分考虑环境污染问题，使得产品生命周期过程中废弃物的排放极少，对环境的影响极小。

（2）资源节约性原则　节约资源主要是指在原材料制备和产品的加工制造、使用维护等过程中节约物料（原材料、辅助材料）和能源。在绿色设计中，主要通过合理选材、简化零件结构、优化下料、采用面向拆卸和回收的设计方法（Design for Disassembly and Recycle）等途径节约物料；通过采用能源利用率高的设备、优化工艺安排和工艺参数、降低产品使用能耗、尽可能采用清洁能源等途径节约能源。

（3）技术可行性原则　通过绿色设计出的产品不但要求具有实用性、可靠性、可维护性、可制造性、可装配性、设计方案对制造环境的适应性等特性，

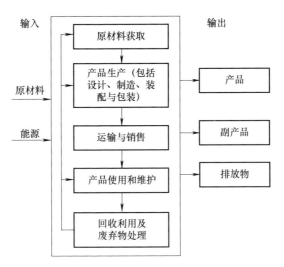

还要求其资源消耗尽可能少、环境污染极小。相对传统设计而言，绿色设计考虑的因素更为复杂。因此应结合企业实际情况，充分考虑绿色设计的技术可行性。

（4）经济合理性原则　首先，通过绿色设计可以节约资源、减少环境影响，从而直接减少成本。其次，绿色产品具有良好的社会形象，符合消费者的需求，有利于增强产品的市场竞争力。但另一方面，绿色设计对材料、设备、工艺以及管理等将提出新的要求，又有可能增加成本。因此，绿色设计导致了产品经济性的改变，进行绿色设计时必须充分考虑经济合理性原则。

（5）面向产品生命周期并行考虑原则　产品的环境影响和资源消耗存在于产品生命周期甚至多生命周期的各个阶段，且各个阶段的资源和环境特性又相互关联，因此绿色设计必须面向产品生命周期。对各阶段的资源和环境特性并行考虑，才能实现各阶段资源和环境特性的协调优化。

4.2　绿色设计的关键技术

4.2.1　绿色材料选择

绿色材料选择是绿色设计的关键技术之一，对产品的绿色性具有极为重要的影响。绿色材料选择是指在保证满足材料的使用性能和工艺性能要求的前提下，选用有利于资源节约和环境友好的材料。

在传统的零件材料选择中，对材料使用性能、工艺性能以及经济合理等方面比较重视，同时也比较注重材料的节约，力求避免"大材小用"和"优材劣用"等现象，但较少考虑材料的选择对环境造成的影响。

1. 材料对环境的影响

由于材料对环境的影响比较复杂，因此进行绿色材料选择时要从系统的角度考虑材料对环境的影响，特别是以下几个方面。

（1）所用材料本身的制备过程对环境的污染　与工程材料（如钢铁、非铁金属、塑料等）制备相关的行业包括冶金、化工等，这些都是造成环境污染的主要行业。因此避免或少选择制备过程中对环境污染大的材料，并减少其需求量，对保护环境具有重要意义。

（2）材料在产品制造加工过程中对环境的污染　材料在产品制造加工过程中对环境的污染主要有以下几种情况：①材料的加工工艺对环境造成污染，如在机械加工工艺中，铸造、锻造、热处理、电镀、焊接等工艺对环境的影响和对人体的危害都比较大；②由于材料的性能导致可加工性差，在加工过程中产生大量的切屑、粉尘以及超标的噪声等；③材料中含有有毒有害物质，如卤素、重金属元素等，造成材料本身在被加工或作为催化剂时对人体和环境造成危害。

（3）材料在产品使用过程中对环境的污染　许多产品在使用过程中不断地对环境产生污染，主要是由材料自身特性引起的。例如，含氟冰箱在使用过程中对环境的污染是由于选用了氟利昂作为制冷材料，因为氟利昂会对大气臭氧层产生破坏，而导致严重的环境影响。另外，还要避免材料在使用过程中对人体的伤害。

（4）材料在产品报废后对环境的污染　产品在报废后的处理通常是回收利用或废弃，因此不便于回收利用和废弃后难以降解的材料都将造成环境污染。当前许多塑料制品使用后造成的白色污染问题，就是一个典型的例子。

▶▶2. 绿色材料选择的途径

绿色材料选择是绿色设计的重要阶段，将直接影响产品生命周期的资源和环境特性。具体来说，绿色设计过程中的产品材料选择，从环境保护角度主要考虑以下途径。

（1）选用新型绿色材料　新型绿色材料通常不但具有良好的使用性能和工艺性能，而且有利于节省能源、节约材料、保护环境。

（2）选用原料丰富、低成本、少污染的材料替代昂贵、污染大的材料　这是从所用材料自身的制备过程来考虑的。不同的材料所消耗的矿产资源、制备成本以及制备过程中对环境的污染也不相同，因此应该考虑选用原料丰富、低成本、少污染的材料替代昂贵、污染大的材料。例如，国外生产冰箱、洗衣机等已采用镀层板、涂塑板、复合钢板等材料，不但使用寿命可延长 2 ~ 5 倍，而且 1t 钢材相当于原来 3 ~ 6t 钢材使用，从而大大节省了相对昂贵、制备污染大的钢材的消耗，有利于环境和资源的保护。

（3）选用无毒无害材料　有些材料中含有如铅、镍、铬、铍、硫、氟等化学物质，在使用过程中，给人体和生态环境都将造成严重的危害和污染，应尽量避免使用。避免使用有毒有害材料的途径一般有两种：一是使用各种替代物，如冰箱用 R600 替代 CFC-12 作为制冷剂；二是改变产品的加工工艺，避免有毒有害材料的使用。如果产品中一定要使用有毒有害材料，在产品结构设计时应尽可能将其布局在便于处理的地方，并对其进行显著标注，以便于回收或集中处理。

（4）选用可回收利用材料　材料回收后可以送入冶炼厂再生利用，或者如果性能基本不变，则可以直接利用。选用可回收利用材料，有利于提高产品的回收利用率，节约资源，减少产品废弃物，从而保护了生态环境。例如，在发达国家，汽车材料，包括钢材、复合新型材料、塑料、橡胶、玻璃等都可以回收利用。废旧汽车的理论回收利用率达100%，实际回收利用率超过75%，有效地节约了资源。法国雷诺汽车公司非常注重材料的可回收性，其向主要的化学品、塑料和钢材供应商等提出：材料的可回收性和汽车的安全性、成本、减重、限制排放和外观改善一样，都是优先考虑的问题。

（5）减少所用材料种类　在进行绿色材料选择时，应尽量避免采用多种不同材料，以便于将来回炉再利用。产品所用材料种类繁多，不仅会增加产品制造的难度，而且会给产品报废后的回收处理带来不便，从而造成环境污染。使用较少的材料种类，有利于零件的生产、标记、管理以及材料的回收。例如，Whirlpool 公司将包装材料从 24 种减少到 4 种后，简化了废弃物的处理，从而使处理废弃物的成本下降了50%以上，并加深了废弃物的处理程度，有利于环境的保护。

（6）考虑所选材料的相容性　在进行绿色材料选择时，还需要考虑材料之间的相容性。材料相容性好，意味着这些材料可以一起回收，能大大减少拆卸回收的工作量。例如，金属和塑料之间的相容性差，则不能一起回收，必须对其进行拆卸分离；塑料中的 PC（聚碳酸酯）与 ABS（丙烯腈 – 丁二烯 – 苯乙烯三元共聚物）之间的相容性好，在其零部件不能重用的情况下，则不必进一步分类，可以一起回收。

（7）选用再生材料　在不影响产品质量的情况下，鼓励选用再生材料，这样不但可减少材料成本，而且可以促进材料的回收。

以上介绍的是绿色材料选择的一般途径，在实际的材料选择中，还应结合产品具体情况，从全局的角度，充分考虑材料对产品生命周期各阶段的环境影响以及产品性能、成本等因素的约束，使得产品整体环境性协调优化。

▶▶ 4.2.2　轻量化设计

产品的轻量化设计是指采用现代设计方法对产品进行优化设计，在确保产品综合性能的前提下，尽可能减轻产品自身重量，达到减少原材料消耗以及节能减排的目的。通常产品轻量化设计可通过结构创新优化设计和轻量化材料替代两种方式实现。

（1）结构创新优化设计　结构复杂且各类零部件沉重冗杂的产品设计方案会造成产品结构重量过大，不仅消耗了大量的原材料，而且导致产品实际运行效率低下。通过产品结构创新优化设计能有效解决产品因结构重量过大而造成的资源能源消耗。一般可采用尺寸优化、拓扑优化、形状优化以及形貌优化等方法实现产品的结构创新优化设计。

例如，在基于结构创新的机床关键部件轻量化设计方面，可首先对机床零部件及整机进行受力分析，确定机床结合面的等效参数，再以机床结构布局、尺寸、外形等为设计变量，以结构的重量、刚性、阻尼特性、热稳定性等为约束条件或优化目标，使用计算机辅助设计技术及有限元分析优化技术对机床关键部件进行结构拓扑优化设计，在减轻零件重量的前提下，提高零部件、整机的静动态性能以及机床的加工精度。

（2）基于轻量化材料替代的产品轻量化设计　在材料的选取上，使用高强度钢材、铝合金、镁合金等轻合金以及复合材料等轻量化材料对于机械产品具有较为突出的减重效果。相较于传统的钢材，高强度钢材、铝合金以及碳纤维复合材料具有更高的比强度，因此在同等强度的要求下，可减少高强度钢材等材料的用量从而减轻产品重量。

例如，传统机床材料具有功能单一、密度大、阻尼特性差、热稳定性差等缺点，已经很难满足机床轻量化设计的要求。在基于材料替代的机床关键部件轻量化设计方面，可采用重量更轻但能满足性能要求的新材料（如矿物铸件、碳纤维、陶瓷、复合材料等）替换传统机床典型部件的材料，并建立新材料的关键部件的可靠性试验和分析方法，在达到机床轻量化目的的同时提高机床热稳定性、尺寸稳定性、阻尼特性等。例如，矿物铸件具有阻尼系数大、吸振性强、热稳定性好等特性，且该材料环保、制造能耗低，在常温下经一次浇注即可成形，生产工序少。目前矿物铸件材料已被工业发达国家用于制备机床床身和立柱等支承件，实现产业化应用，这也是未来我国机床轻量化材料应用的发展方向。

▷▷ 4.2.3　节能设计

节能设计是指在保证产品性能的前提下减少产品生命周期能源消耗的设计。对于我国传统工业来说，节能设计能够有效地提高能源的利用率，提高经济效益，同时避免造成资源浪费和环境污染。传统的产品节能设计多考虑产品生产或使用等某一个阶段的能源消耗，具有一定的局限性，而面向产品生命周期的节能设计旨在减少产品生命周期的能源消耗。

产品的节能设计一般可以从产品结构优化设计、加工工艺优化设计等方面实现。

（1）产品结构优化设计　产品结构设计不合理往往可使产品的性能下降，并且使产品的使用寿命大大缩短，从而造成极大的能源浪费，故需优化产品系统结构，减少因产品系统结构设计不合理问题而导致的产品性能下降和寿命折损；同时，在产品结构设计时应考虑产品的可拆卸性，当产品发生故障或者零件损坏时，便于及时进行拆卸替换，以提高产品在实际使用过程中的效率。

（2）加工工艺优化设计 产品的加工会消耗大量的能量。不同的工艺方法、工艺参数及工艺路线等都会影响产品制造阶段的能耗，因此通过优化产品的工艺参数及工艺路线等可减少产品制造阶段的能耗。例如，在机械产品制造环节中，由于工程上常用的冷锻和热锻技术在实际应用中热能损失较高且效率低下，因此，可以选择更加环保的温锻加工技术而非冷锻或热锻来降低能量的损耗，提高加工效率。此外，还可以通过优化工艺流程、调整工艺路线或选择可以满足多路径和多功能的绿色环保综合型设备来提高工序间的连接与转换效率，进而从一定程度上减少产品制造阶段的能量损失。

除此之外，还可通过系统节能设计开展产品各耗能部件的节能设计。例如，对于机床的节能设计而言，可分别通过主轴系统、进给系统、辅助系统和整机系统节能设计等实现机床节能设计。在主轴系统的节能设计方面，可通过选择与机床加工参数范围相匹配的主轴电动机来降低主轴切削能耗；通过改进变速结构和缩短变速时间、改进主轴的起动方式、安装空载限时自动停车装置，来降低主轴空载率，从而降低主轴系统的空载能耗。

▶▶ 4.2.4　面向资源再利用设计

为了充分利用产品的剩余价值并且减少资源与能源消耗，产品在设计之初应该充分考虑产品的可拆卸性、可回收性以及可再制造性，以便在产品使用寿命结束后对产品进行再制造或资源化重用。

要使废弃产品的零部件经过修配、再制造或资源回收的方式被再使用，那么这些零部件必须首先能够方便地拆卸。由此可见，产品的拆卸是产品回收再生的前提，直接影响着产品的可再制造性及可回收性。目前在进行产品设计时，通常将注意力集中在面向制造和装配的设计（Design for Manufacturing and Assembly，DFMA），而对产品的可拆卸性考虑得很少。然而，当某个零件失效时，由于拆卸困难，只好将整个部件全部废弃；当产品生命终结后，大量可重用零部件及组成材料也由于拆卸困难或拆卸成本太高而不能回收，这样既浪费了资源，又可能造成环境污染。由于产品种类千差万别，不同产品的结构和回收条件有很大的差异，因此对可拆卸性设计的要求也有很大的区别。为了便于拆卸，面向可拆卸性的设计（Design for Disassembly，DFD）一般要遵循模块化、标准化、减量化等准则。面向可拆卸性的设计准则见表4-1。

表 4-1　面向可拆卸性的设计准则

序号	设计准则	设计要求	设计效果
1	模块化	采用模块化结构	以便于以模块的方式实现拆卸和重用
2	标准化	尽量使用标准件和通用件	方便拆卸
3	通用化	减少连接所需要拆卸工具的数量和种类	缩短拆卸时间,提高拆卸效率
4	组合化	采用组合结构,将可以合并的零件进行合并	提高拆解效率
5	减量化	减少构成产品的零件数量	减少拆卸工作量
6	可拆卸性	采用具有良好可拆卸性的连接方式,如键、销、螺纹、型面连接等	方便拆卸
7	减量化	减少连接件的数量	有助于降低拆卸的复杂程度
8		减少零件间连接件的种类	有助于减少拆卸工具的数量,简化拆卸工艺的设计,缩短拆卸时间,提高拆卸效率
9	简单化	尽量使用简单的拆卸运动	便于实现自动化
10	可达性	零部件之间较好的可达性	降低拆卸困难程度,缩短拆卸时间,提高拆卸效率
11	易接近性	拆卸目标零件易于接近准则	方便拆卸
12	无损性	拆卸方向应遵从不毁坏原则	使得拆卸过程不造成零部件破坏
13	统一性	紧固件类型尽量统一	便于减少拆卸工具种类和简化拆卸工作
14	优先性	优先使用刚性零件	稳定的零部件有利于拆卸操作
15	分离性	将包含有毒有害材料的零部件布置在易于分离的位置	避免其与非有毒有害材料的零部件在拆卸回收时混杂
16	一次性	一次表面准则,即组成产品的零件其表面最好是一次加工而成,尽量避免在其表面上再进行如电镀、涂覆等二次加工	简化拆卸过程和易于部件分离
17	标识性	为便于识别分类准则,设置明显的材料识别标志	以便分类回收和采用常规的拆卸工具
18		增加拆卸识别标志	方便拆卸
19	稳定性	应保证拆解对象的稳定性	稳定的基础件有利于拆卸操作
20	分离性	将不能回收的零件集中在便于分离区域	缩短拆卸时间,提高拆卸效率,提高产品可回收性

可回收性设计和可再制造性设计是在产品设计初期充分考虑零件的可再制造性及其材料的回收可能性、再制造/回收价值大小、回收处理方法等，使资源、能源得到最大程度利用，并对环境污染为最小。面向可回收性、可再制造性的设计准则分别见表4-2和表4-3。

表4-2　面向可回收性的设计准则

序号	设计准则	设计要求	设计效果
1	减量化	所用的材料种类要尽量少	减少拆卸及分类的工作量；简化回收过程，提高可回收性
2		每种材料用量要尽量少	达到既能节约材料资源又能减少回收量的目的
3	相容性	尽量使用相同的或相容性材料	有助于提高拆卸回收的效率，容易回收和利用
4	无害性	尽量不用或少用有毒或对人体有害的材料	减少对人及环境的危害
5	可持续性	尽量选用供应量比较丰富的材料和少用日益匮乏且昂贵的材料	有利于可持续发展
6	可回收性	使用可回收的材料	减少废弃物，提高产品剩余价值，节约资源
7	可再生性	尽量使用可再生的材料	有利于节省自然原材料并降低成本
8	分离性	有害材料结构集成，即将有毒、有害材料制成的零部件封装起来	便于单独处理
9	标识性	对塑料和类似零件进行材料标识	便于区分材料种类，提高材料回收价值
10	兼容性	若零部件材料不兼容，应该使它们易于分离	提高可回收性

表4-3　面向可再制造性的设计准则

序号	设计准则	设计要求	设计效果
1	组合性	结构易于分解	减少拆解作业量
2	无损性	结构拆卸性稳定	降低拆解复杂度
3	耐久性	零部件耐损伤	提高再使用率
4	辨识性	磨损类型（状况）清晰	
5	稳定性	技术稳定	

序号	设计准则	设计要求	设计效果
6	可拆卸性	零部件易更换	提高拆卸效率
7	工艺相容性	易于组装（重新组装）	提高再加工效率
8		易于清洗	
9		易于检测	
10		易于识别	
11	环保性	零部件可重用	避免环境污染
12		污染元素少	
13		有毒材料集中	
14	可装配性	结构稳健性好	提高装配性能

4.3 绿色设计的支撑技术

4.3.1 绿色设计并行工程模式

并行工程模式是现代产品设计和开发的一种新模式。它是一个系统方法，以集成的、并行的方式设计产品及其相关过程（包括制造过程和支持过程），力求使产品设计人员在设计开始就考虑到产品生命周期中从概念形成到产品报废处理的所有因素，包括质量、成本、进度计划和用户要求等。

1. 绿色设计对并行工程的需求

绿色设计对并行工程有着迫切的需求。这是因为：

1）设计目标的复杂性。绿色设计的目标除了一般产品设计的要求外，还要求资源利用率尽可能高，环境污染尽可能少，并且这些要求贯穿在产品生命周期中。

2）设计问题的复杂性。绿色设计比一般产品设计涉及的问题更多，问题复杂程度也更高，需要各方面技术专家的协同合作。

3）设计人员的多样性。绿色设计比一般产品设计涉及的人员更多（如环境工程师必须参加）；对设计人员的要求也更高，如设计人员必须有较强的环境意识和一定的环保知识。

▶▶ 2. 绿色设计的并行工程模式

（1）并行式绿色设计的运行模式　并行式绿色设计的运行模式如图 4-2 所示。

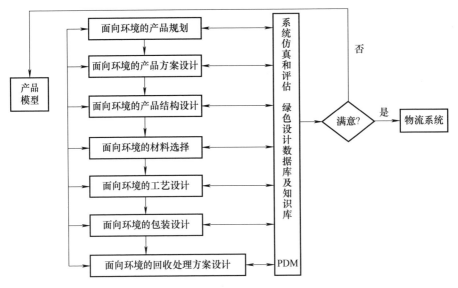

图 4-2　并行式绿色设计的运行模式

（2）并行式绿色设计的支撑环境　并行式绿色设计的支撑环境如图 4-3 所示。

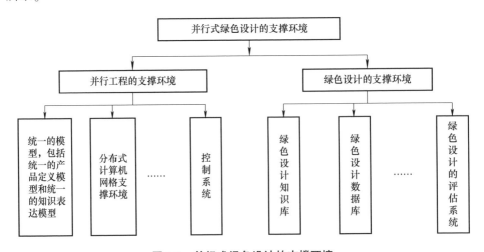

图 4-3　并行式绿色设计的支撑环境

（3）并行式绿色设计的设计人员组织模式　为了实施并行式绿色设计，首先要实现设计人员的集成。采用协同组织模式（即 Team Work），这是一种先进的设计人员组织模式，是实施并行式绿色设计能否成功的关键。

并行式绿色设计的 Team Work 模式如图4-4所示。

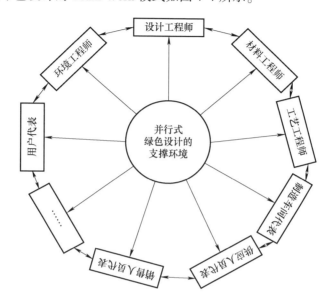

图4-4　并行式绿色设计的 Team Work 模式

4.3.2　绿色设计数据库和知识库

绿色设计的目标是在设计过程中将资源、环境要求与其他需求有机地结合在一起。这样可以使设计人员在设计过程中像在传统设计中获得有关技术信息一样能够获得有关环境影响和资源消耗的数据，这是进行绿色设计的前提条件。只有这样设计人员才能根据资源和环境的要求设计产品，获取设计决策所需要的资源、环境影响的具体因素，并可将设计结果与给定需求相比较对设计方案进行评价。由此可见，为了满足绿色设计需求，必须建立相应的绿色设计数据库和知识库，并对其进行管理和维护。

绿色设计数据库和知识库的建立是个非常复杂的问题，其中相当一部分数据和知识取决于具体的设计对象和设计环境，需根据实际情况来研究和确定。

1. 绿色设计数据和知识的内容

由于绿色设计涉及产品生命周期的全过程，因此设计所需的数据和知识是产品生命周期中各个阶段所需数据和知识的有机融合与集成。

绿色设计数据是指在绿色设计过程中所使用的和产生的数据。例如，不同材料的环境负荷值、各种制造工艺的环境影响特性和资源消耗特性、产品回收分类特征数据及生命周期各阶段的费用、时间等。绿色设计数据有静态数据和动态数据之分：静态数据主要是指标准化和规范化的设计数据，如设计手册中的数据、回收分类特征数据等；动态数据是在设计过程中产生的有关数据，如中间数据、图形数据、环境数据等。

绿色设计知识是指支持绿色设计决策所需的规则。它涉及大量的公理性知识、经验性知识及标准性知识等，这些知识主要用于设计过程中的选择与决策，如方案设计、材料选择、拆卸结构决策和设计结果决策等。

▶▶ 2. 绿色设计数据和知识的获取与表达

如何获取并表达绿色设计所需的数据和知识，使之既便于计算机内部对它们的描述与管理，又便于绿色设计系统的设计，是绿色设计的重要课题。

绿色设计数据和知识的获取一般分为两步。

第一步：对数据和知识进行收集、整理、归纳、总结和分类，并用系统提供的标准文本格式记录下来。

第二步：输入、维护与管理数据和知识，这是在系统提供的输入管理界面的引导下实现的。

对于绿色设计数据和知识的表达，如果采用底层设计来实现，则可以通过数据结构来实现。用于表达绿色设计数据和知识的数据结构有串、表、栈、树、图等。

▶▶ 3. 绿色设计数据库和知识库的建立方法

（1）建立绿色设计数据库和知识库的数据模型　绿色设计数据库和知识库管理功能的实现在很大程度上取决于相应的数据库和知识库的数据模型。设计数据和知识的种类多、数量大，而且数据间的联系错综复杂，其数据的组织直接影响设计系统的效率。可以说，建立数据库和知识库的数据模型是实现绿色设计数据库和知识库的核心。通常，绿色设计数据库和知识库的数据模型与一般数据库的数据模型一样分为四类，即层次模型、网状模型、关系模型和面向对象的模型。

（2）建立绿色设计数据库和知识库的途径

1）按照数据库设计的一般方法与步骤，开发满足绿色设计数据和知识特点的工程数据库，这是有效进行绿色设计的根本途径。然而，由于绿色设计数据和知识本身的复杂性与多样性以及绿色设计对设计数据和知识要求的特殊性，要建立这样的工程数据库需要根据实际开展大量深入的研究。

2）可以从底层进行绿色设计数据库和知识库设计。在确定数据库数据模型的基础上采用高级语言开发实用型的数据库，这种方法要求为每一种设计数据和知识建立数据结构，设计相应的管理逻辑和管理界面，各种设计数据和知识按绿色设计生命周期各阶段的设计任务分类存储和管理，以便于各设计阶段之间的相互调用与访问。

3）可以在现有商品化数据库基础上二次开发绿色设计数据库和知识库。

（3）建立绿色设计数据库和知识库的步骤　绿色设计数据库和知识库的设计可以遵循软件工程的层次设计原则，即"自顶向下，逐步完善"的原则。在充分考虑绿色设计数据库和知识库特殊需求的条件下，与一般数据库的步骤相同，分为四个主要阶段来完成。

1）需求分析。

2）概念结构设计。

3）逻辑结构设计。

4）物理结构设计。

4.3.3　绿色设计评价和决策

对绿色设计进行评价和决策通常有两种情形。

1）对多个绿色设计方案进行评价和决策，选出最优方案。

2）将单个绿色设计方案同标准参照产品进行比较，评价设计方案是否符合有关标准。

本节将介绍绿色设计的评价体系结构模型、绿色设计的评价指标体系、绿色设计的评价标准、绿色设计的评价决策框架模型。最后运用上述模型对一个绿色设计实例进行评价决策。

1. 绿色设计的评价体系结构模型

图4-5所示为绿色设计的评价体系结构模型。从模型中可以看出，绿色设计评价是基于产品生命周期和整个产品体系的，评价的内容是绿色设计所追求的目标（技术、经济、资源、环境）之间的协调优化程度，即技术是否可行、经济是否合理、资源是否节约、环境是否友好。图4-5中，T（Technology）表示技术目标，C（Cost）

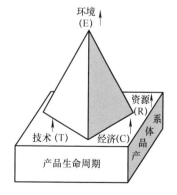

图 4-5　绿色设计的评价体系结构模型

表示经济目标，R（Resource）表示资源目标，E（Environment）表示环境目标，各目标旁边的箭头表示各目标追求的趋势，即技术（T）越可行越好，经济（C）越合理越好，资源（R）越节约越好，环境（E）影响越小越好。

▶ 2. 绿色设计的评价指标体系

绿色设计的评价指标体系的制定必须遵循综合性、可操作性、不相容性、层次性等原则。根据绿色设计的评价体系结构模型并参考我国现行国家法律法规标准以及相关行业的标准，制定了如图4-6所示的绿色设计评价指标体系。

（1）技术指标　技术指标主要从两方面考虑：产品质量保证和技术可行性。产品质量保证主要是指产品应该具有实用性、可靠性、安全性和符合美学观点等特点。技术可行性要求产品材料和结构应该具有可制造性、可装配性、可拆卸性、可回收性以及对企业制造环境（人员、设备、管理等）的适应性等特点。技术指标如图4-7所示。

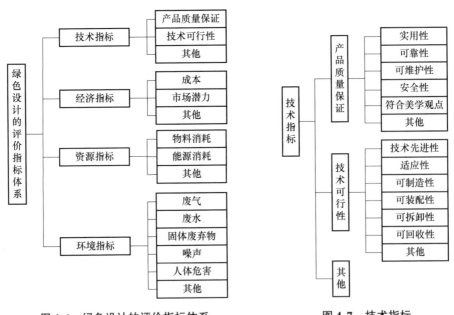

图4-6　绿色设计的评价指标体系　　　　　图4-7　技术指标

（2）经济指标　经济指标主要考虑所设计的绿色产品的生命周期成本及其市场潜力等。绿色产品的生命周期成本包括生产成本、用户成本和社会成本。生产成本包括设计成本、资源成本、制造成本、营销成本、服务成本等。目前，由于绿色设计和制造技术相对落后，绿色产品开发费用相对较高，因此在评价绿色设计的经济合理性时，应该考虑所设计的绿色产品的市场潜力，如价格优势、市场需求等。从目前市场情况来看，绿色产品价格一般较传统产品高，市场需求量较传统产品大。经济指标如图4-8所示。

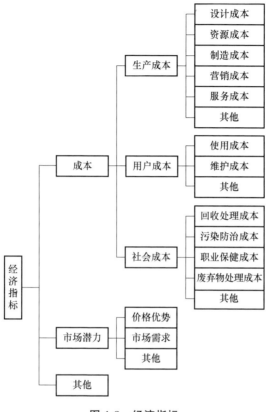

图 4-8　经济指标

（3）资源指标　在资源节约性评价中，主要考虑物料消耗和能源消耗。物料消耗包括材料的种类、材料的单耗、材料利用率、材料回收率、稀缺材料的使用量、有毒有害材料的使用量等。能源消耗包括能源的种类、单位产品能耗、能源利用率、能源回收率、可再生能源的使用比例、不清洁能源的使用比例等。资源指标如图4-9所示。

（4）环境指标　环境友好性是绿色产品不同于传统产品的重要特征。产品在原材料获取、制造、运输、销售、使用、维护及报废后的回收处理等各阶段，将产生废气、废水、固体废弃物等，对大气、水、土壤以及人体造成污染和危害。环境指标主要包括废气、废水、固体废弃物、噪声以及人体危害等。环境指标如图4-10所示。

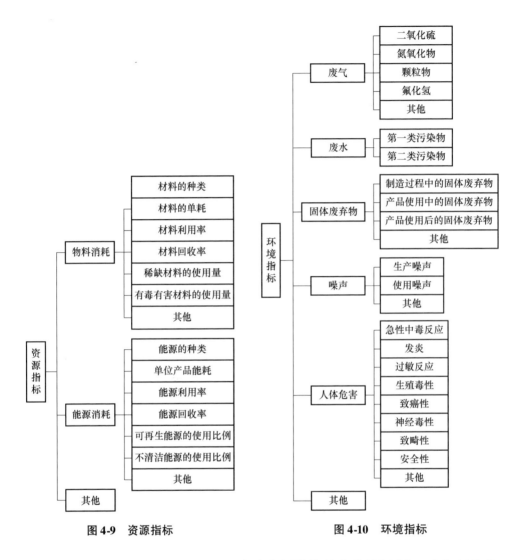

图 4-9　资源指标　　　　　　　　　图 4-10　环境指标

1）废气。根据 GB 16297—1996《大气污染物综合排放标准》，大气污染物包括二氧化硫、氮氧化物、颗粒物等共计 33 种。根据国家标准及其他有关行业标准可以确定单位产品在产品生命周期各个阶段大气污染物的排放量，从而对产品设计方案进行评价。

2）废水。根据 GB 8978—1996《污水综合排放标准》，水污染物包括第一类污染物和第二类污染物。第一类污染物是指能在环境或植物体内蓄积，并对人体健康产生长远不良影响的污染物。含有此类污染物的污水，不分行业和污水排放方式，也不分受纳水体的功能类别，一律在车间或车间处理设施排放口取样，测得其最高允许排放浓度。第二类污染物是指其长远影响小于第一类污染物，在排污单位排出口取样，测得其最高允许排放浓度。关于第一、二类污染物的排放浓度标准详见有关国家标准和行业标准。

3）固体废弃物。在产品制造过程中，将产生大量的固体废弃物，如粉煤灰、钢渣、炉渣及有害废弃物等占用了大量的土地，造成土壤资源的破坏。同时产品使用过程以及使用后也将产生大量的固体废弃物，如废弃的包装、无法回收利用的产品零部件等。

4）噪声。噪声主要考察生产过程中产生的噪声、使用过程中产生的噪声等。国家对噪声污染制定了一系列的标准，如 GB 12348—2008《工业企业厂界环境噪声排放标准》等。

5）人体危害。人体危害指标主要考察工作环境和产品生命周期各阶段的排放物对人体的安全与健康造成的危害程度。通常造成的危害包括急性中毒反应、发炎、过敏反应、生殖毒性、致癌性、神经毒性、致畸性、安全性等。

6）其他。如辐射、高温、振动等都将对环境造成污染。

需要指出的是，在对具体产品设计的评价中，可以根据实际情况和设计要求对以上技术、经济、资源、环境等指标的子指标进行修改或增删。

▶ 3. 绿色设计的评价标准

绿色设计评价应按照技术上可行、经济上合理、资源节约以及有利于环境保护的一般原则来制定评价标准。目前的绿色设计评价标准来自两方面：一方面是依据现行的环境保护标准、产品行业标准及某些地方性法规来制定相应的绿色设计评价标准，这种标准是绝对性标准；另一方面是根据市场的发展和用户的需求，以现行产品及相关技术确定参照产品，用新产品与参照产品的对比来评价产品的绿色程度，这种标准是相对性标准。为了解决评价标准的确定问题，需要引入参照产品的概念。

一般来说，评价一个产品的环境负荷时，得到的可能是一个或一组"绝对"性的数据，因此，往往不能仅仅根据一个或一组"绝对"数据来判断评价结果的好坏，而应该将其与某些参照数据进行对比来衡量评价结果的优劣。因此，绿色设计评价首先要选择一个或多个参照产品，为评价标准的确定和评价方法的实施奠定基础。

参照产品是现有的一种或几种同类产品的组合，应被看作不同参照目标的形象化。参照产品一般分为功能参照和技术参照两类。

1）功能参照。将现有产品的功能作为评价比较的依据。建立功能参照的目的是为新产品的功能设计提供参考，确定如何改善产品或进行重新设计。所选的功能参照产品应是同类产品中的典型代表。

2）技术参照。通常技术参照是一个或多个产品的组合。技术参照的目的是为评估新产品产生的环境负荷提供基础资料，用来评估新产品生命周期中在环境方面采取的技术措施是否符合要求。技术参照产品一般用于评价采用新技术、新工艺、新结构的产品。

有了参照产品，就可以用它来制定绿色设计的评价标准。

若新产品是在原有产品的基础上形成的，评价的目的是比较新产品相对于原有产品在"绿色性"方面的改善程度，那么在评价中就可以将原有产品作为功能参照产品，以原有产品的各项指标值作为评价参考，把设计的新产品与参照产品的各项指标进行综合比较，评价出新产品的"绿色性"是否高于原有产品。

若评价的目的是对新产品进行绿色标志认证或判断新产品的各项指标是否符合绿色产品的各项性能指标要求，就可以用一个虚拟的技术参照产品。这个"虚拟产品"是一个标准的绿色产品，它的每一项指标都符合国家和行业的环境标准及技术要求。一般来说，行业标准是对一般标准的补充和丰富，要求更为严格一些。对于没有标准和法规规定的评价指标，可以用实验统计值来代替。

绿色产品是一种相对的概念，其绿色程度也具有相对性。随着技术进步以及国家和各个行业对绿色产品要求的不断变化，绿色产品的评价标准将越来越严格，参照产品的参照值也将发生变化。由于工业产品的构成涉及多方面的因素，且某些因素具有动态性、时域性（如环境因素），因此，绿色产品的评价标准是一个发展中的相对值，评价时可根据具体产品、具体情况对指标进行选择，对评价标准进行修改完善。

▶▶ **4. 绿色设计的评价决策框架模型**

进行绿色设计方案评价决策涉及的因素很多，是一个复杂的系统工程问题。鉴于此，人们建立了一种绿色设计的评价决策框架模型，用于辅助评价决策。下面对绿色设计的评价决策框架模型做较详细介绍。

（1）评价决策目标向量　绿色设计的任一评价决策目标都包括复杂的组成部分，如环境问题包括废气、废水、固体废弃物、噪声等污染。因此可将 T、C、R、E 各目标看成是由各组成部分组成的向量，如 E 可看成由 e 个组成部分组成，即

$$E = (E_1, E_2, \cdots, E_e) \tag{4-1}$$

相应地，其他评价决策目标向量 T、C、R 也可表示为

$$T = (T_1, T_2, \cdots, T_t) \tag{4-2a}$$

$$C = (C_1, C_2, \cdots, C_c) \tag{4-2b}$$

$$R = (R_1, R_2, \cdots, R_r) \tag{4-2c}$$

（2）评价决策问题向量　一个评价决策问题可看作由若干类评价决策变量组成，每类评价决策变量可看作一个评价决策向量；每一个评价决策向量又包含若干个评价决策变量，构成了各评价决策向量中的元素，于是整个评价决策问题的评价决策变量可用如下评价决策向量组描述，即

$$\left\{ \begin{aligned} X &= (x_1, x_2, \cdots, x_m) \\ Y &= (y_1, y_2, \cdots, y_n) \\ &\vdots \end{aligned} \right. \tag{4-3}$$

（3）技术经济模型　设计中的评价决策问题的评价决策变量大多是与技术有关的，而绿色设计的评价决策目标 T、C、R、E 主要是经济学问题和社会学问题。将联系评价决策变量和评价决策目标之间的模型称为技术经济模型，即

$$T_i = T_i(X, Y, \cdots); i = 1, 2, \cdots, t \tag{4-4a}$$

$$C_j = C_j(X, Y, \cdots); j = 1, 2, \cdots, c \tag{4-4b}$$

$$R_k = R_k(X, Y, \cdots); k = 1, 2, \cdots, r \tag{4-4c}$$

$$E_l = E_l(X, Y, \cdots); l = 1, 2, \cdots, e \tag{4-4d}$$

或

$$T = T(X, Y, \cdots) \tag{4-5a}$$

$$C = C(X, Y, \cdots) \tag{4-5b}$$

$$R = R(X, Y, \cdots) \tag{4-5c}$$

$$E = E(X, Y, \cdots) \tag{4-5d}$$

技术经济模型体现评价决策变量到评价决策目标的映射关系，如图 4-11 所示。

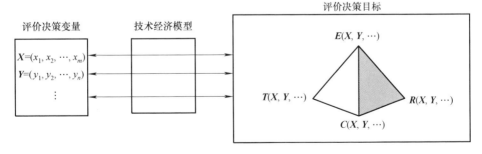

图 4-11　评价决策变量到评价决策目标的映射示意图

（4）评价决策框架模型　综上所述，可建立绿色设计的评价决策框架模型如下。

$$\begin{pmatrix} \boldsymbol{X} = (x_1, x_2, \cdots, x_m) \\ \boldsymbol{Y} = (y_1, y_2, \cdots, y_n) \\ \vdots \end{pmatrix} \Leftrightarrow \begin{pmatrix} \boldsymbol{T} = \boldsymbol{T}(X, Y, \cdots) \\ \boldsymbol{C} = \boldsymbol{C}(X, Y, \cdots) \\ \boldsymbol{R} = \boldsymbol{R}(X, Y, \cdots) \\ \boldsymbol{E} = \boldsymbol{E}(X, Y, \cdots) \end{pmatrix} \Leftrightarrow \begin{pmatrix} \boldsymbol{T} = (T_1, T_2, \cdots, T_t) \\ \boldsymbol{C} = (C_1, C_2, \cdots, C_c) \\ \boldsymbol{R} = (R_1, R_2, \cdots, R_r) \\ \boldsymbol{E} = (E_1, E_2, \cdots, E_e) \end{pmatrix} \Leftrightarrow \mathrm{Opt}(\boldsymbol{T}, \boldsymbol{C}, \boldsymbol{R}, \boldsymbol{E})$$

由以上模型，根据具体情况，可进行：

1）单目标定量评价决策。

2）多目标定性评价决策。

3）多目标定量定性评价决策。

由于绿色设计涉及因素的复杂性，上述评价决策框架目标中的很多指标难以进行定量计算和分析，而只能定性分析和逻辑判断。层次分析法和模糊综合评价法是有效地对这些定性分析和逻辑判断进行量化，以数值计算结果为依据进行科学评价决策的系统工程方法。关于层次分析法和模糊综合评价法的详细计算步骤及有关公式请参考有关文献。

▶ 5. 实例分析

某机床厂生产的压力机床的床身原由铸铁构成，因铸铁床身无论是在铸造还是在机械加工过程中，粉尘污染均较大，现在拟设计钢板焊接床身代替铸铁床身。运用绿色设计评价决策模型对此进行评价决策。

第一步：确定评价决策变量。

用 $\boldsymbol{X} = (x_1, x_2)$ 来描述此评价决策问题，其中 x_1 代表铸铁床身方案，x_2 代表钢板焊接床身方案。于是有：

当 $\boldsymbol{X} = (1, 0)$ 时，即采用铸铁床身（$x_1 = 1$），而不采用钢板焊接床身（$x_2 = 0$）。

当 $\boldsymbol{X} = (0, 1)$ 时，即不采用铸铁床身（$x_1 = 0$），而采用钢板焊接床身（$x_2 = 1$）。

其中 $x_1 + x_2 = 1$。

第二步：根据绿色设计评价指标确定目标变量及其构成。

由于在本次绿色设计评价决策中涉及的技术指标主要是质量，经济指标主要是成本，因此为了方便，将评价决策目标改为：质量 Q、成本 C、资源消耗 R、环境影响 E。

（1）质量 Q　质量 Q 包括内容很广，其中与本评价决策问题直接相关的内容主要有：

Q_1：床身的结构质量。

Q_2：加工质量。

则质量目标可描述为

$$Q = (Q_1, Q_2) \tag{4-6}$$

（2）成本 C 　成本 C 包括内容也很广，其中与本评价决策问题直接相关的内容主要有：

C_1：床身原材料成本。

C_2：制造加工成本。

C_3：能源消耗成本。

这里，成本可以描述为各部分成本之和，因此它是个标量，即

$$C = C_1 + C_2 + C_3 \tag{4-7}$$

（3）资源消耗 R 　与本评价决策问题直接相关的资源消耗主要有：

R_1：原材料消耗，包括种类、总量、利用率等。

R_2：能源消耗，包括种类、总量、利用率等。

R_3：辅助资源消耗：如刀具、切削液、焊条等。

则资源消耗目标可描述为

$$R = (R_1, R_2, R_3) \tag{4-8}$$

（4）环境影响 E 　环境影响 E 是个非常复杂的问题，其中与本评价决策问题直接相关的环境影响问题有：

E_1：粉尘污染。

E_2：废气污染。

E_3：切削液水雾污染。

E_4：噪声污染。

则环境影响目标可描述为

$$E = (E_1, E_2, E_3, E_4) \tag{4-9}$$

第三步：技术经济模型及其分析。

（1）质量模型及其分析

$$Q = Q(Q_1, Q_2) = Q[Q_1(x_1, x_2), Q_2(x_1, x_2)] \tag{4-10}$$

$Q(x_1, x_2)$ 难以量化，但从结构质量和加工质量综合定性分析得知，两者的质量大致相当，即

$$Q_{铸} = Q(1, 0) \approx Q_{焊} = Q(0, 1) \tag{4-11}$$

（2）成本模型及其分析

$$C = C(x_1, x_2) = \sum_{i=1}^{3} C_i(X) = \sum_{i=1}^{3} C_i(x_1, x_2) \qquad (4\text{-}12)$$

$$C_{铸} = C(1,0) = \sum_{i=1}^{3} C_i(1,0) \qquad (4\text{-}13)$$

$$C_{焊} = C(0,1) = \sum_{i=1}^{3} C_i(0,1) \qquad (4\text{-}14)$$

由于钢材价格高于铸铁、钢板加工比较困难、刀具消耗大等多方面因素，通过综合分析，在产量有一定规模时

$$C_{铸} = C(1,0) < C_{焊} = C(1,0) \qquad (4\text{-}15)$$

（3）资源消耗模型及其分析

$$R = R(R_1, R_2, R_3) = R[R_1(x_1, x_2), R_2(x_1, x_2), R_3(x_1, x_2)] \qquad (4\text{-}16)$$

R 也难以完全量化，但定性分析得知，铸造床身因铸铁强度相对低，故材料总量相对要多，同时铸造过程要消耗较多的不可再生资源（煤或天然气等），因而总体上分析得

$$R_{铸} = R(1,0) > R_{焊} = R(0,1) \qquad (4\text{-}17)$$

（4）环境影响模型及其分析

$$E(E_1, E_2, E_3, E_4) = E[E_1(x_1, x_2), E_2(x_1, x_2), E_3(x_1, x_2), E_4(x_1, x_2)]$$

$$(4\text{-}18)$$

E 也难以量化，但定性分析得知，铸造床身的粉尘污染、废气排放均远大于钢板焊接床身，切削液水雾污染小于钢板焊接床身，噪声污染综合全过程考虑大于钢板焊接床身，即有

$$E_1(1,0) \gg E_1(0,1) \qquad E_2(1,0) \gg E_2(0,1)$$
$$E_3(1,0) < E_3(0,1) \qquad E_4(1,0) > E_4(0,1)$$

综合上述结果，仍有

$$E_{铸} = E(1,0) \gg E_{焊} = E(0,1) \qquad (4\text{-}19)$$

第四步：多目标优化和评价决策。

因本评价决策问题的评价决策变量只有两种选择（1，0）和（0，1），因而最优化方案只需要在以下两种方案中选择一种即可。

$$方案 A \Leftrightarrow [Q(1,0), C(1,0), R(1,0), E(1,0)]$$
$$= (Q_{铸}, C_{铸}, R_{铸}, E_{铸}) \qquad (4\text{-}20a)$$

$$方案 B \Leftrightarrow [Q(0,1), C(0,1), R(0,1), E(0,1)]$$
$$= (Q_{焊}, C_{焊}, R_{焊}, E_{焊}) \qquad (4\text{-}20b)$$

由于该评价决策问题包含许多定性分析和逻辑判断因素，因此采用定性和定量相结合的层次分析法求解。

首先建立如图 4-12 所示的层次模型。

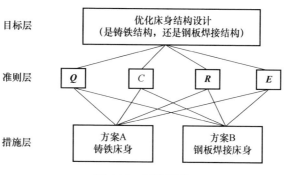

图 4-12　层次模型

然后应用层次分析法（AHP）进行决策，包括构造判断矩阵，进行层次分析单排序和层次分析总排序计算。判断矩阵见表 4-4。

表 4-4　判断矩阵

A	Q	C	R	E	W_i
Q	1	1/3	1/2	1/5	0.084
C	3	1	2	1/3	0.233
R	2	1/2	1	1/4	0.138
E	5	3	4	1	0.545

$\lambda_{max} = 4.051$，$CI = 0.017$，$CR = 0.019 < 0.1$。

1）措施层对准则层 Q 的判断矩阵及层次分析单排序见表 4-5。

表 4-5　措施层对准则层 Q 的判断矩阵及层次分析单排序

准　则　Q	铸铁床身	钢板焊接床身	W_i
铸　铁　床　身	1	1	0.5
钢板焊接床身	1	1	0.5

$\lambda_{max} = 2.0$，$CI = 0$（判断矩阵完全一致）。

2）措施层对准则层 C 的判断矩阵及层次分析单排序见表 4-6。

表 4-6 措施层对准则层 *C* 的判断矩阵及层次分析单排序

准则 *C*	铸铁床身	钢板焊接床身	W_i
铸铁床身	1	3	0.75
钢板焊接床身	1/3	1	0.25

$\lambda_{max} = 2.0$，CI = 0（判断矩阵完全一致）。

3）措施层对准则层 *R* 的判断矩阵及层次分析单排序见表 4-7。

表 4-7 措施层对准则层 *R* 的判断矩阵及层次分析单排序

准 则 *R*	铸 铁 床 身	钢板焊接床身	W_i
铸 铁 床 身	1	1/3	0.25
钢板焊接床身	3	1	0.75

$\lambda_{max} = 2.0$，CI = 0（判断矩阵完全一致）。

4）措施层对准则层 *E* 的判断矩阵及层次分析单排序见表 4-8。

表 4-8 措施层对准则层 *E* 的判断矩阵及层次分析单排序

准 则 *E*	铸 铁 床 身	钢板焊接床身	W_i
铸 铁 床 身	1	1/5	0.167
钢板焊接床身	5	1	0.833

$\lambda_{max} = 2.0$，CI = 0（判断矩阵完全一致）。

5）措施层对目标层的判断矩阵及层次分析总排序见表 4-9。

表 4-9 措施层对目标层的判断矩阵及层次分析总排序

目 标 层	*Q*	*C*	*R*	*E*	层次总排序
	0.084	0.233	0.138	0.545	
铸铁床身	0.5	0.75	0.25	0.167	0.342
钢板焊接床身	0.5	0.25	0.75	0.833	0.658

CI = 0（判断矩阵完全一致）。

根据总排序的结果可以得出结论：钢板焊接床身方案 B 优于铸造床身方案 A。

最后该厂采用方案 B，并因此而取得了较显著的综合效益（经济效益和社会效益）。实践证明，这种绿色设计评价决策模型的应用是成功的。

4.4 集成化的绿色设计工具及众创平台

产品的绿色设计涉及多种技术，需要大量的设计经验、数据库和知识库及设计评价软件等的支撑，因此开发集成化的绿色设计工具与平台显得十分重要。本节以金属切削机床的绿色设计为例，介绍开发的金属切削机床集成化的绿色设计工具及众创平台。

4.4.1 面向金属切削机床的绿色基础数据库研究与开发

通过分析国内外 LCA 数据库、知识库以及方法库的构建方式，针对商业化评价软件对能源和制造资源的消耗及环境的承载能力，基于 MySQL 和 Java 开发工具，开发了面向金属切削机床的绿色基础数据库。

1. 数据库需求分析

为了支持产品绿色设计，需建立的绿色基础数据库一般应包含产品生命周期清单数据库（即产品生命周期设计、开发、采购、使用、生产或服务、包装、销售、废弃等各环节中资源、能源投入和废弃物排放等数据）和产品生命周期评价模型数据库（即特征化模型、标准化模型、环境影响模型等）两大类。

2. 数据库详细设计

（1）数据库 E-R 图 基于数据库需求分析，采用实体 – 联系（Entity-Relationship，E-R）图来描述概念模型。面向金属切削机床的绿色基础数据库 E-R 图如图 4-13 所示，其中矩形表示实体，线条表示实体之间的联系。

（2）数据库表结构 通过 E-R 图对数据流程进行梳理，在概念设计的基础上，通过工具软件建立了基于单元过程的金属切削机床生命周期评估数据库模型。评估对象结构树由产品数据表、组件数据表、零件数据表构成，另外，运用加工工艺过程数据表、运输过程数据表、使用过程数据表、处理过程数据表描述了机床生命周期单元过程清单，如图 4-14 所示。

（3）数据库管理模块 该模块主要实现评价人员的管理，评价指标的删除、添加，绿色产品评价基础数据指标的删除、添加和指标值的修订，国家环境标准基准值的删除、添加等功能。

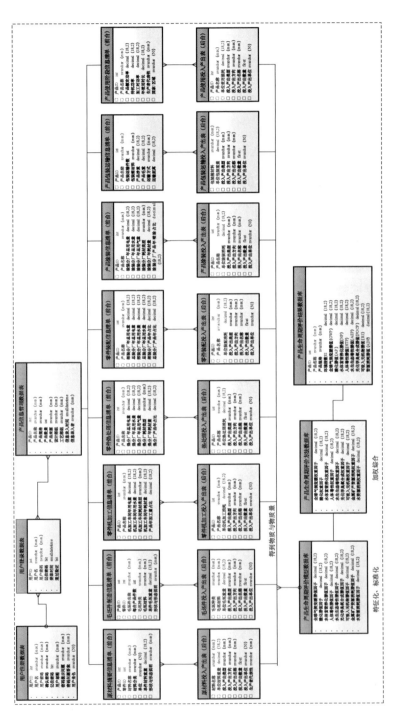

图4-13 面向金属切削机床的绿色基础数据库E-R图

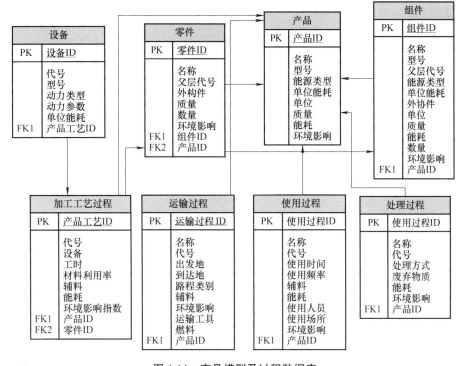

图 4-14 产品模型及过程数据库

4.4.2 基于 Web Service 技术的机床绿色设计支持系统集成平台

机床绿色设计支持系统对机床产品绿色设计过程进行管理，实现了企业资源计划（ERP）、计算机辅助设计（CAD）、计算机辅助工艺规划（CAPP）、计算机辅助工程（CAE）、计算机辅助制造（CAM）、生命周期评价（LCA）、产品数据管理（PDM）等的信息交互与集成，如图 4-15 所示。

1. Web Service 系统集成方法

企业信息系统集成将企业现有软件资源进行组织整合，构建系统交互策略，实现 "1 + 1 > 2" 的系统应用效果，加快企业信息化建设步伐。基于中间件集成可实现企业信息系统跨平台异构集成，成本低且易于维护。针对其通用标准和模式构建问题，采用 Web Service 实现系统与其他信息系统异构数据集成，如图 4-16 所示。

2. 规范化数据集成格式

针对各系统数据库的数据模式及存储模式不一致等问题，采用各异构系统数据集成的规范化数据格式，运用 Web 服务集成完成各异构系统间源数据的有效转换，实现异构数据库信息共享与交互。规范化数据集成格式见表 4-10。

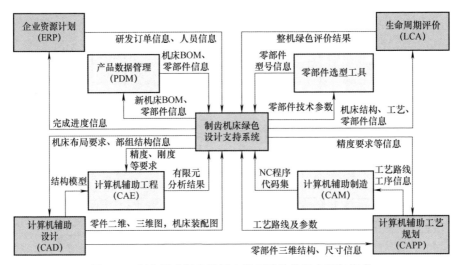

图4-15 制齿机床绿色设计支持系统的信息交互与集成

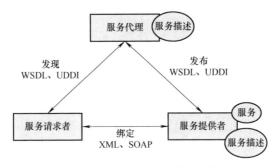

图4-16 Web Service 体系结构

表4-10 规范化数据集成格式

序号	格式名称	数据库/软件支持	应用领域
1	SPOLD	SimaPro、TEAM 和 Umberto 等 LCA 软件	生命周期清单数据交互
2	Ecospold	Ecoinvent 数据库及 LCA 软件	
3	ILCD	ELCD 数据库	
4	DXF	CAD 软件	几何图形数据交互
5	DWG		
6	DWF		
7	IGES	CAD/CAM 软件	
8	STEP		
9	XLS	通用	通用电子表格格式
10	CSV	通用	通用文本格式

▶▶3. 基于规范化数据集成格式和 Web 服务的系统集成方法

基于规范化数据集成格式，运用基于 Web 服务的信息集成方法，实现了制齿机床绿色设计支持系统与异构信息系统及工具的有效集成。基于规范化数据集成格式和 Web 服务的系统集成方法增加了集成的灵活性，在保持企业信息系统现状的前提下，提高了系统及其数据的可重用性，如图 4-17 所示。

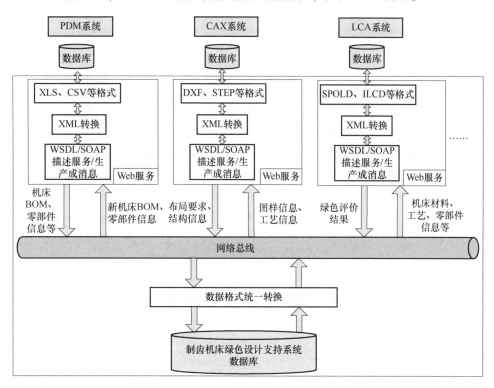

图 4-17　基于规范化数据集成格式和 Web 服务的系统集成方法

该集成方法采用 Web 服务实现异构系统集成，基于各异构系统构建了一个跨平台、跨语言的通用集成层，使 PDM、CAX 等系统使用公共编程接口以及互操作协议在 Web 服务体系中连接和集成，实现了各异构系统的有效集成，实施步骤如下（以绿色设计支持系统向 ERP 系统请求机床订单数据为例）。

1）服务发布。绿色设计支持系统将 ERP 机床订单数据访问封装为 Web 服务，在描述机床订单数据的 API 接口服务生成 WSDL 文件并在 UDDI 注册，完成 Web 服务发布。

2）服务查询。绿色设计支持系统向 Web 平台提交机床订单信息服务请求，Web 平台匹配出满足要求的机床订单信息查询 Web 服务，并向绿色设计支持系统发送 WSDL 定义的服务信息反馈。

3）服务绑定。绿色设计支持系统解析 Web 平台返回的 WSDL 描述信息，向机床订单信息查询 Web 服务发送 XML 格式的 SOAP 消息，机床订单信息查询 Web 服务通过数据交换封装接口将绿色设计支持系统的 XML 消息转换为系统内部 XLS、CSV 等规范化数据集成格式，并查找数据库获取指定机床订单信息，同时转换为 XML 数据由 Web 服务封装为 SOAP 消息回传给绿色设计支持系统的 Web 平台。绿色设计支持系统将收到的 XML 结果转换为系统内部统一规范化数据格式。

4.4.3 制齿机床绿色设计支持系统模块

1. 制齿机床绿色设计支持系统架构

利用 Microsoft Visual Studio 2013 和 Microsoft SQL Server 2008 开发了制齿机床绿色设计支持系统，该系统采用客户端/服务器（C/S）模式，强化了系统集成应用功能，搭建了集表现层、业务层和数据层为一体的系统架构，如图 4-18 所示。

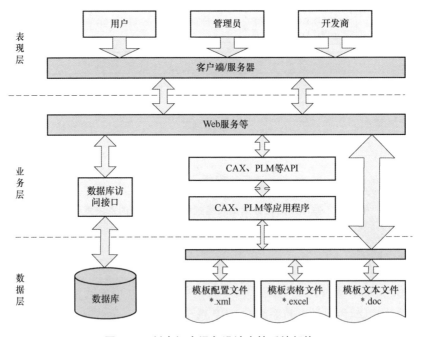

图 4-18　制齿机床绿色设计支持系统架构

2. 制齿机床绿色设计支持系统数据库设计

制齿机床绿色设计支持系统的数据表清单由系统管理、设计流程管理、机床设计管理及基础数据管理模块构成。基于系统数据表清单和管理实际需求，设计了各数据表具体内容、字段属性及关系，运用 Microsoft Visio 数据库实体关系图构建系统数据模型，建立了制齿机床绿色设计支持系统部分数据表与实体间的逻辑关系，如图4-19所示。

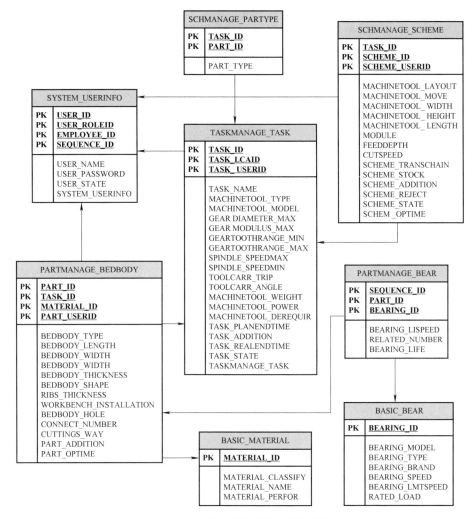

图4-19　系统部分数据表与实体间的逻辑关系

≫ 3. 制齿机床绿色设计支持系统功能模块

制齿机床绿色设计支持系统功能分为绿色知识、任务管理、方案管理、部组管理、部组设计、机床试制、信息查询、基础管理、集成管理、系统管理及辅助功能11大模块，各模块分述如下。

（1）绿色知识　该模块为整个设计过程提供绿色知识文档，为设计人员在设计过程中进行绿色设计提供支撑，其中涉及的主要有绿色再制造技术、结构轻量化设计、绿色评价等相关方面的具体绿色知识。

（2）任务管理　在任务创建中，主要是对该任务的基本信息、基本参数性能指标等进行相应录入，在该过程中所涉及的相关设计文件也可进行录入。在任务创建完成后，即可将其下达给相应负责人进行方案的制定。当然也可根据实际情况，对任务进行调整和作废处理。

（3）方案管理　在接收任务后，应根据具体任务进行具体方案的制定。在方案制定完成后，需要对该方案进行绿色评审，通过的方案即可进行下一流程，没通过的方案需要根据驳回理由，对方案重新制定，直到通过为止。

（4）部组管理　方案评审通过后，需要将其派发给具体的设计人员进行部组设计，在本任务的所有部组设计完成后，由负责人决定是否提交，提交后会生成一个总的设计报告。不合格的设计可以将其驳回，让相关设计人员进行相应地修改。

（5）部组设计　在部组设计人员接到相应设计任务时，需要对有关部组进行相应的设计，设计完成后，其相关负责人会根据设计详情决定是否提交。

（6）机床试制　在机床试制阶段，会将这个过程涉及的试制鉴定大纲、验收检验说明书、试制总结报告等文件进行相应录入。

（7）信息查询　在信息查询模块，设计人员可以比较系统全面地对整个设计情况有一个大致了解。

（8）基础管理　在基础管理模块，可以很好地对一些基础数据进行有效管理，如设计过程所涉及的常用材料、常用轴承、常用导轨等基础数据。

（9）集成管理　在集成管理模块，可以通过对应的入口进入相应的第三方软件，使设计人员在设计过程中可以很方便地进行设计，其中有帮助轻量化设计的有限元分析软件，有帮助进行产品生命周期评价的 LCA 软件，也有帮助进行电动机节能选型的辅助软件。

（10）系统管理　在系统管理模块，可以对用户进行管理，对人员信息提供增加、修改以及删除的功能，也可以对不同用户的权限进行相应配置。

（11）辅助功能　在设计过程中，有一些辅助知识可以帮助设计人员进行设计，针对设计时用到的一些文件，也提供了附件上传的功能。

4.4.4　制齿机床绿色设计过程评价与决策模块

针对制齿机床的设计过程，提出了制齿机床设计过程的三阶段绿色评价方法，运用 Fuzzy-EAHP 方法和绿色评价工具，开展制齿机床总体设计方案、部组设计方案、详细设计方案的绿色评价，以提高制齿机床绿色设计水平，如图 4-20 所示。

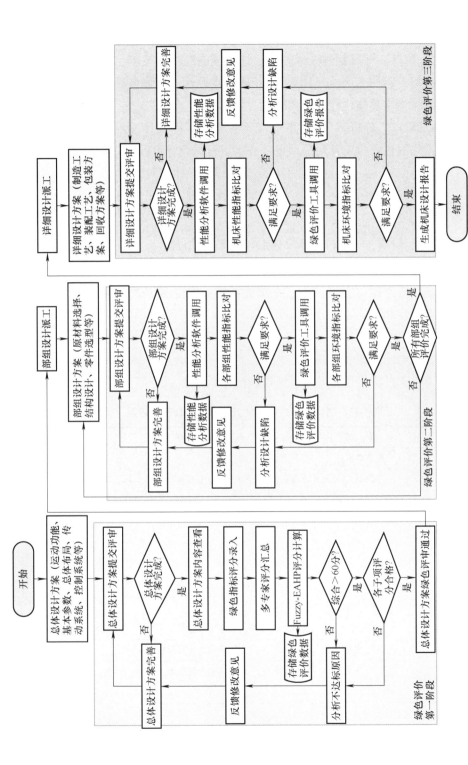

图4-20 制齿机床设计过程的三阶段绿色评价方法

制齿机床设计过程的三阶段绿色评价流程如下。

1) 第一阶段，针对制齿机床总体设计方案的经济、技术、人机、环境四大属性及子指标，运用 Fuzzy-EAHP 方法开展总体设计方案绿色设计水平评价，并根据反馈意见指导总体设计方案调整。

2) 第二阶段，分析床身、立柱、工作台等部组件设计过程的使用要求和环境要求，运用绿色评价工具对部组设计方案进行绿色评价及优化。

3) 第三阶段，运用绿色评价工具对机床详细设计方案的资源、能源、经济、环境、使用等方面进行绿色评价，优化详细设计方案，完成制齿机床设计过程的分阶段绿色评价。

▶▶ 1. 第一阶段——制齿机床总体设计方案绿色评价

（1）绿色评价指标建立原则　通过分析制齿机床总体设计方案特点，绿色评价指标建立应遵循综合性原则、系统性原则、定性和定量相结合原则、可行性原则、不兼容原则。

（2）绿色评价指标体系　基于上述原则，制齿机床总体设计方案绿色评价指标必须系统地反映绿色机床的经济性、实用性、人机友好及环保性四大基本要求。制齿机床总体设计方案绿色评价指标体系见表4-11。

表4-11　制齿机床总体设计方案绿色评价指标体系

准 则 层	指 标 层	指 标 细 则
经济属性 C	经济效益 C_1	方案可能取得的经济效益
	社会效益 C_2	方案可能产生的技术促进等社会效益
技术属性 T	先进性 T_1	数控加工、多工序加工、高速干切等技术运用
	功能性 T_2	满足机床运动、精度、承载等加工要求
	可靠性 T_3	质量稳定性、服役寿命、维修维护性等
	协调性 T_4	空间协调性、时间同步性、操作协同性
人机属性 H	安全性 H_1	配置齐全的保护装置确保人员与加工环境的安全
	可操作性 H_2	简单、快捷、易操作
	舒适性 H_3	外观美观协调，色彩赏心悦目
环境属性 E	再制造性 E_1	零部件再制造重用比例及重用程度
	可回收性 E_2	零部件材料可回收比例及回收难度
	环保性 E_3	预设定的制造模式下对环境的保护程度，以污染程度反向推理

（3）绿色评价指标权重确定　根据制齿机床总体设计方案绿色评价指标体系的各项指标，由行业技术专家及典型用户代表组成专家组，按照 1～9 标度法

则，分别对准则层、指标层两两比较构造各级区间数判断矩阵。通过准则层的指标两两对比，得到区间判断矩阵见表4-12。以此类推，环境属性指标层的重要度及权重见表4-13。总体设计方案绿色模糊综合评价权重见表4-14。

（第 4 章 绿色设计技术）

表4-12　区间判断矩阵

名　　称	C	T	H	E
C	$[1.0, 1.0]$	$[0.95, 1.2]$	$[0.6, 0.8]$	$[0.55, 0.75]$
T	$[0.83, 1.05]$	$[1.0, 1.0]$	$[0.65, 0.9]$	$[0.6, 0.75]$
H	$[1.25, 1.67]$	$[1.11, 1.54]$	$[1.0, 1.0]$	$[0.9, 1.25]$
E	$[1.33, 1.82]$	$[1.05, 1.25]$	$[0.33, 0.87]$	$[1.0, 1.0]$

表4-13　环境属性指标层的重要度及权重

名　　称	E_1	E_2	E_3
E_1	$[1.0, 1.0]$	$[0.65, 0.8]$	$[0.5, 0.75]$
E_2	$[1.25, 1.54]$	$[1.0, 1.0]$	$[0.75, 0.85]$
E_3	$[1.33, 2]$	$[1.18, 1.33]$	$[1.0, 1.0]$

表4-14　总体设计方案绿色模糊综合评价权重

评价指标	权重 W	评价因素	权重 W_1
经济属性 C	0.203	经济效益 C_1	0.625
		社会效益 C_2	0.375
技术属性 T	0.218	先进性 T_1	0.208
		功能性 T_2	0.325
		可靠性 T_3	0.242
		协调性 T_4	0.225
人机属性 H	0.283	安全性 H_1	0.562
		可操作性 H_2	0.227
		舒适性 H_3	0.211
环境属性 E	0.296	再制造性 E_1	0.248
		可回收性 E_2	0.337
		环保性 E_3	0.415

2. 第二阶段——制齿机床部组设计方案绿色评价

制齿机床部组设计是对总体设计方案的细化与拓展，涵盖制齿机床各主要部组的结构设计、原材料选择、零件选型、性能校核等内容，如图4-21所示。

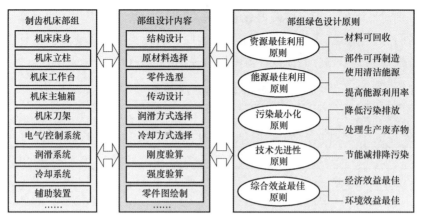

图 4-21 制齿机床部组设计

制齿机床部组设计方案绿色评价以床身、立柱、工作台以及控制系统等各部组设计结果为对象，对部组使用性能和环境性能进行评价，如图 4-22 所示。

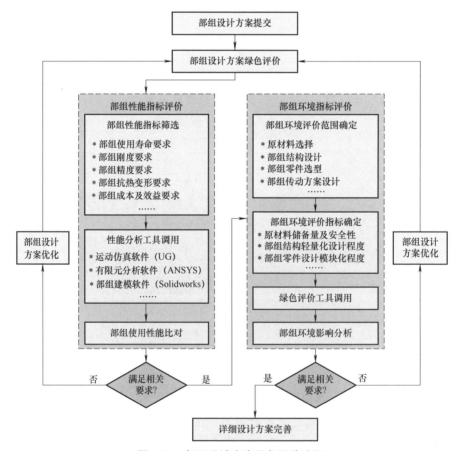

图 4-22 部组设计方案绿色评价流程

▷ 3. 第三阶段——制齿机床详细设计方案绿色评价

在进行制齿机床详细设计方案绿色评价时，紧紧围绕机床的使用性能与环境性能两大环节，考虑机床制造、包装、回收等内容，结合产品的实用性能、精度要求、研发成本、能源消耗以及利用率等因素，通过评价结果对设计方案进行改进和优化，如图4-23和图4-24所示。

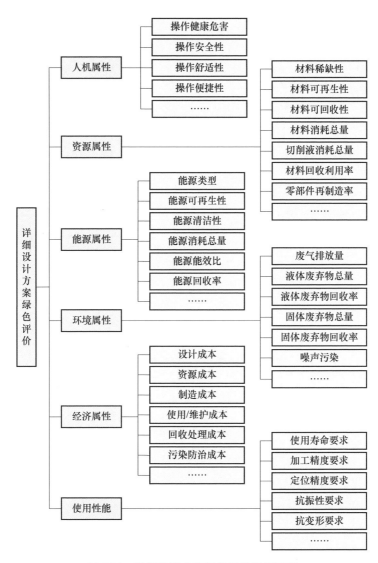

图4-23 详细设计方案绿色评价指标因素

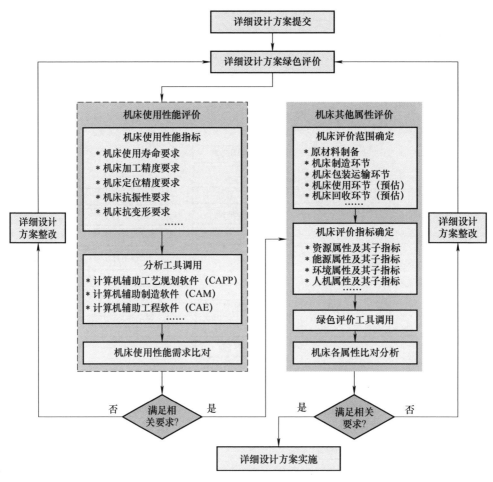

图 4-24　详细设计方案绿色评价流程

参 考 文 献

［1］ 刘飞，陈晓慧，张华．绿色制造 ［M］．北京：中国经济出版社，1998.

［2］ 刘飞，张华．绿色制造的内涵及研究意义 ［J］．中国科学基金，1999，13 （6）：324-327.

［3］ ZHANG H C, KUO T C, LU H, et al. Environmentally Conscious Design and Manufacturing：A State-of-the-Art Survey ［J］. Journal of Manufacturing Systems, 1997, 16 （5）：352-371.

［4］ 刘志峰，刘光复．绿色产品并行闭环设计方法 ［J］．机电一体化，1996 （6）：12-14.

［5］ 宋守许，刘志峰，刘光复．绿色产品设计的材料选择 ［J］．机械科学与技术，1996 （1）：40-44.

［6］ CHEN R W, NAVIN-CHANDRA D, KURFESS T, et al. A Systematic Methodology of Material Selection with Environmental Considerations ［Z］. 1994.

［7］ 李新良. 探讨工程机械设计中轻量化技术的应用 ［J］. 中国设备工程, 2021 （11）: 231-232.

［8］ 范青. 工程机械设计中轻量化技术的应用 ［J］. 南方农机, 2020, 51 （20）: 103-104.

［9］ 杨宁, 李冰, 徐武彬, 等. 工程机械节能减排现状及发展新趋势 ［J］. 机械设计与制造, 2021 （1）: 297-300.

［10］ 王月云. 工程机械轻量化方法与设计研究 ［J］. 中国金属通报, 2017 （5）: 79-80.

［11］ SOOKCHANCHAI K, OLARNRITHINUN S, UTHAISANGSUK V. Lightweight Design of an Automotive Lower Control Arm Using Topology Optimization for Forming Process ［J］. 2021, 1157 （1）: 012083.

［12］ ZHANG J, DENG Y X, ZHENG B, et al. Lightweight Design of Low-Load Electric Vehicle Frame ［J］. Journal of Computational Methods in Sciences and Engineering, 2020, 21 （3）: 1-11.

［13］ 翟庆波, 苏兆婧. 轻量化设计在工程机械中的应用 ［J］. 设计, 2016 （17）: 120-121.

［14］ 林炎炎, 徐婷, 许伟, 等. 轻量化技术在工程机械研发中的应用 ［J］. 机械工程与自动化, 2015 （5）: 221-223.

［15］ 洪从鲁, 王闪闪. 机械设计节能原理及其运用研究 ［J］. 内燃机与配件, 2020 （18）: 203-204.

［16］ 桑财荣. 机械制造及自动化中节能设计理念的应用论述 ［J］. 中小企业管理与科技 （上旬刊）, 2021 （8）: 175-176.

［17］ 张伟. 节能设计理念在机械制造及自动化应用中的融合 ［J］. 现代制造技术与装备, 2021, 57 （5）: 196-197.

［18］ 刘福鹏. 机械制造与自动化中节能设计理念的应用研究 ［J］. 内燃机与配件, 2021 （9）: 218-219.

［19］ 李小敏, 曹雪. 机械制造与自动化中节能设计理念的应用 ［J］. 电子测试, 2021 （10）: 135-136.

［20］ 王建国. 节能设计理念在机械制造及自动化应用中的渗透 ［J］. 中国设备工程, 2020 （19）: 197-198.

［21］ 马祖军, 刘飞, 代颖. 并行工程在绿色设计中的应用 ［J］. 机电一体化, 1998 （3）: 12-13.

［22］ JOVANE F, ALTING L, ARMILLOTTA A, et al. A Key Issue in Product Life Cycle: Disassembly ［J］. CIRP Annals-Manufacturing Technology, 1993, 42 （2）: 651-658.

［23］ 张华, 刘飞, 梁洁. 绿色制造的体系结构及其实施中的几个战略问题探讨 ［J］. 计算机集成制造系统, 1997, 3 （2）: 11-14.

第**4**章 绿色设计技术

［24］刘飞，张华，陈晓慧. 绿色制造的决策框架及其应用模型［J］. 机械工程学报, 1999, 35
　　　（5）: 11-15.

［25］GU P , HASHEMIAN M , SOSALE S, et al. An Integrated Modular Design Methodology for
　　　Life-Cycle Engineering ［J］. CIRP Annals-Manufacturing Technology, 1997, 46 （1）:
　　　71-74.

第5章

——

绿色制造工艺规划及其关键技术

5.1　绿色制造工艺的基本概念

绿色制造工艺（Green Manufacturing Process，GMP）作为绿色制造的重要组成部分，是现代制造工艺可持续发展的必然要求。绿色制造工艺是以传统制造工艺方法为基础，交叉融合环境科学、化学科学、材料科学、能源科学、控制技术和现代管理方法等学科的先进制造工艺，其目标是在保障制造工艺加工质量和加工效率的前提下，使之对环境的负面影响最小，资源利用率最大。

传统制造工艺存在生产工序烦琐、能源和资源消耗严重、碳排放量大、产品质量难以控制等问题。绿色制造工艺将发展成为替代传统制造工艺的新一代制造工艺体系。绿色制造工艺符合现代新型制造模式的发展需求，以实现清洁、高效、可靠制造为目的，旨在减少资源浪费、废物排放和环境污染。目前对于绿色制造工艺的研究主要包括以下两大方面内容。

1) 研究具体的绿色制造工艺技术，将绿色的概念引入到具体的工艺、技术和装备中，以减少环境污染、改善加工质量、提高加工效率，也即绿色制造工艺关键技术及装置的研究，其主要的研究内容包括干式切削、微量润滑、低温切削等加工技术及其辅助装置、环保切削液、高效耐用工具系统等。通过制造工艺技术的改进和革新，从根本上提高加工效率、减少资源消耗和废物排放。

2) 研究在时间、质量、成本、环境影响和资源消耗等多目标下的制造工艺评价体系和决策系统，便于有效地监测、评价及改善当前的制造工艺状况，即绿色制造工艺系统的研究，其主要的研究内容包括绿色制造工艺数据库、智能监测及评估系统、绿色制造工艺规划等。通过绿色制造工艺的评价和决策模型及绿色制造工艺方案的优化，实现制造工艺及系统的节能减排。

绿色制造工艺是未来制造工艺技术的发展方向之一。在具体的物料转化过程中，通过综合考虑制造过程中的资源消耗和环境影响问题，并结合制造系统的实际情况，对制造工艺方法进行改进与革新并对工艺过程进行合理地优化选择和规划设计（尽量采用物料和能源消耗少、废弃物少、对环境污染小的工艺方案和工艺路线），从而减少制造资源消耗，减少对环境和工人健康的影响。因此，绿色制造工艺应具有先进性、绿色性、经济性。

5.2 典型绿色制造工艺

5.2.1 干式切削

1. 高速干切工艺概述

（1）高速切削概述 德国物理学家 Salomon 在 1931 年提出了有关超高速切削理论的著名假说：对于任何一种工件材料，在常规的切削速度范围内，切削温度随着切削速度的增大而升高；在某个切削速度范围内，切削温度达到最高，随着切削速度的增大，切削温度降低。每一种工件材料都对应着一个切削速度范围，在此切削速度范围内由于切削温度过高刀具材料或工件材料难以承受而导致切削加工无法进行，此切削速度范围通常称为切削不适应区，如图 5-1 所示。但是，当切削速度超过该切削速度范围后，切削温度持续降低，同时切削力也会大幅降低，这对切削加工是有利的，每一种工件材料都存在一个可行的高速切削速度范围，这个潜在的切削速度范围称为高速切削区。在高速切削区内，用现有的刀具进行切削加工，有可能成倍地提高机床的加工效率。几乎每一种材料都存在这样的高速切削区，但是不同材料的高速切削区存在较大差异。

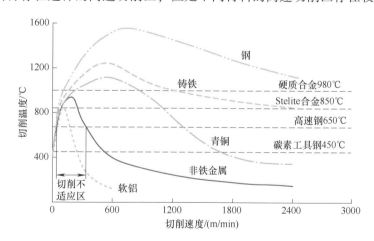

图 5-1 切削速度与切削温度之间的变化关系

20 世纪 50 年代前后，工业发达国家纷纷开展了高速切削理论及技术的研究。苏联于 1947—1960 年间开展了高速切削铝的研究，通过研究铝在高速切削过程中的切削力、加工硬化、切削变形以及硬度等特性得出了铝的高速切削加工速度范围。美国于 1977 年成功研制了世界上第一台高频电主轴铣床（该机床主轴最高转速可达 18000 r/min），并使用该高速铣床进行了第一次真正意义上的实践切削加工，从而证实了此前用于高速切削机理研究的弹射高速切削试验结果以及分析结论的正确性。美国洛克希德公司于 1958 年开始进行了不同材料类型工件及刀具的系列高速切削试验研究，深入分析研究了高速切削加工过程中切削温度、切削力、加工质量、刀具磨损以及刀具寿命等高速切削的基本理论与规律。德国于 1979 年组织研究机构、企业及科研院校开展了高速切削理论的合作研究，研究了高速切削加工的基本理论、高速切削刀具技术以及高速切削机床技术等，并研究机械加工中常见材料和难加工材料的高速切削性能。20 世纪 90 年代以后，工业发达国家大量投入到高速切削加工技术的研究开发与应用中，促使了高速切削加工技术和刀具技术的发展。随着高速机床技术与高速切削刀具技术等高速切削加工综合技术的发展与进步，高速切削加工在实际加工应用中已经十分普遍。

高速切削是一个相对的概念，由于不同的加工方式、工件材料，刀具会有不同的高速切削区，所以很难给出高速切削的速度边界的确切定义。目前沿用的高速切削加工的具体定义主要有以下几种。

1）1978 年，国际生产工程科学院（CIRP）切削委员会提出以线速度 500 ~ 7000 m/min 进行的加工为高速切削加工。

2）对铣削加工而言，以刀具夹持装置达到平衡要求时的速度来定义高速切削加工。根据 ISO 1940，主轴转速高于 8000 r/min 的为高速切削加工。

3）德国 Darmstadt 工业大学生产工程与机床研究所（PTW）提出高于普通切削速度 5 ~ 10 倍的切削加工为高速切削加工。

4）从主轴设计的观点，以 Dn 值（主轴轴径或主轴轴承内径尺寸 D 与主轴最大转速 n 的乘积）来定义高速切削加工。Dn 值达（5 ~ 2000）× 10^5 mm·r/min 时为高速切削加工。

5）从刀具和主轴的动力学角度来定义高速切削加工。这种定义取决于刀具振动的主模式频率。

因此，高速切削加工不能简单地用某一具体的切削速度值来定义。工件材料和切削条件不同，高速切削速度范围也不同。

（2）干式切削概述　干式切削技术是 20 世纪 90 年代在全球日益高涨的环保要求和可持续发展战略背景下发展起来的一项绿色切削加工技术。1995 年干式切削的科学意义正式确立以后，干式切削技术开始在工业界和学术界引起广泛的关注。干式切削加工是一种理想的绿色制造工艺方法，目前德国有 20% 左右的企业采用干式切削技术，并且在干式切削的研究和应用方面处于世界领先地位。美国研发的"红月牙"铸铁干式切削技术使切除率达到49cm³/min，生产率提高了2倍多。英国、加拿大等工业发达国家也进行了干式切削技术的研究，部分发展中国家同样重视干式切削技术的研究，并积极鼓励和支持制造业展开相关工作。我国一些高校对干式切削技术进行了研究和探讨，如重庆大学、哈尔滨工业大学、山东大学、大连理工大学、广东工业大学、合肥工业大学等在干式切削的刀具设计、刀具材料、刀具涂层、加工方式等方面进行了较系统的研究。

（3）高速干切概述　高速干切技术作为高速切削技术与干式切削技术的综合，它能够充分发挥高速切削在加工效率和质量方面的优势，还兼具干式加工的环保优势，是一种绿色的高效加工技术。因此，高速干切工艺是综合协调优化机床、刀具和工艺参数等加工要素对传统切削工艺做出重大变革，以更高的切削速度和进给速度，实现切削过程无切削液的高效率、低能耗、绿色环保的清洁切削工艺。目前，高速干切工艺已在理论研究与应用研究方面取得了快速发展。重庆大学团队在齿轮高速干切工艺技术及装备研究方面取得重大突破，并开展了齿轮加工产业化应用，是国内高速切削研究领域的典型成功应用案例之一。近年来，国内科研机构正在深入开展高温合金、钛合金、淬硬钢、复合材料等难加工材料的高速干切工艺机理及基础应用研究，以解决切削效率低、刀具消耗大、表面加工质量控制难、粉尘污染等难题，有望突破一批高速干切工艺关键技术及装备。

随着科学技术的发展，对切削加工提出了越来越高的要求，如加工效率、加工精度、表面质量和加工环境等要求，高速干切正是为了适应这种要求而逐渐发展起来的加工工艺技术。高速干切工艺为机械制造企业向绿色、高效、可靠制造转型升级提供了强有力的技术支持，其发展与应用是现代化制造业发展的必然趋势。

高速干切工艺是不采用任何切削液的加工过程，且切削速度比常规切削速度高几倍甚至十几倍，其切削机理与常规切削不同。因此，与传统的切削加工方法相比，高速干切工艺具有许多自身的优势，主要如下。

1）切削力低。一方面，由于切削速度快，导致剪切变形区狭窄、剪切角增大、变形系数减小和切屑流出速度快，从而使切削变形减小、切削力降低。另一方面，高速切削通常采用高转速、高进给和小背吃刀量，以利于切削力的降低。

2）热变形小。在高速干切时，90%以上的切削热来不及传给工件就被高速流出的切屑带走，传递给工件的热量极少，工件加工表面的温升小，因而不会由于温升导致热变形，特别适合加工易热变形的工件。

3）材料去除率高。由于切削速度大幅度提高，从而进给速度可提高到普通切削速度的5～10倍，这样单位时间内材料切除率可以大大增加，故高速切削适用于材料去除率要求高的场合，如汽车、模具和航空航天等制造领域。

4）加工精度高。由于高切削速度和高进给率，使机床的激振频率远高于"机床－工件－刀具"系统的固有频率，工艺系统的振动更小，工件处于平稳切削状态，从而能够获得较高的表面加工质量且残余应力小。

5）降低环境污染。高速干切是无切削液切削，降低切削油雾对加工环境的污染，避免了切削废液处理的难题。

6）降低加工成本。高速干切工艺能够缩短单件工件加工时间。许多工件在常规加工时，需要粗、半精、精加工工序，有时加工后还需进行手工研磨，而使用高速干切工艺可以减少工件加工的部分工序，这样明显降低了加工成本，缩短了加工周期。

7）可切削难加工材料。镍基合金、高强铝合金、钛合金、高强钢、陶瓷基/树脂基复合材料等汽车、航空航天领域的难加工材料，其强度大、硬度高、耐冲击，加工中容易硬化，切削温度高，刀具磨损严重。若用高速干切工艺，不但可以大幅度提高生产率，而且可以有效地减少刀具磨损，提高工件加工的表面质量。

2. 高速干切工艺技术及装备

现在工业发达国家都把高速干切工艺技术及装备作为极其重要的发展目标，高速干切工艺的技术水平和生产能力已经成为衡量一个国家绿色制造水平的重要标志。高速干切工艺的核心研究内容主要有高速干切机床、高速干切刀具、高速干切工艺、高速干切测试、高速干切辅助等技术及装备。

1）高速干切机床技术。适应高速干切的机床是高速干切加工的基础条件，需要满足高转速、高进给、高刚性、大转矩、低热变形等性能要求。高速干切机床技术主要包括高速单元技术、整机技术。高速干切机床能否达到理想加工状态，主要取决于高速干切机床的关键单元。高速干切机床高速单元技术的研究内容主要包括高速主轴单元、高速进给单元和高速CNC控制单元等。高速干切机床整机技术的研究内容主要包括机床床身材料及结构、冷却系统、机床热平衡及热误差补偿、安全措施等。

2）高速干切刀具技术。一方面，对于高速旋转类刀具来说，刀具结构的安全性和动平衡精度是至关重要的。为了保证在高转速的离心力作用下高速加工的可靠性，德国开发出HSK连接方式，对刀具进行高等级平衡以及主轴自动平衡的系统技术。HSK连接方式能够保证在高旋转的情况下具有很高的接触刚度，夹紧可靠且重复定位精度高。主轴自动平衡系统能减少90%以上由刀具动平衡和配合误差引起的振动。另一方面，高速干切要求刀具材料与被加工材料的化学亲和力要小，并具有优异的力学性能、热稳定性、抗冲击和耐磨损性能。随着高速干切加工技术的发展，刀具技术也得到了迅猛发展。许多适应高速切削刀具的结构不断出现，促进高速切削技术的进步和应用。目前用于高速切削加工的刀具主要包括金刚石（PCD）刀具、立方氮化硼（PCBN）刀具、陶瓷刀具、TiC（N）基硬质合金（金属陶瓷）刀具、硬质合金涂层刀具和超细晶粒硬质合金刀具等。它们的特点各有不同，适用的工件材料也不同。例如，PCD刀具包括金刚石复合刀片和金刚石涂层刀具，主要用于非铁金属和非金属的超高速加工，但价格昂贵。刀具的发展主要集中在两大方面：一是研制新的镀膜材料和镀膜方法，以提高刀具的耐磨损性；二是开发新型的高速干切刀具，特别是特殊刀具结构。此外，目前高速干切刀具技术的关键在于刀具材料/涂层/刃口等协同优化技术，有利于快速突破不同材料的高速干切刀具难题，提高高速干切工艺适应性。

3）高速干切工艺技术。由于缺少切削液的冷却、润滑、排屑等作用，高速干切是刀具和工件表面的强热力耦合作用下的材料去除过程，因此高速干切工艺技术的主要研究内容包括高速干切的材料微观去除机理、切削热传递机制及调控技术、刀具损伤机制及延寿技术、粉尘抑制技术等，确定高速干切的工艺边界条件，实现材料的高速干切工艺技术应用。

4）高速干切测试技术。高速干切工艺的切削速度远高于常规切削速度，工件和刀具刀齿的接触频率很高，这对工件和刀齿接触的切削区的实时监测提出更高采样频率要求。例如，采用更高采样频率或帧数的高速相机、高速热成像仪、热电偶等传感设备才能适应高速切削的实际加工情况。但是，目前这些仪器主要依靠进口，且价格高昂，只能实现单一物理参量的检测。因此，集成切削力、温度、振动等多传感器耦合的在线测试仪器成为未来发展趋势之一，如智能化刀柄技术。目前德国Spike公司开发的智能化刀柄能够实现各种尺寸的零部件常规加工的在线监测，并可根据突变信号进行报警、停机等简单反馈功能。但是，该刀柄的采样频率及智能化水平难以满足高速切削过程的采样需要。高速干切测试技术有待进一步发展，以满足未来越来越高的加工速度需求。

5）高速干切辅助技术。高速干切辅助技术的主要研究内容包括切屑快速收集和排出技术、自适应除尘技术、超声辅助技术、工艺数据库、智能化支撑系统。由于切屑能够带走高速干切产生的大量热量，切屑快速收集和排出技术及装置能够解决高速干切的切削热对加工工件表面、刀具、机床结构造成损伤及热变形难题。由于碳纤维复合材料的基体材料和纤维材料的脆性和各向异性，干切加工会产生大量粉尘，对加工环境和工人健康造成严重的危害，因此自适应除尘装置是该类材料绿色制造的关键辅助设备。超声辅助技术及设备能够明显提高难加工材料的加工表面质量和降低刀具磨损，能够提高高速干切工艺的适应性。高速干切工艺数据库能够记录工件材料实际加工方式的工艺范围及边界，为高速干切工艺的自适应优化提供数据支撑。智能化支撑系统能够实现温度场调控、热误差补偿等工艺的自适应优化，提高复杂工况的高速干切工艺的适应性。

5.2.2　微量润滑

微量润滑（Minimum Quantity Lubrication，MQL）也称为最小量润滑，是一种典型的绿色制造工艺方法，具体是指将压缩气体（氮气、二氧化碳等）与极微量的切削液相结合，形成微米级液滴而喷射到刀具与工件结合区的一种切削加工方法，如图 5-2 所示。从图中可以看出与传统浇注式切削相比，微量润滑可以有效减少切削液的使用。它的作用机理是高压气体将切削液进行二次破碎，使切削液形成微米级液滴，从而提高液滴的初速度。具有微米级特性的液滴具有很强的渗透力和吸附力，可有效减少切削区热量和摩擦力，达到保护刀具和提高加工质量的目的。但是部分切削液在高压气体的作用下会渗透到空气中，产生油雾污染，但与浇注式切削相比，污染较小。

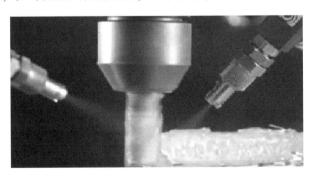

图 5-2　微量润滑示意图

根据高压气体对切削液的破碎位置，可将微量润滑分为前润滑和后润滑。前润滑通常是在喷嘴前的管道内将切削液和高压气体混合，切削液首次与高压气体相遇，由于两者之间存在速度差，使切削液产生第一次雾化，并可认为管道内的气压值是恒定的，当气体和切削液进入大气时，混合流体的压强下降导致流体与大气存在速度差，使切削液液滴产生第二次雾化。后润滑是切削液和高压气体在喷嘴内混合，气液混合后的位置距离喷嘴口很近，使得切削液两边形成很大压差，并与管道内的流速相比气体的流速更快，在压差和速度差的综合作用下，使得微量切削液的第一次雾化效果比前润滑更好，当混合流体流入空气中，速度差使切削液液滴产生第二次雾化。

另外，根据运输条件可将微量润滑分为内部润滑和外部润滑。在喷嘴处形成射流并进入切削区称为外部润滑，而通过刀具内部管道直接运输到切削区称为内部润滑。外部润滑技术是指将高压气体和切削液液滴混合，利用外部喷嘴将混合流体输送至切削区。它的优势是结构简单、成本低，可以在工业上大量使用。但在机床的实际加工中，刀具会相对工件不断变化，再加上加工过程中频繁换刀，导致喷嘴角度和位置也会不断变化，而国内可适应角度和位置变化的喷嘴较少，较为常用的是使用几个不同的固定喷嘴对切削区进行冷却润滑，最终造成切削液和高压气体的利用率低。另外，部分切削液并没有准确进入切削区，出现大量油雾导致车间环境污染，这些因素制约了外部润滑的发展。内部润滑技术是指高压气体与极微量的切削液混合汽化，形成微米级液滴，通过刀具和主轴内部的通道直接将混合流体送至切削区进行冷却和润滑。考虑到内部润滑冷却润滑效果好，因此在钻孔工艺上应用广泛。内部润滑技术会让切削液液滴发生雾化，由于混合流体可以直接通过刀柄内部，因此不管加工过程中刀具和工件位置如何变化，混合流体均可以直接准确输送到切削区，避免了外部润滑中部分液滴进入大气形成油雾污染车间环境。内部润滑技术可以最大程度地利用好微米级液滴，对切削区进行冷却润滑，具有很强的实用价值。外部润滑和内部润滑的工作原理如图 5-3 所示。

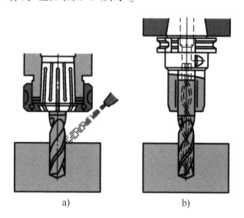

图 5-3　外部润滑和内部润滑的工作原理

a）外部润滑　b）内部润滑

微量润滑切削技术的优点主要包括：

1）汽化潜热作用可使刀具和工件表面温度显著降低。

2）高速喷射在工件上的切削液可在刀具和工件接触表面形成瞬时渗透力和附着力，可迅速穿过气障层进入切削区，并减少切削区热量和摩擦力，提高2~3倍刀具寿命。

3）高速流体可及时冲走切屑，带走大部分加工热量。

4）切削液消耗小，切削过程清洁干燥，切屑无杂质可直接回炉熔炼免除处理费用开支，废切削液易于处理。

5）转速和进给可大幅提高，生产率得到有效提高。

6）消除切削液到处飞溅、蒸发、异味和导致过敏等危害工人健康问题，环保安全，改善原有切削环境。

在金属切削加工时，切削区会产生大量热，切削热的存在不仅会影响刀具寿命，还会导致机床加工精度的降低。传统的做法是使用大量切削液对金属切削过程进行浇注，从而达到冷却、润滑、防锈和排屑的效果，浇注过后处理切削液的循环系统更是增加了机床的成本。据统计，在汽车行业，企业处理切削液的成本已经超过刀具的消耗成本，这大大制约了企业的经济效益提升。切削液的成本主要由切削液本身成本和附加成本两方面组成，附加成本的体现主要是切削液达到寿命要求后，需要进行回收处理，以减少对环境的污染。金属切削液在存储和使用过程中容易受到细菌的侵蚀导致自身变质，为保证切削液的质量，通常需要在切削液使用过程中添加防腐剂。因此，综合切削液和微量润滑的作用效果和使用成本，微量润滑必将受到切削加工者的青睐。

▶ 5.2.3 低温切削

低温切削加工技术是近几年兴起的一种改善工件切削加工性能的新工艺。低温加工过程中可通过降低切削力与切削温度来减缓刀具的磨损，并能提高工件材料的切削加工效率。它的基本原理是将冷却气体通过特定的装置以射流方式冲刷切削区，利用其低温特性来促进切削热的扩散。目前低温切削技术通常采用的冷却介质为低温氮气、二氧化碳及普通空气，可使材料在低温下的物理化学性质发生变化，实现特定加工的目的。根据不同的分类原则，可将低温切削分为以下几类。

（1）根据切削温度分类

1）亚常温区切削（2~6℃）。通常冷却气体通过特定的装置喷射到切削区，使切削区温度保持在2~6℃室温下进行切削。

2）低温区切削（-40~0℃）。通常将冷却气体（二氧化碳或低温空气等介质）通过特定的射流装置冲刷切削区，使得切削区温度在-40~0℃条件下进行切削。

3）超低温区切削（-50℃以下）。通常是将压缩罐中液氮通过特定的射流装置喷射出低温氮气，可使切削区的温度在-50℃以下，借助金属的低温脆性进行切削加工，有效避免了积屑瘤的产生，提高了工件的可加工性，延长了刀具寿命。

（2）根据冷却对象分类　按照冷却对象的不同，可以分为冷却刀具和冷却工件的低温切削。

（3）根据冷却形式分类　按照冷却形式的不同，可将低温切削分为内冷式切削和外冷式切削。其中，内冷式切削可以使整个工件或刀具温度一致，切削效果比外冷式切削好；外冷式切削只能把工件或刀具的表面温度降低，但其内部温度却较高。

（4）根据冷却介质分类　根据冷却介质的不同，通常将低温切削分为冷风切削和低温氮气冷却切削两种方式。

1）冷风切削。冷风切削是指切削过程中用（-100~-10℃）冷风冲刷切削区，达到降低刀具和工件温度的一种切削技术。与传统切削相比，冷风切削可以改善工件表面质量，提高加工效率，降低生产成本，对环境几乎不会产生污染。

2）低温氮气冷却切削。低温氮气冷却切削是一种绿色的加工方法，它是利用低沸点介质，在压力的作用下在切削区内形成局部低温（或超低温），进而利于工件加工的先进制造方法。按照冷却方式的不同，可将低温氮气冷却法分为直接冷却法和间接冷却法。其中，直接冷却法是把低温氮气像切削液一样直接喷射在切削区，可以显著降低切削区温度，进而延长刀具寿命并提高工件表面质量和加工精度。间接冷却法是指在切削加工过程中使用低温氮气冷却刀具或工件，一般会对刀具进行冷却，使切削热很快能从刀尖处被带走，使刀尖始终处于低温状态下工作。

与传统切削方式相比，低温切削有很多优点，主要体现在以下几个方面。

1）低温切削可以降低切削区的温度，从而有利于减少刀具的磨损。

2）低温切削避免了使用冷却油剂，不仅节约了采购成本，还节省了乳化液的处理费用。

3）对保护环境和工人健康有益。

4）低温切削可以改善工件材料的切削加工性。

5）低温切削可以改善工件表面加工质量。

6）由于低温切削降低了切削温度，可以适当提高切削速度以提高加工效率。

7）当冷却剂为惰性气体时，可以使得保护区不被氧化，使切削变得更容易。

利用低温切削技术对工件进行切削加工，可以配备不同规格的冷风射流机，将压缩气体压至要求的温度并把喷射系统置于切削区内冷却刀具的接口处，可以起到很好的冷却作用。加工实践证明，该方法可以大幅提高加工效率，延长刀具使用寿命，改善加工环境，提高产品加工质量。

5.3 绿色制造工艺规划方法

5.3.1 面向绿色制造的工艺规划的体系结构

1. 面向绿色制造的工艺规划的定义

工艺规划是生产技术准备的第一步，也是连接产品设计与制造之间的桥梁，所设计的工艺规程是进行工装设计制造和决定零件加工方法、加工路线、加工操作的主要依据。工艺规划是改善产品质量、提高劳动生产率、降低加工成本、缩短生产周期并优化利用资源、减少环境废弃物排放、改善劳动条件的一个重要途径。

面向绿色制造的工艺规划是一种通过对工艺路线、工艺方法、工艺装备、工艺参数、工艺方案等进行优化决策和规划，从而改善工艺过程及其各个环节的环境友好性，使得零件制造过程经济效益和社会效益协调优化的工艺规划方法。环境友好性包括两方面的内容，即资源消耗和环境影响。其中资源消耗包括原材料消耗、能量消耗、刀具消耗、切削液消耗、其他辅助原材料消耗等；环境影响包括大气污染排放、废液污染排放、固体废弃物污染排放和物理性污染排放以及职业健康与安全危害。面向绿色制造的工艺规划不是对传统工艺规划的一种否定，而是传统工艺规划的一种补充和发展，甚至是一种使得零件制造过程更具环境友好性的辅助手段。

2. 面向绿色制造的工艺规划的体系结构及内涵特征

为了对面向绿色制造的工艺规划有一个较为全面和完整的认识，建立了其体系结构，由工艺输入、规划过程、工艺输出以及技术途径、目标追求等部分构成，如图 5-4 所示。

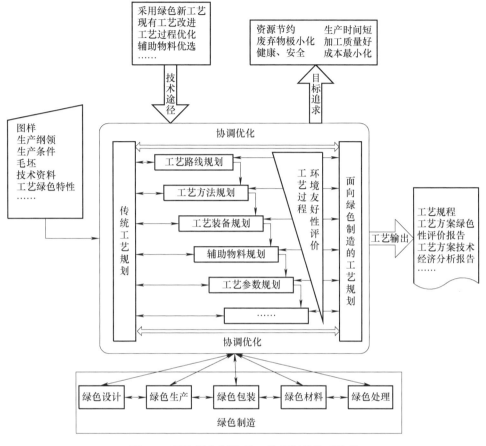

图 5-4　面向绿色制造的工艺规划的体系结构

结合体系结构，对面向绿色制造的工艺规划的内涵特征描述如下。

1）绿色制造包含绿色设计、绿色材料、绿色生产、绿色包装、绿色处理"五绿"关键技术。其中面向绿色制造的工艺规划属于绿色生产技术领域，是对生产过程的一种面向绿色制造优化方法，也与其他关键技术有着密切的联系，如可能根据面向绿色制造的工艺规划要求提出产品零件结构的改进，使得其生产过程具有更好的环境友好性。

2）面向绿色制造的工艺规划包括工艺路线规划、工艺方法规划、工艺装备规划、辅助物料规划、工艺参数规划等内容。区别于传统工艺规划，面向绿色制造的工艺规划需要对每项规划内容进行环境友好性评价。面向绿色制造的工艺规划根据工艺输入，如图样、生产纲领、生产条件（车间制造能力、工艺装备、工人技术水平等）、毛坯、技术资料、工艺绿色特性等，对工艺路线、工艺方法、工艺装备（如机械加工中的机床、夹具、刀具等）、辅助物料（如机械加工中的切削液等）、工艺参数等进行规划，然后对以上各项内容进行环境友好性评价，根据评价结果，运用面向绿色制造的工艺规划原则和方法进行绿色性改进，重新规划和协调，最后输出符合绿色制造要求的工艺规程及其他工艺文档。

3）面向绿色制造的工艺规划的工艺输入区别于传统工艺规划的一个主要点在于要求提供工艺绿色特性知识和数据，而不仅仅是工艺技术知识和数据。传统工艺规划的输出主要是工艺规程和工艺方案技术经济分析报告，面向绿色制造的工艺规划则还要求提供工艺方案绿色性评价报告。

4）传统工艺规划的目标是使得制造出的零件满足"优质、高产、低成本"的要求；面向绿色制造的工艺规划则要求在满足以上三个目标的同时，还满足"低耗、清洁、健康"三个目标的要求，因此更为复杂，同时也更加体现了以人为本的现代化生产理念。

5）面向绿色制造的工艺规划技术途径一般包括采用绿色新工艺、现有工艺改进、工艺过程优化、辅助物料优选等。

6）面向绿色制造的工艺规划与计算机辅助工艺规划有着本质的区别，后者并没有发展工艺规划的内涵本质，主要是通过计算机等信息化手段使得工艺规划过程更加规范、快速和脱离人经验的局限性，而前者在多方面发展了工艺规划的内涵，目的是通过工艺规划改善制造过程的环境友好性。

5.3.2 面向绿色制造的工艺规划的技术内容

总结国内外现有研究状况及研究基础，认为面向绿色制造的工艺规划的技术内容应该包括以下几方面。

1）面向绿色制造的工艺规划系统方法。它为面向绿色制造的工艺规划提供系统方法和实施步骤，指导工艺规划的具体实践。

2）与工艺规划内容有关的技术内容，包括面向绿色制造的工艺路线规划技术、面向绿色制造的工艺方法规划技术、面向绿色制造的工艺装备规划技术、面向绿色制造的辅助物料规划技术、面向绿色制造的工艺参数规划技术等。

3）工艺过程的环境影响分析与评价方法。工艺过程的环境影响分析与评价是面向绿色制造的工艺规划的衡量准则。但由于制造工艺种类繁多，所消耗的资源、环境排放以及职业健康与安全危害千差万别，要制定出一种有效而实用的分析与评价方法是一件艰难的工作。

4）制造工艺绿色特性知识库和数据库。制造工艺绿色特性知识库和数据库是面向绿色制造的工艺规划的基础数据，如同传统工艺规划中的机床参数、刀具参数和切削用量数据，需要重点突破。

5) 面向绿色制造的工艺规划辅助软件工具的开发。有效而实用的软件工具是绿色制造研究亟待解决的问题之一，同样面向绿色制造的工艺规划也需要面向绿色制造的工艺规划辅助软件工具的支持。

6) 先进绿色制造工艺的开发，如干切削加工工艺、净成形工艺、射流加工工艺等。

7) 其他相关技术。

5.3.3 面向绿色制造的工艺规划决策问题的理论模型

1. 工艺规划决策目标体系及目标向量的构成

工艺规划决策目标体系包括资源消耗（Resource consumption，R）、环境影响（Environmental impact，E）、时间（Time，T）、质量（Quality，Q）、成本（Cost，C）五个决策目标。面向绿色制造的工艺规划的五个决策目标之间相互影响、相互联系。

（1）时间 T　面向绿色制造的工艺规划的时间目标，不仅仅是指工艺规划过程的高效率，更强调由工艺规划对零件或产品工艺过程时间因素的影响，如机械加工中的切削时间、辅助时间、准终时间以及车间中的生产任务调度时间等。不考虑产品其他生命阶段的时间，如产品设计时间、使用寿命等。

（2）质量 Q　工艺规划的质量主要考虑产品加工质量，如尺寸精度、表面粗糙度、位置精度等。不考虑产品的功能，甚至某些与工艺无关的产品性能。

（3）成本 C　主要是指产品工艺成本（刀具、辅助物料等）、工艺管理成本、设备折旧成本等。不考虑产品的销售、使用、处理等的成本消耗。

（4）资源消耗 R　它包括工艺过程中消耗的能量、工件材料、辅助物料（刀具、切削液等）等。不考虑产品使用的能耗和物料消耗。

（5）环境影响 E　它包括环境排放物对生态环境的影响、车间工作环境的影响、职业健康与安全方面的危害等。实际上由于各种排放物都在同时造成以上三方面的环境影响，因此有时也采用以排放物为依据进行环境影响划分的方法，如噪声污染、切削液污染、粉尘污染等。

以上五个决策目标根据各具体的工艺规划问题又可以进一步的具体化，而且量化方法也会有所不同，需要结合具体问题具体分析，但可以做出以下形式描述。

每个目标包括若干独立目标分量，以环境影响目标为例，环境影响目标 E 包括加工过程中噪声污染 E_1、切削液污染 E_2、粉尘污染 E_3、不安全影响等。因

此可将各目标看成是由各因素组成的向量，如 $\boldsymbol{E}$ 可看成由 e 个因素组成，即

$$\boldsymbol{E} = (E_1, E_2, \cdots, E_e) \tag{5-1}$$

同理，其他各工艺规划决策目标的向量表示为

$$\boldsymbol{T} = (T_1, T_2, \cdots, T_t) \tag{5-2a}$$

$$\boldsymbol{Q} = (Q_1, Q_2, \cdots, Q_q) \tag{5-2b}$$

$$\boldsymbol{C} = (C_1, C_2, \cdots, C_c) \tag{5-2c}$$

$$\boldsymbol{R} = (R_1, R_2, \cdots, R_r) \tag{5-2d}$$

▶▶ 2. 工艺规划决策问题向量构成

每个具体应用中的决策问题可看作由若干决策变量描述和构成。为此，将每个决策问题看成一个向量，如 $\boldsymbol{X}$、$\boldsymbol{Y}$ 等，并由变量元素描述成：$\boldsymbol{X} = (x_1, x_2, \cdots, x_m)$、$\boldsymbol{Y} = (y_1, y_2, \cdots, y_n)$ 等。因此整个工艺规划决策问题可以描述为

$$\begin{pmatrix} \boldsymbol{X} = (x_1, x_2, \cdots, x_m) \\ \boldsymbol{Y} = (y_1, y_2, \cdots, y_n) \\ \vdots \end{pmatrix} \tag{5-3}$$

工艺规划决策中的决策问题包括工艺路线、工艺方法、加工余量、工序尺寸、工艺装备（机床、夹具、量具、刀具等）、切削液、切削用量等。

▶▶ 3. 工艺规划决策的约束体系

工艺规划决策的约束体系非常复杂，与加工任务、机械车间设备、人员、生产计划等都有关联，但可以大致划分为与决策问题和变量有关的"变量约束体系"和与决策目标有关的"目标约束体系"，这两种约束体系可用不等式约束和等式约束，即

$$\text{s. t.} \begin{cases} g_u(\boldsymbol{X}) \leqslant 0 \\ h_v(\boldsymbol{X}) = 0 \end{cases} \tag{5-4}$$

▶▶ 4. 决策模型映射关系

根据以上描述，联系变量和决策目标体系的模型映射关系可用如下技术经济模型（或者目标函数）描述，即

$$T_i = T_i(\boldsymbol{X}, \boldsymbol{Y}, \cdots), \quad i = 1, 2, \cdots, t \tag{5-5a}$$

$$Q_j = Q_j(\boldsymbol{X}, \boldsymbol{Y}, \cdots), \quad j = 1, 2, \cdots, q \tag{5-5b}$$

$$C_k = C_k(\boldsymbol{X}, \boldsymbol{Y}, \cdots), \quad k = 1, 2, \cdots, c \tag{5-5c}$$

$$R_l = R_l(\boldsymbol{X}, \boldsymbol{Y}, \cdots), \quad l = 1, 2, \cdots, r \tag{5-5d}$$

$$E_p = E_p(\boldsymbol{X}, \boldsymbol{Y}, \cdots), \quad p = 1, 2, \cdots, e \tag{5-5e}$$

▶▶ 5. 工艺规划决策支持理论模型的框架

综上所述，面向绿色制造的工艺规划决策支持理论模型的框架如图 5-5 所示。

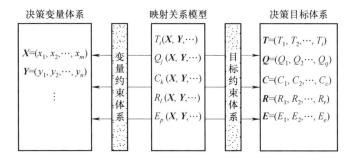

图 5-5　面向绿色制造的工艺规划决策支持理论模型的框架

▶▶ 5.3.4　面向绿色制造的工艺规划决策应用模型及模型集合

理论模型从理论和宏观的角度描述了面向绿色制造的工艺规划的决策框架，如果要指导工艺规划实践，还需要建立一系列面向具体决策问题的应用模型。

▶▶ 1. 工艺规划决策应用模型的建立

（1）面向绿色制造的工艺规划决策问题的变量描述　在工艺规划决策实际问题中，往往是从若干可行方案中选出其中最优或相对较优的工艺方案。因此工艺规划决策问题可用一个 n 维向量来描述，即

$$\boldsymbol{X} = (x_1, x_2, \cdots, x_n)^{\mathrm{T}} \tag{5-6}$$

式中，n 是可能的工艺方案数；$x_i(i = 1, 2, \cdots, n)$ 是第 i 个工艺方案，并有

$$x_i = \begin{cases} 0, & \text{不采用第 } i \text{ 个方案} \\ 1, & \text{采用第 } i \text{ 个方案} \end{cases} \tag{5-7}$$

如果某决策问题具有 5 个可行的工艺方案，决策问题 $\boldsymbol{X} = (x_1, x_2, x_3, x_4, x_5)^{\mathrm{T}}$，根据以上表述，5 个工艺方案可以表示为

$$\boldsymbol{X}_1 = (1, 0, 0, 0, 0)^{\mathrm{T}}; \boldsymbol{X}_2 = (0, 1, 0, 0, 0)^{\mathrm{T}}; \boldsymbol{X}_3 = (0, 0, 1, 0, 0)^{\mathrm{T}};$$

$$\boldsymbol{X}_4 = (0, 0, 0, 1, 0)^{\mathrm{T}}; \boldsymbol{X}_5 = (0, 0, 0, 0, 1)^{\mathrm{T}}$$

（2）工艺规划决策问题的目标函数及其优化描述　对于每个决策问题，其决策目标包括资源消耗（R）、环境影响（E）、时间（T）、质量（Q）、成本（C）。对于每个决策目标，决策问题都有其自身的特性，则各目标函数表示如下。

资源消耗目标函数：$\boldsymbol{R} = f_r(\boldsymbol{X})$。

环境影响目标函数：$\boldsymbol{E} = f_e(\boldsymbol{X})$。

时间目标函数：$\boldsymbol{T} = f_t(\boldsymbol{X})$。

质量目标函数：$\boldsymbol{Q} = f_q(\boldsymbol{X})$。

成本目标函数：$\boldsymbol{C} = f_c(\boldsymbol{X})$。

因此面向绿色制造的工艺规划决策是一个典型的多目标决策问题。

可以用一般性的优化描述为

$$\text{Opt}[f_r(\boldsymbol{X}), f_e(\boldsymbol{X}), f_t(\boldsymbol{X}), f_q(\boldsymbol{X}), f_c(\boldsymbol{X})]$$

$$= [\min f_r(\boldsymbol{X}), \min f_e(\boldsymbol{X}), \min f_t(\boldsymbol{X}), \max f_q(\boldsymbol{X}), \min f_c(\boldsymbol{X})] \qquad (5\text{-}8)$$

即资源消耗越少越好、环境影响越小越好、加工时间越短越好、加工质量越高越好、生产成本越少越好。

（3）工艺规划的决策应用模型　综上所述，可建立面向绿色制造的工艺规划决策应用模型的一般形式如下。

对于某一工艺规划决策问题 $\boldsymbol{X} = (x_1, x_2, \cdots, x_n)^T$，求 $\boldsymbol{X}^* = (x_1^*, x_2^*, \cdots, x_n^*)^T$，需满足的约束条件如下：

$$g_u(\boldsymbol{X}) \leqslant 0 \ (u = 1, 2, \cdots, k) \qquad (5\text{-}9)$$

$$h_v(\boldsymbol{X}) = 0 \ (v = 1, 2, \cdots, p \text{ 且 } p < n) \qquad (5\text{-}10)$$

使得

$$F(\boldsymbol{X}) = \text{Opt}[f_r(\boldsymbol{X}), f_e(\boldsymbol{X}), f_t(\boldsymbol{X}), f_q(\boldsymbol{X}), f_c(\boldsymbol{X})]$$

$$= [f_r(\boldsymbol{X}^*), f_e(\boldsymbol{X}^*), f_t(\boldsymbol{X}^*), f_q(\boldsymbol{X}^*), f_c(\boldsymbol{X}^*)] \qquad (5\text{-}11)$$

式中，$\boldsymbol{X}^*$ 是最优工艺方案或最优工艺参数；$g_u(\boldsymbol{X})$ 是不等式约束；$h_v(\boldsymbol{X})$ 是等式约束。

▷▷ 2. 工艺规划决策应用模型的求解

面向绿色制造的工艺规划决策问题是一个多目标的、定性与定量相结合的复杂问题，因而其决策应用模型的求解问题十分复杂，一般情况下很难用通常的数学优化方法求解。目前，在有限方案多目标评价与决策问题方面，国内外使用的方法主要有多目标决策法、层次分析法、模糊综合评价法以及灰色关联分析法等。其中，层次分析法对于方案多于 3 个的决策问题，需要通过一致性检验，以保证合理性。若一致性检验不通过，则需要重新进行比较，否则会影响评价结果的有效性。因此对于方案较多（如 5 个以上）的情况，其决策过程是低效率的。但层次分析法在确定评价指标权重时具有优势：一方面，评价指标权重通常就是决策者对各指标的定性评价，采用层次分析法能体现决策者的意图；另一方面，评价指标权重分配一旦确定下来后是相对稳定的，因此对准确性要求较高，对决策效率要求不高。

根据灰色系统理论，绿色制造系统实际上可以看成一个灰色系统。因为绿色制造系统中既有已了解的白色信息，又有尚未被发现的黑色信息，以及只能定性了解的灰色信息（如部分资源消耗信息和环境影响信息）。对于一个绿色制造决策问题，各评价指标（或目标）之间不是相互独立的，而具有一定的关联性，存在一种灰色关系。灰色关联分析法是一种多目标决策方法，在经济和社会问题等领域应用较多，能较好地处理多方案、多指标的灰色决策分析问题。

根据以上分析，将灰色关联分析法和层次分析法结合起来，应用于面向绿色制造的工艺规划决策应用模型的求解。灰色关联分析法用于数据处理，层次分析法用于确定各目标和指标之间的权重。

基于灰色关联层次分析法的工艺规划决策求解流程如图5-6所示。

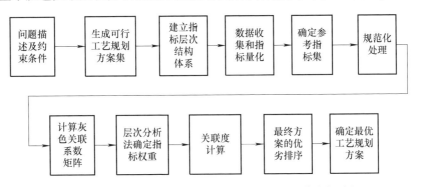

图5-6　基于灰色关联层次分析法的工艺规划决策求解流程

▶ 3. 工艺规划决策应用模型集合

面向绿色制造的工艺规划中包含许多决策问题，针对每个决策问题均需要建立相应的决策应用模型，这些决策应用模型就构成了工艺规划决策应用模型集合。对决策问题按工艺要素、工艺过程、工艺方案三个层次进行划分并建立应用模型。

（1）工艺要素决策应用模型子集　它包括加工余量和工序尺寸决策应用模型、工艺装备（机床、夹具、量具、刀具等）决策应用模型、切削液决策应用模型、切削用量决策应用模型等。

（2）工艺过程决策应用模型子集　它包括工艺路线决策应用模型、定位基准决策应用模型、工艺方法决策应用模型、加工阶段决策应用模型、工序内容决策应用模型等。

（3）工艺方案决策应用模型子集　它包括建立工艺方案决策应用模型，对工艺方案进行总体评价和决策等。

以上各应用模型主要针对机械加工工艺提出，其他毛坯制造工艺、材料改性工艺、表面处理工艺等也需要相应的应用模型支撑；另外由于零件特征的差别，即使相同的工艺类型和决策要素，其决策过程也具有很大的差别，因此根据零件特征（如箱体类、盘类、轴类等）又可以对决策应用模型进行分解。由此就构成了一个内容丰富的面向绿色制造的工艺规划决策应用模型集合，该集合可以用三维视图结构描述，如图5-7所示。面向绿色制造的工艺规划决策应用模型集合三维视图由决策维、特征维、工艺维构成。决策维主要描述了工艺规划中的工艺要素、工艺过程、工艺方案等决策问题；特征维主要描述了零件的特征，根据成组技术对零件进行分类，如按轴类、盘类、箱体类层次划分，或者按孔、面、台阶等划分；工艺维主要描述了工艺方法，包括毛坯制造工艺（铸、焊、锻等）、机械加工工艺（车、铣、刨、磨等）、材料改性工艺（淬火、回火、退火等）以及表面处理工艺（涂装工艺等）。

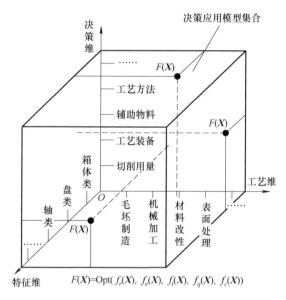

图5-7　面向绿色制造的工艺规划决策应用模型集合三维视图

▶▶ 4. 工艺规划决策应用模型案例

（1）面向绿色制造的工艺方法（种类）选择模型　提出面向绿色制造的工艺方法（种类）选择的总体要求和应遵循的五项基本原则。建立起绿色工艺方法（种类）的评价指标体系和评价矩阵，再采用理想点法的模糊处理技术，对工艺方法（种类）的选择进行量化分析和计算，并以某一零件的毛坯制造工艺方法（种类）的选择为例进行说明。

面向绿色制造的工艺方法（种类）选择数学模型一般描述为

$$\begin{cases} p^* \Rightarrow \mathrm{Opt}[f_{g_1}(p_i,x_j),f_{g_2}(p_i,x_j),\cdots,f_{g_u}(p_i,x_j)]^{\mathrm{T}} \\ p_i \in \boldsymbol{P} = (p_1,p_2,\cdots,p_q)^{\mathrm{T}} \\ x_j \in \boldsymbol{X} = (x_1,x_2,\cdots,x_s)^{\mathrm{T}} \\ \mathrm{s.t.} \quad \mu_{g_u}(p_i,x_j) > 0 \end{cases} \quad (5\text{-}12)$$

式中，$\boldsymbol{P}$ 是备选工艺方法（种类）集；g_u 是评价指标，$u = 1,2,\cdots,q$；$\boldsymbol{X}$ 是加工对象特征集；$f_{g_u}(p_i,x_j)$ 是针对评价指标和加工对象特征的工艺方法（种类）选择目标函数；$\mu_{g_u}(p_i,x_j)$ 是工艺方法（种类）在评价指标下对于加工对象特征的适应性约束；p^* 是最优工艺方法（种类）；Opt 表示所选的工艺方法（种类）应是在满足适应性约束条件下的各目标函数值综合最优者。

采用理想点法对该问题进行决策分析。该模型以某盘类零件的工艺选择作为应用案例，可选工艺方法包括自由锻、胎模锻、压力机模锻、精密模锻、棒材下料（锯）。评价指标体系包括零件材料适应性、零件形状适应性、零件尺寸适应性、生产类型适应性、生产效率适应性、设备投资比较特性、制造成本比较特性、几何精度比较特性、表面状况比较特性、组织性能比较特性、废弃物的生态降解性、环境影响比较特性、劳动条件比较特性、物料利用率比较特性、制造资源适应性、废弃物的可回收性等。

（2）面向绿色制造的机床设备选择模型　该部分内容详见本书5.4节"面向绿色制造的机床设备优化配置方法"。

（3）面向绿色制造的刀具选择模型　面向绿色制造的刀具选择的目的是通过对各种可选的方案进行对比分析、评价和决策，得出最优刀具方案，使得零件加工过程的总体性能最优，特别是资源消耗和环境影响方面的性能。在生产实际中，切削速度和进给量的数值不是任意选择的，它们受生产条件的种种限制。例如，最大进给量不但受刀具寿命的限制，还受加工表面粗糙度、工件刚性、刀具强度和刚度以及夹紧机构可靠性的影响。

采用模糊综合评价法对刀具选择模型进行分析和求解。针对传统普通高速钢、TiN 涂层高速钢、进口 TiN 涂层高速钢三种不同材料的滚刀在滚齿机床 YKB3120A（全封闭式）上分别采用逆铣和顺铣的不同切削方式，在近似相同的加工参数条件下，对某齿轮（模数 3mm、齿数 46、齿宽 70mm）进行加工，刀具后刀面磨损试验遵循 ISO 3685：1993（E）国际标准，从面向绿色制造的角度对此问题做出系统决策分析。

（4）面向绿色制造的切削液选择模型　面向绿色制造的切削液选择需要综合考虑加工质量（Q）、成本（C）、环境影响（E）等多个决策因素，因此也是一个多目标优化决策问题。针对传统切削液 32# 机油、一种国内研制新型合成切削液（SG-3）和一种进口的合成切削液（含3%合成油）在滚削加工过程中的运用，从面向绿色制造的角度做出系统决策。

（5）面向绿色制造的工艺参数选择模型　在加工过程中，当被加工工件材料、加工要求、机床与刀具一经确定后，切削用量及切削液型号选择就成为影响目标函数的关键，故取其为工艺参数选择模型的设计变量，即设 $x_1 = n$、$x_2 = f$（或 v_f、a_f）、$x_3 = a_p$、$x_4 = $ 切削液，则 $\boldsymbol{X} = (x_1, x_2, x_3, x_4)^T = [n, f$（或 v_f、a_f），a_p，切削液$]^T$。

工艺参数选择的目标函数如下。

1）为提高生产率，以单件工时 t_w 最短为第一个目标函数 $f_1(\boldsymbol{X})$，即

$$f_1(\boldsymbol{X}) = \min t_w = \min(t_m + t_{ct} + t_{ot}) \tag{5-13}$$

式中，t_m 是该工序的切削时间（min）；t_{ct} 是换刀时间（包括卸刀、装刀及对刀时间）（min）；t_{ot} 是除换刀时间外的其他辅助时间（min）。

2）为提高经济性，以单件工序成本 C 最低为第二个目标函数 $f_2(\boldsymbol{X})$，即

$$f_2(\boldsymbol{X}) = \min C = \min\left(t_m M + t_{ct} M + t_{ot} M + C_t \frac{t_m}{T}\right) \tag{5-14}$$

式中，M 是工时费（元/min）；C_t 是在刀具寿命期间，与刀具有关的费用（包括磨刀费及刀具折旧费）（元）；T 是刀具寿命（min）。

3）从对资源的合理利用角度出发，应考虑：减小切削加工中所需的功率，可降低对电力资源的消耗，故以切除单位体积金属所消耗的功率 P_i 最小为第三个目标函数 $f_3(\boldsymbol{X})$，见式（5-15）；减少切削加工中的刀具磨损，可降低对刀具资源的消耗，故以加工时间内刀具磨损速率 WR 最小为第四个目标函数 $f_4(\boldsymbol{X})$，见式（5-16）。

$$f_3(\boldsymbol{X}) = \min \frac{P_i}{Z_w} = \min \frac{P_u + \alpha P_c}{Z_w} \tag{5-15}$$

$$f_4(\boldsymbol{X}) = \min \int_0^{t_m} WR \mathrm{d}t = \min \int_0^{t_m} (WR_A + WR_D) \mathrm{d}t \tag{5-16}$$

式中，P_u 是机床的空载功率（kW）；α 是功率平衡方程系数，$\alpha = 1.15 \sim 1.25$；P_c 是加工过程中机床的切削功率（kW）；Z_w 是单位时间内的金属切除量（mm³/min）；WR_A 是刀具的机械磨损速率；WR_D 是刀具的热化学磨损速率。

加工过程中所需切削液总量 m 分为四部分：覆盖在切屑和工件上的切削液 $m_{切屑}$、$m_{工件}$，因汽化而进入环境中的切削液 $m_{汽化}$ 及可循环使用的切削液 $m_{循环}$，即

$$m = m_{切屑} + m_{工件} + m_{汽化} + m_{循环} \tag{5-17}$$

因第四部分是可循环使用的，故减小前三部分可降低对切削液资源的消耗，故以前三部分之和最小为第五个目标函数，见式（5-18）。

$$f_5(\boldsymbol{X}) = \min(m_{切屑} + m_{工件} + m_{汽化}) \tag{5-18}$$

4）从对环境污染的角度出发，机床噪声危害操作工人的身体健康，而结构引起的机械噪声是机床噪声的主要成分，其中齿轮、电动机和轴承等的噪声又是其中最主要的因素，噪声大小与其频率有关，故取其噪声频率最小为第六个目标函数 $f_6(\boldsymbol{X})$。齿轮的噪声频率为

$$f_6(\boldsymbol{X}) = \min\left(\frac{nz}{60} + C\right) \tag{5-19}$$

式中，z 是主轴齿轮的齿数；n 是主轴的转速；C 是固有频率。

附着在工件及切屑上的切削液，会在一定程度上弄脏工作场地，且还与挥发的切削液一样具有一定程度的毒性和易燃性，故以它们的加权质量 m_w 最小为第七个目标函数 $f_7(\boldsymbol{X})$，即

$$f_7(\boldsymbol{X}) = \min m_w \tag{5-20}$$

在生产实践过程中，由于加工设备、加工条件及工件质量等要求的限制，可供选择的设计变量的范围是有限的，故优化时必须考虑这些约束条件的限制，包括背吃刀量、机床转速、机床进给量、机床有效功率、机床进给机构强度、机床转矩、刀具磨钝标准、工件加工表面粗糙度，如有必要，还可将生产率（交货期）降为约束条件。

以上约束仅是机加工时一般应考虑的，对不同的加工情况，往往还得增加一些其他约束条件，以保证加工要求。

综上所述，即得优化数学模型为

$$\begin{cases} f(\boldsymbol{X}) = \min[f_1(\boldsymbol{X}), f_2(\boldsymbol{X}), \cdots, f_6(\boldsymbol{X}), f_7(\boldsymbol{X})]^{\mathrm{T}} \\ \boldsymbol{X} = (x_1, x_2, x_3, x_4)^{\mathrm{T}} \\ \text{s. t.} \quad \begin{array}{l} g_u(\boldsymbol{X}) \leqslant 0 \\ h_v(\boldsymbol{X}) = 0 \end{array} \end{cases} \tag{5-21}$$

（6）面向绿色制造的工艺路线决策模型　面向绿色制造的工艺路线安排可以看成是在满足一系列约束条件下求解可行工艺路线。工艺实践表明，理论上的约束条件很难完全满足，最终工艺路线如果能满足必要的约束条件和其他一

些附加约束条件，则认为其基本可行。因此，结合工艺排序约束对应于工艺路线决策知识，可以将绿色制造工艺路线约束分为如下四类，并用相应的适应度函数进行描述。除传统的约束条件，如先后次序约束 F_{Co}、符合工序集中的聚类约束 F_{Ci}、邻接次序约束 F_{Ca} 三类约束条件外，绿色制造的约束条件 F_{Cgm} 包括时间约束 $F_t(\boldsymbol{X})$、质量约束 $F_q(\boldsymbol{X})$、成本 $F_c(\boldsymbol{X})$、资源消耗约束 $F_r(\boldsymbol{X})$、环境影响约束 $F_e(\boldsymbol{X})$。

用一维数组存储各特征加工单元对应的代码，数组元素序号代表特征加工单元在工艺路线中的位置。设一随机的特征加工单元为 $\boldsymbol{S} = (f_1, f_2, \cdots, f_n)$，其中 f 的下标表示数组元素序号，满足约束集合的特征加工单元的工艺排序的定义域为 $\boldsymbol{X}$，则依据上述四类约束内容，其绿色制造工艺路线对应的适用度函数可描述为

$$F(\boldsymbol{X}) = \frac{a_{Co} F_{Co}(\boldsymbol{X}) \times a_{Ci} F_{Ci}(\boldsymbol{X}) \times a_{Ca} F_{Ca}(\boldsymbol{X})}{a_{Cgm} F_{Cgm}(\boldsymbol{X})} \tag{5-22}$$

式中，a_{Co}、$F_{Co}(\boldsymbol{X})$ 分别是先后次序约束权重和约束适用度函数；a_{Ci}、$F_{Ci}(\boldsymbol{X})$ 分别是聚类约束权重和约束适用度函数；a_{Ca}、$F_{Ca}(\boldsymbol{X})$ 分别是邻接次序约束权重和约束适用度函数；a_{Cgm}、$F_{Cgm}(\boldsymbol{X})$ 分别是绿色制造的多目标（加工时间、加工质量、加工成本、资源消耗、环境影响）约束权重和约束适用度函数。

▶ 5.3.5 面向绿色制造的工艺规划决策支持数据库

为了支持面向绿色制造的工艺规划决策行为，需要建立相应的决策支持数据库。该决策支持数据库的特点是在传统的数据库表中增加了绿色特性方面的决策数据。面向绿色制造的工艺规划决策支持数据库包括工艺方法绿色特性数据库、工艺设备绿色特性数据库、工艺装备绿色特性数据库（含刀具绿色特性数据库）、工艺辅助物料绿色特性数据库（含切削液等数据库）、典型绿色工艺方案数据库等。绿色特性包含资源消耗、环境污染和职业健康与安全等方面。

（1）工艺方法绿色特性数据库 根据 JB/T 5992—1992《机械制造工艺方法分类与代码》，制造工艺可以划分为铸造、压力加工、焊接、切削加工、特种加工、热处理、覆盖层、装配与包装以及其他共九大类。每个工艺大类又可以进一步划分为中类和小类，如铸造包括砂型铸造、特种铸造两个中类，砂型铸造又分为湿型铸造、干型铸造、表面干型铸造、自硬型铸造等工艺小类，工艺小类在工艺实际中又可以划分为很多种工艺类型。目前关于这些工艺方法的描述只有技术性能数据，缺乏绿色特性方面的数据或者知识描述。需要针对各种工艺从资源消耗、环境污染和职业健康与安全等方面进行分析，建立相应的工艺方法绿色特性

数据库和知识库，为面向绿色制造的工艺方法选择提供决策支持数据。

（2）工艺设备绿色特性数据库 工艺设备是指能够完成工艺过程的设备，如切削加工中的机床设备。由于同一种工艺方法可以由多种不同型号甚至不同原理的工艺设备执行，而且由于工艺设备是实施工艺过程的主体，因此对工艺过程的资源消耗、环境污染和职业健康与安全等有着重要影响。工艺设备的绿色特性包括两个方面：一方面是指工艺设备作为一种产品首先应该符合绿色要求，即其自身设计、制造、运输、报废处理等过程应该符合绿色要求；另一方面则是工艺设备在工件加工过程中应该符合绿色要求。表5-1列出了滚齿机床的一种绿色数据库字段格式。

表5-1 滚齿机床的一种绿色数据库字段格式

字段的名称	字 段 描 述	数 据 类 型	数据值的有效范围
机床编号	Id	整型	$-2^{31} \sim (2^{31}-1)$
机床型号	Style	字符型	50个字节
精度等级	Quality	浮点型	$3.4e-38 \sim 3.4e+38$
……	……	……	……
辅助时间	Auxiliarytime	字符型	50个字节
切屑回收	Recyclecutbits	字符型	50个字节
切削液烟雾	Cutsmoking	字符型	50个字节
安全性	Safety	字符型	50个字节

（3）工艺装备绿色特性数据库（含刀具绿色特性数据库） 工艺装备也是影响工艺过程的一个主要因素，在某种程度上会限制或者提升工艺设备的绿色特性。不同的工艺设备所需要的工艺装备有所不同。以切削加工为例，主要是刀具、夹具和量具。类似于工艺设备，工艺装备的绿色特性也包括两个方面，即产品生命周期的绿色特性和工艺装备在工艺过程中的绿色特性。表5-2列出了某滚刀的绿色特性数据表。

表5-2 某滚刀的绿色特性数据表

字段的名称	字 段 描 述	数 据 类 型	数据值的有效范围
编号	Id	整型	$-2^{31} \sim (2^{31}-1)$
机床	Machine	字符型	50个字节
刀具名称	Toolname	字符型	50个字节
刀具模数	Mode	浮点型	$3.4e-38 \sim 3.4e+38$
加工精度	Quality	浮点型	$3.4e-38 \sim 3.4e+38$

（续）

字段的名称	字 段 描 述	数 据 类 型	数据值的有效范围
压力角	Angle	浮点型	3.4e－38～3.4e＋38
刀具头数	Head	浮点型	3.4e－38～3.4e＋38
……	……	……	……
刀具材料重量	W_material	浮点型	3.4e－38～3.4e＋38
可回收处理性	Recycling	字符型	150 个字节
制造刀具能耗	Energy	浮点型	3.4e－38～3.4e＋38
能否干切	Drycutting	布尔型	0 或 1
刀具材料毒性	Toxicity	字符型	50 个字节

（4）工艺辅助物料绿色特性数据库（含切削液等数据库） 工艺辅助物料通常是指工艺过程中所采用的催化剂等化学物质，这些物质往往具有多方面的环境危害性，如易燃、有毒、挥发等。例如，切削液是切削加工过程中造成环境污染和职业健康与安全危害的主要源头之一。表 5-3 和表 5-4 列出了切削液的绿色特性数据表。

表 5-3　油基切削液的绿色特性数据表

字段的名称	字 段 描 述	数 据 类 型	数据值的有效范围
编号	Id	整型	$-2^{31}～(2^{31}-1)$
名称	Fluid	字符型	50 个字节
黏度	Degree	字符型	50 个字节
闪点	Flash	字符型	50 个字节
腐蚀性	Rust	字符型	50 个字节
工件材料	Partmaterial	字符型	50 个字节
适用工艺	Process	字符型	50 个字节
性能	Performance	字符型	50 个字节
切削液的毒性	Toxicity	字符型	50 个字节

表 5-4　水基切削液的绿色特性数据表

字段的名称	字 段 描 述	数 据 类 型	数据值的有效范围
编号	Id	整型	$-2^{31}～(2^{31}-1)$
名称	Fluid	字符型	50 个字节
稀释液类型	Type	字符型	50 个字节
pH（10%）	PHvalue	字符型	50 个字节

字段的名称	字段描述	数据类型	数据值的有效范围
防锈性能	Rust	字符型	50 个字节
工件材料	Partmaterial	字符型	50 个字节
适用工艺	Process	字符型	50 个字节
性能	Performance	字符型	50 个字节
切削液的毒性	Toxicity	字符型	50 个字节

（5）典型绿色工艺方案数据库　建立典型绿色工艺方案数据库是进行面向绿色制造的工艺规划的重要参考样本，具有重要的参考价值。

5.3.6　基于决策模型集的面向绿色制造的工艺规划方法

面向绿色制造的工艺规划实际上是在传统工艺规划基础上的绿色性辅助决策，于是提出一种基于决策模型集的面向绿色制造的工艺规划方法，即通过将面向绿色制造的工艺规划全过程划分为工艺要素规划、工艺过程规划以及多工艺方案评价与决策，分别建立相应的面向绿色制造的决策模型子集，包括工艺要素规划决策模型子集、工艺过程规划决策模型子集、多工艺方案评价与决策模型子集以及其他相关决策模型子集，通过一系列的决策模型指导和辅助工艺人员进行面向绿色制造的工艺规划全过程。该方法的特点是一方面通过对复杂的面向绿色制造的工艺规划问题分解为各单元过程的规划问题进行建模，提高了面向绿色制造工艺规划实现的可操作性；另一方面强调其辅助作用，并不追求能够自动生成绿色工艺方案，而是为工艺人员提供必要的面向绿色制造的辅助评价与决策模型工具，指导生产实践，对传统工艺规划进行绿色化的完善。

一般地，零件的工艺规划可以划分为工艺分析、特征层规划、零件层规划以及多工艺方案评价与决策四个层次。特征层规划是指根据特征的材料、形状、技术要求等对其加工工艺要素和工艺参数进行优化选择，规划出单个特征的工艺计划。零件层规划是指根据特征之间的关系对工艺路线和加工顺序等进行优化，确定合理的工艺路线。如果零件层规划对特征层规划有影响，则需要对特征工艺设计计划进行调整。在特征层规划、零件层规划和多工艺方案评价与决策阶段不断与相应的面向绿色制造的工艺规划决策模型子集进行交互，在决策模型集的支持下获得资源消耗少、环境影响小的工艺方案。基于决策模型集的面向绿色制造工艺规划方法的计算机实现体系结构如图5-8所示。工艺人员通过图形用户界面和面向绿色制造的工艺规划应用支持系统进行交互完成面向绿色制造的工艺规划。系统功能包括工艺分析、特征层规划、零件层规划和多工方案评价与决策四个功能层次。用程序代码实现各个决策模型子集，建立面向绿色制造的工艺规划决策模型库。支持工艺规划的数据库包括零件信息数据库、工艺数据库、设备信息数据库和工艺绿色特性知识库。黑板结构包括控制黑板和领域黑板。控制黑板用于控制不同工艺规划层次功能模块调用不同的工艺规划决策模型和数据库进行优化决策。领域黑板包括零件信息区和工艺数据区。零件信息区用于存放零件信息，而工艺数据区用于存放工艺规划过程中的中间和最终工艺信息。

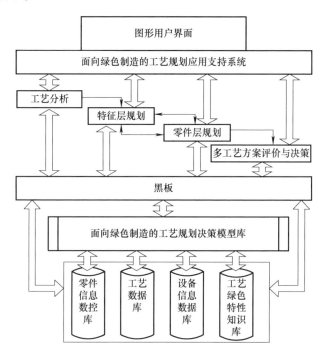

图5-8 基于决策模型集的面向绿色制造工艺规划方法的计算机实现体系结构

5.4 面向绿色制造的机床设备优化配置方法

5.4.1 面向绿色制造的机床设备优化配置参考指标体系

面向绿色制造的机床设备优化配置的目的是通过对零件与机床设备之间不同配置方案的对比分析、评价和决策，得出最优机床设备配置方案，使得零件加工过程的总体性能最优，特别是资源消耗和环境影响方面的性能。根据面向绿色制造的工艺规划决策理论模型，面向绿色制造的机床设备优化配置需要综合考虑加工时间（T）、加工质量（Q）、加工成本（C）、资源消耗（R）、环境影响（E）等多个决策因素，因此是一个多目标优化决策问题。

对于一个多目标优化决策问题，首先要建立一套可行的决策目标体系。结合机床设备加工的实际情况，对 T、Q、C、R、E 五个决策目标进行分解，可以建立一种决策目标分解的参考体系，如图 5-9 所示。

图 5-9 中的下标 t、q、c、r、e 分别为各目标的指标数。参考体系中的各决策目标根据实际要求确定其理想目标值。例如：加工时间 $T = (t_1, t_2, \cdots, t_t)$ 可以根据生产节拍或交货期确定理想值；加工质量 $Q = (q_1, q_2, \cdots, q_q)$ 可以根据零件技术要求确定理想值；加工成本 $C = (c_1, c_2, \cdots, c_c)$ 一般是越低越好；资源消耗 $R = (r_1, r_2, \cdots, r_r)$ 一般要求越少越好；环境影响 $E = (e_1, e_2, \cdots, e_e)$ 则越小越好。

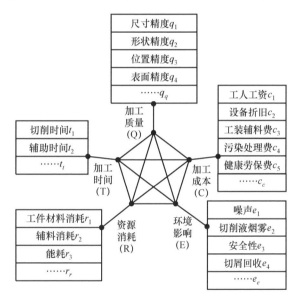

图 5-9　决策目标分解的参考体系

5.4.2　机床设备配置问题数学描述

为了便于表述，假设一个零件加工特征值只需要一台机床完成，则机床设备配置可以从三个层次进行分类，包括零件单个加工特征的机床设备配置、单个零件（含多个加工特征）的机床设备配置、多个零件的机床设备配置。下面从集合映射关系的角度对三类机床设备配置问题进行数学描述。

（1）零件单个加工特征的机床设备配置　零件单个加工特征的机床设备配置可以用式（5-23）进行描述。

$$
\text{Feature} \xleftrightarrow[\substack{\text{约束条件:工艺要求}\\\cdots\cdots}]{\text{决策目标:T、Q、C、R、E}} \boldsymbol{M} = (M_1, M_2, \cdots, M_n) \qquad (5\text{-}23)
$$

式中，Feature 是待加工特征；$\boldsymbol{M}$ 是可选机床设备集；n 是可选机床设备数。

该问题实际上是一个机床设备选择问题，求解为最优机床设备 $\boldsymbol{M}^*$。在求解过程中约束因素主要考虑加工特征的工艺要求。

（2）单个零件（含多个加工特征）的机床设备配置　一个零件通常有多个加工特征，各个特征之间可能存在几何、工艺方面的相互约束关系。另外，由于涉及多台机床设备，还需要考虑运输问题，即机床布局约束。该问题可以描述为

$$
\boldsymbol{F} = \begin{pmatrix} F_1 \\ F_2 \\ \vdots \\ F_m \end{pmatrix} \xleftrightarrow[\substack{\text{约束条件:工艺要求}\\\text{几何关系}\\\text{工艺关系}\\\text{机床布局}\\\cdots\cdots}]{\text{决策目标:T、Q、C、R、E}} \boldsymbol{M} = \begin{pmatrix} M_{11} & M_{12} & \cdots & M_{1j} \\ M_{21} & M_{22} & \cdots & M_{2k} \\ \vdots & \vdots & & \vdots \\ M_{m1} & M_{m2} & \cdots & M_{ml} \end{pmatrix} \qquad (5\text{-}24)
$$

式中，$\boldsymbol{F}$ 是零件加工特征序列；$\boldsymbol{M}$ 是可选机床设备集；$j, k, \cdots, l$ 是单个加工特征的可选机床设备数。

该问题的求解为零件加工特征序列对应的最佳机床组合向量 $\boldsymbol{M}^* = (M_1^*, M_2^*, \cdots, M_m^*)$。

（3）多个零件的机床设备配置　多个零件的机床设备配置，实际上是一个面向绿色制造的机床设备调度问题，需要考虑多个加工任务之间的协调问题，使得整个生产计划顺利进行，并且资源利用率最高、环境影响最小。该问题可以描述为

$$
\boldsymbol{O} = \begin{pmatrix} F_{11} & F_{12} & \cdots & F_{1r} \\ F_{21} & F_{22} & \cdots & F_{2s} \\ \vdots & \vdots & & \vdots \\ F_{m1} & F_{m2} & \cdots & F_{mt} \end{pmatrix} \xleftrightarrow[\substack{\text{约束条件:工艺要求}\\\text{几何关系}\\\text{工艺关系}\\\text{机床布局}\\\text{零件间约束}\\\cdots\cdots}]{\text{决策目标:T、Q、C、R、E}} \boldsymbol{M} = \begin{pmatrix} M_{11} & M_{12} & \cdots & M_{1u} \\ M_{21} & M_{22} & \cdots & M_{2v} \\ \vdots & \vdots & & \vdots \\ M_{m1} & M_{m2} & \cdots & M_{mk} \end{pmatrix}
$$

$$
(5\text{-}25)
$$

式中，$\boldsymbol{O}$ 是整个生产计划；m 是待加工零件数；$r, s, \cdots, t$ 是各零件的加工特征数；$\boldsymbol{M}$ 是可选机床设备集；$u, v, \cdots, k$ 是各零件所对应的可选机床设备数。

由于设备资源有限，一台机床可能需要加工多个零件的特征，被重复选择，

因此各个零件的可选机床设备集是相关的，存在零件排序问题，需要根据约束条件和目标函数进行优化调度，使得整个生产计划的绿色制造目标综合最优。

对比以上三个问题，第一个问题是最简单的，但同时也具有代表性：一方面能够充分体现机床设备配置中的绿色制造原则，即充分考虑资源消耗和环境影响问题；另一方面，零件单个加工特征的机床设备配置是单个零件机床设备配置和多个零件机床设备配置问题的基础。

从加工特征的角度出发，将第二、三个机床设备配置问题进行综合就是实际生产中常见的一个问题，即多个加工特征、多个机床的优化配置问题，多个加工特征中有些特征来自同一个零件，有些特征来自不同的零件。

在实际生产中，一个待加工特征往往称为"工件"。下面将对"面向绿色制造的单工件多机床优化配置模型"和"多工件多机床的节能降噪型调度安排方法"进行研究。后者以车间环境中的节约能耗和降低噪声为目标对多工件多机床机械加工系统进行优化调度安排，从而获得满意的机床设备配置方案。

5.4.3 面向绿色制造的单工件多机床优化配置模型

1. 优化配置模型的建立

单工件多机床设备优化配置实际上是一个机床设备选择问题。对于单工件多机床设备选择问题，其可供选择的机床设备集为 $\boldsymbol{M} = (M_1, M_2, \cdots, M_n)$。每一台机床都有可能被选择或不被选择，可以用 1 或 0 来表示。设用变量 x_i 表示 M_i 的选择状态，即

$$x_i = \begin{cases} 1, \text{机床 } M_i \text{ 被选择} \\ 0, \text{机床 } M_i \text{ 不被选择} \end{cases} \tag{5-26}$$

因此，可以用向量 $\boldsymbol{X} = (x_1, x_2, \cdots, x_n)$ 表示机床设备集向量 $\boldsymbol{M}$，其中

$$\begin{cases} x_i(x_i - 1) = 0 \\ \sum_{i=1}^{n} x_i = 1 \end{cases} \tag{5-27}$$

式中，保证 $x_1, x_2, \cdots, x_n$ 中，有且仅有一个为 1。$x_1, x_2, \cdots, x_n$ 的不同取值分别代表着不同的机床设备方案。相应地，原问题转化为求解 $\boldsymbol{X}^* = (x_1^*, x_2^*, \cdots, x_n^*)$。如对于 3 台机床设备的方案 (x_1, x_2, x_3)，可以分别表示为 $(1, 0, 0)$、$(0, 1, 0)$、$(0, 0, 1)$，如果设备 3 被选择，则 $\boldsymbol{X}^* = (0, 0, 1)$。

单工件多机床设备选择问题，实际上是一个多目标多方案的评价与决策问题，根据以上分析，并参考面向绿色制造的工艺规划决策支持应用模型的一般

形式，可以建立其多目标优化决策模型。

对于单工件多机床设备选择的决策问题

$$\boldsymbol{X} = (x_1, x_2, \cdots, x_n)^{\mathrm{T}} \tag{5-28}$$

求

$$\boldsymbol{X}^* = (x_1^*, x_2^*, \cdots, x_n^*)^{\mathrm{T}} \tag{5-29}$$

满足约束条件

$$\begin{cases} x_i(x_i - 1) = 0 \\ \sum_{i=1}^{n} x_i = 1 \\ g_u(\boldsymbol{X}) \leqslant 0 \ (u = 1, 2, \cdots, k) \\ h_v(\boldsymbol{X}) = 0 \ (v = 1, 2, \cdots, p \ \text{且} \ p < n) \end{cases} \tag{5-30}$$

使得

$$F(\boldsymbol{X}) = \mathrm{Opt}[f_r(\boldsymbol{X}), f_e(\boldsymbol{X}), f_t(\boldsymbol{X}), f_q(\boldsymbol{X}), f_c(\boldsymbol{X})]$$
$$= [f_r(\boldsymbol{X}^*), f_e(\boldsymbol{X}^*), f_t(\boldsymbol{X}^*), f_q(\boldsymbol{X}^*), f_c(\boldsymbol{X}^*)] \tag{5-31}$$

式中，$\boldsymbol{X}^*$ 是最优机床设备方案；$g_u(\boldsymbol{X})$ 是不等式约束；$h_v(\boldsymbol{X})$ 是等式约束。

在模型中，需要考虑的约束条件主要是零件工艺要求方面的约束。以齿轮加工机床为例，主要考虑模数、齿数、切齿宽度、螺旋角、加工精度以及其他方面的约束。

齿轮模数约束：$g_1(\boldsymbol{X}) = -f_m(\boldsymbol{X}) + m \leqslant 0$。

齿轮齿数约束：$g_2(\boldsymbol{X}) = -f_z(\boldsymbol{X}) + z \leqslant 0$。

齿轮切齿宽度约束：$g_3(\boldsymbol{X}) = -f_b(\boldsymbol{X}) + b \leqslant 0$。

齿轮螺旋角约束：$g_4(\boldsymbol{X}) = -f_\beta(\boldsymbol{X}) + \beta \leqslant 0$。

加工精度约束：$g_5(\boldsymbol{X}) = -f_a(\boldsymbol{X}) + a \leqslant 0$。

式中，$f_m(\boldsymbol{X})$、$f_z(\boldsymbol{X})$、$f_b(\boldsymbol{X})$、$f_\beta(\boldsymbol{X})$、$f_a(\boldsymbol{X})$ 是方案 $\boldsymbol{X}$ 的相关参数；m、z、b、β、a 是待加工齿轮的模数、齿数、切齿宽度、螺旋角、加工精度要求。

2. 模型求解

该模型的求解过程为：在满足约束条件的范围内，得出可行机床设备集，然后根据决策目标体系和选择模型，运用多目标多方案评价与决策方法，对方案进行评价和决策，最后确定最优的机床设备方案。

根据面向绿色制造的工艺规划决策应用模型的求解方法，将灰色关联分析法和层次分析法结合起来，应用于机床设备选择模型的求解。

在面向绿色制造的机床设备选择中，指标体系共分三个层次：指标层、目标层、方案层。各目标的指标组成可以用向量表示为：$T = (t_1, t_2, \cdots, t_t)$、$Q = (q_1, q_2, \cdots, q_q)$、$C = (c_1, c_2, \cdots, c_c)$、$R = (r_1, r_2, \cdots, r_r)$、$E = (e_1, e_2, \cdots, e_e)$，其中下标 t、q、c、r、e 分别为各目标的指标数。设共有可选机床设备为 n 台，构成备选方案集 $X = (x_1, x_2, \cdots, x_n)$。对各评价指标量化后，可以确定参考指标集。参考指标集是通过选取各机床设备最佳指标值而构成的。参考指标集描述了一种参考机床设备方案，或称为理想方案。于是可以进一步求得 n 台机床设备相对参考机床设备方案的灰色关联系数矩阵 $\boldsymbol{\Xi}$。

$$\boldsymbol{\Xi} = \begin{pmatrix} \xi_{1,t1} & \cdots & \xi_{1,tt} & \xi_{1,q1} & \cdots & \xi_{1,qq} & \xi_{1,c1} & \cdots & \xi_{1,cc} & \xi_{1,r1} & \cdots & \xi_{1,rr} & \xi_{1,e1} & \cdots & \xi_{1,ee} \\ \xi_{2,t1} & \cdots & \xi_{2,tt} & \xi_{2,q1} & \cdots & \xi_{2,qq} & \xi_{2,c1} & \cdots & \xi_{2,cc} & \xi_{2,r1} & \cdots & \xi_{2,rr} & \xi_{2,e1} & \cdots & \xi_{2,ee} \\ \vdots & & \vdots & \vdots & & \vdots & \vdots & & \vdots & \vdots & & \vdots & \vdots & & \vdots \\ \xi_{n,t1} & \cdots & \xi_{n,tt} & \xi_{n,q1} & \cdots & \xi_{n,qq} & \xi_{n,c1} & \cdots & \xi_{n,cc} & \xi_{n,r1} & \cdots & \xi_{n,rr} & \xi_{n,e1} & \cdots & \xi_{n,ee} \end{pmatrix}$$

$$(5\text{-}32)$$

式中，ξ 是各机床设备评价指标相对于参考指标集的灰色关联系数。

通过层次分析法（AHP），可以求出目标层的权重 $W = (w_T, w_Q, w_C, w_R, w_E)$ 以及各指标层的权重。各指标层的权重分别为 $W_T = (w_T^1, w_T^2, \cdots, w_T^t)$、$W_Q = (w_Q^1, w_Q^2, \cdots, w_Q^q)$、$W_C = (w_C^1, w_C^2, \cdots, w_C^c)$、$W_R = (w_R^1, w_R^2, \cdots, w_R^r)$、$W_E = (w_E^1, w_E^2, \cdots, w_E^e)$。于是可以求出目标层的关联度矩阵 R_1 和方案层的关联度向量 R_0。

在目标层的关联度矩阵 R_1 中，r_{ie} 表示方案 i 的环境影响目标的关联度，计算过程为

$$r_{ie} = (\xi_{i,e1}, \xi_{i,e2}, \cdots, \xi_{i,ee}) \begin{pmatrix} w_E^1 \\ w_E^2 \\ \vdots \\ w_E^e \end{pmatrix} \tag{5-33}$$

同理，可以求出 r_{it}、r_{iq}、r_{ic}、r_{ir}。

方案层的关联度向量 R_0 可由下式计算

$$R_0 = \begin{pmatrix} r_{1t} & r_{1q} & r_{1c} & r_{1r} & r_{1e} \\ r_{2t} & r_{2q} & r_{2c} & r_{2r} & r_{2e} \\ \vdots & \vdots & \vdots & \vdots & \vdots \\ r_{nt} & r_{nq} & r_{nc} & r_{nr} & r_{ne} \end{pmatrix} \begin{pmatrix} w_T \\ w_Q \\ w_C \\ w_R \\ w_E \end{pmatrix} = (r_1, r_2, \cdots, r_n)^{\mathrm{T}} \tag{5-34}$$

根据方案层的关联度向量 R_0，可以得到各方案指标集相对于参考指标集（理想方案）的关联度，根据 r_1，r_2，$\cdots$，r_n 的大小可以对各方案进行优劣排序，确定满意的机床设备方案解 X^*。

▶▶ 3. 案例分析

某工厂需要加工一批齿轮零件，齿轮的基本参数：圆柱直齿轮；材料45；模数4mm；齿数38；外径160mm；切齿宽度24mm；精度等级6（GB/T 10095—2008）。参考机床设备选择模型，建立该问题的选择模型及约束条件（略）。根据约束条件，可以从工厂机床设备数据库中得出滚齿机方案有 YB3120、YKX3132M、YKB3120A、Y3180H、Y3150E 共五种，构成可行方案 $X = (x_1, x_2, x_3, x_4, x_5)$。YB3120 是一种半自动滚齿机；YKX3132M 是三轴两联动数控滚齿机，采用 FANUC – 0MC 数控系统；YKB3120A 是两轴联动数控滚齿机，采用两轴 Siemens 802C 系统；Y3180H、Y3150E 均为改进型普通滚齿机。在此案例分析中，各机床的工艺参数相同：刀具为涂层高速钢滚刀；切削方式为逆铣；切削速度为 74.3 m/min；滚刀转速为 200 r/min；轴向进给量为 1.25 mm/r；刀齿深度为 7.5 mm。

根据图 5-9 所示决策目标分解的参考体系，可以确定该齿轮在不同机床上加工时所选的评价指标体系。由于采用了相同的工艺参数，有些评价指标的值相差很小（如滚切时间），允许对部分指标进行删减和修改。表 5-5 列出了齿轮在各滚齿机上加工的评价指标体系及量化数据，此数据构成参考指标集（或理想方案）。

表 5-5　齿轮在各滚齿机上加工的评价指标体系及量化数据

	指　标	YB3120	YKX3132M	YKB3120A	Y3180H	Y3150E
T	辅助时间 t_1/min	30	13	18	42	38
Q	齿向偏差 q_1	0.7	0.9	0.7	0.9	0.9
	齿距累积偏差 q_2	0.5	0.9	0.7	0.9	0.9
	齿距偏差 q_3	0.5	0.9	0.7	0.9	0.9
	公法线变动量 q_4	0.5	0.9	0.9	0.5	0.5
C	管理成本 c_1（元）	50.8	32.5	37.2	63	58.5
	设备折旧 c_2（元）	1.0	1.5	1.2	1.0	0.8
R	空载功率 r_1/kW	3.04	3.25	2.88	3.84	3.28
E	空载噪声 e_1/dB	80.2	75.3	78.6	81.9	79.5
	切削液烟雾 e_2	0.5	0.7	0.5	0.3	0.3
	切屑回收 e_3	0.7	0.9	0.9	0.5	0.5
	安全性 e_4	0.5	0.7	0.7	0.5	0.5

加工质量、切削液烟雾、切屑回收、安全性等的评价不便于量化，可采用定性的方法进行处理。加工质量的评语集为 {很好，较好，一般，较差，很差}、切削液烟雾的评语集为 {很小，较小，一般，较大，很大}、切屑回收的评语集为 {很好，较好，一般，较差，很差}、安全性的评语集为 {很安全，较安全，一般，较危险，很危险}，以上评语集所对应的评分集均为 {0.9，0.7，0.5，0.3，0.1}。对于管理成本指标，设单位时间的管理费用为 a，某零件的加工时间和辅助时间之和为 t，则管理费用为 at。其他指标可以通过实测获得，如辅助时间、空载功率、空载噪声等。

对表 5-5 中数据规范化处理后，可以求出灰色关联系数矩阵 $\boldsymbol{\varXi}$。运用层次分析法对各层指标进行分析，得出权重分配。

$$\boldsymbol{W} = (w_T, w_Q, w_C, w_R, w_E) = (0.286, 0.094, 0.302, 0.157, 0.161)$$
$$\boldsymbol{W}_Q = (w_Q^1, w_Q^2, w_Q^3, w_Q^4) = (0.168, 0.298, 0.467, 0.067)$$
$$\boldsymbol{W}_C = (w_C^1, w_C^2) = (0.5, 0.5)$$
$$\boldsymbol{W}_E = (w_E^1, w_E^2, w_E^3, w_E^4) = (0.558, 0.250, 0.096, 0.096)$$

由于时间和资源消耗目标只有一个指标，因此不存在指标权重的问题。

于是可以求出各滚齿机方案的关联度：

$$\boldsymbol{R}_0 = (r_1, r_2, r_3, r_4, r_5) = (0.515, 0.831, 0.698, 0.437, 0.550)$$

因此可以得出各方案的绿色综合评价优劣排序：

YKX3132M > YKB3120A > Y3150E > YB3120 > Y3180H

根据以上分析，滚齿机 YKX3132M 为最优方案，则选择模型的最优解为 $\boldsymbol{X}^* = (0, 1, 0, 0, 0)$。

5.4.4 多工件多机床的节能降噪型调度安排方法

1. 方法的提出

机械加工系统是一种以机床为主体的实施机械加工功能的系统，由一系列的机床、夹具、刀具和工件等组成，其中机床（包括普通机床和数控机床）是机械加工系统的主要组成部分。根据系统中机床数量的不同，机械加工系统分为单机床加工系统和多机床加工系统。机械加工系统的实际表现形式可以是一台机床、一个制造单元、一个车间或一条生产线等。能量消耗和噪声是伴随机械加工的两种基本物理现象。只要加工任务开始生产就意味着能量的大量消耗，同时产生的噪声会对车间工作环境造成污染，影响工人身心健康和生产中的语言交流。机床是机械加工系统中能量消耗、噪声污染的主要源头。如果需要提高机械加工系统的能量和噪声性能，通常是对机床进行改进设计或购买新的机床，但会增加生产成本。在实际生产中，机械加工系统的能量消耗和噪声还有以下两个特点：一方面，机械加工系统能量消耗和噪声不但与机床有关，而且与加工工件的工艺要求有关；另一方面，机械加工系统往往由多台机床组成，生产任务也往往包括多种工件。因此这个系统应该考虑机床与工件之间的联系、机床与机床之间的差别以及不同工件的工艺要求等因素。

经过研究和试验发现，从系统的角度综合考虑，通过工件与机床之间的合理调度安排也能达到显著降低整个机械加工系统能量消耗和噪声的目的。下面通过两个简单案例加以说明。

案例 1 有两台滚齿机床：YKB3120 和 Y3150E。现有甲、乙两种齿轮需要加工：甲齿轮滚切时，转速为 125r/min；乙齿轮滚切时，转速为 300r/min。现要将这两种齿轮分别安排在滚齿机 YKB3120 和 Y3150E 上加工，有两种不同的安排方案 A 和方案 B。

方案 A：甲齿轮安装在 YKB3120 上加工，乙齿轮安装在 Y3150E 上加工。

方案 B：乙齿轮安装在 YKB3120 上加工，甲齿轮安装在 Y3150E 上加工。

由于上述两种方案在加工时间、质量方面几乎完全一样，因此，传统调度安排方案是选择其中任何一种即可。但是，从绿色制造的角度看，两种方案对环境噪声的影响是不一样的。实测如下。

YKB3120：加工甲齿轮时，机床噪声为 80.6 dB；加工乙齿轮时，机床噪声为 81.3 dB。

Y3150E：加工甲齿轮时，机床噪声为 80.2 dB；加工乙齿轮时，机床噪声为 83.7 dB。

两种安排方案可以用图 5-10 描述。根据分贝平均值计算公式：$L_{平均} = 10\lg(10^{\frac{L_1}{10}} + 10^{\frac{L_2}{10}}) - 10\lg2$，可以算出：对于方案 A，两台机床的噪声分贝平均值为 82.42 dB；对于方案 B，两台机床的噪声分贝平均值为 80.78 dB。从噪声分贝平均值可以看出，方案 B 优于方案 A。

案例 2 某车间有 01 号和 02 号两台卧式车床。现有甲、乙两批工件需要车削外圆。由于工艺上的原因，甲工件车削时，主轴转速应为 600 r/min，乙工件车削时应为 185 r/min。现有方案 A：甲工件安装在 01 号车床，乙工件安装在 02 号车床；或方案 B：乙工件安装在 01 号车床，甲工件安装在 02 号车床。对于两种方案，切削能量和附加损耗能量可基本看作不变，因此空载能耗的节约可看作是总能量的节约量。根据实测数据可以算出：方案 A：空载总能耗 $E_{uA} = 0.790\text{kW} \cdot \text{h}$；方案 B：空载总能耗 $E_{uB} = 0.650\text{kW} \cdot \text{h}$。由此可见，采用方案 B

时，每加工一对工件就可以节电 0.14kW·h。如果成批生产，每天三班，切削 20h，则方案 B 比方案 A 每年（工作 300 天）可节电 3360kW·h。方案 B 就是要寻求的节能性调度安排方案。

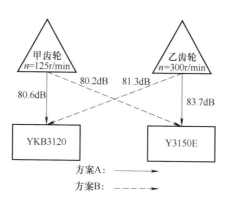

图 5-10　两种安排方案

在实际生产车间中，机床通常是多台，待加工的工件也不止两件，而是多件。对于多台机床多个工件的机械加工系统，节能降噪效果通常更为显著，但由于调度方案很多，优选过程也比较复杂。例如，某机械加工系统有 10 台机床，12 种工件等待加工，如果不考虑约束条件，每个工件有 10 种可能的机床安排方案，则系统所有可行加工方案为 10^{12} 种，要从如此众多的方案中优选出最优节能降噪方案非常困难。

2. 多工件多机床节能降噪调度安排模型

设某一机械加工系统中有 m 个工件、n 台机床，工件和机床的编号分别为 1，2，…，m 和 1，2，…，n。工件 i 在机床 j 上加工过程中消耗的能量 $E_L(i, j)$ 为

$$E_L(i,j) = \int_0^T P_i(t)\,dt = \int_0^T P_u(t)\,dt + \int_0^T P_a(t)\,dt + \int_0^T P_c(t)\,dt \qquad (5\text{-}35)$$

式中，P_i 是机床输入功率；P_u 是空载功率；P_a 是附加功率；P_c 是切削功率；T 是加工持续总时间。

则整个机械加工系统的能量消耗 E_L 为

$$E_L = \sum_{i=1}^m \int_0^{T_i} P_i(t)\,dt = \sum_{i=1}^m \int_0^{T_i} P_{ui}(t)\,dt + \sum_{i=1}^m \int_0^{T_i} P_{ai}(t)\,dt + \sum_{i=1}^m \int_0^{T_i} P_{ci}(t)\,dt$$

$$(5\text{-}36)$$

要减少系统的能量损失，即应使

$$E_L = \sum_{i=1}^{m} \int_0^{T_i} P_{ui}(t)\,\mathrm{d}t + \sum_{i=1}^{m} \int_0^{T_i} P_{ai}(t)\,\mathrm{d}t + \sum_{i=1}^{m} \int_0^{T_i} P_{ci}(t)\,\mathrm{d}t \to \min \tag{5-37}$$

工件 i 在机床 j 上加工，其等效连续噪声为

$$L_{eq}(i,j) = 10\lg\left(\frac{1}{T}\int_0^T 10^{0.1L_A(t)}\,\mathrm{d}t\right) \tag{5-38}$$

式中，T 是加工持续总时间；$L_A(t)$ 是第 t 时刻的机床噪声。

整个机械加工系统的总体噪声，可以用 m 个工件加工时的等效连续噪声分贝平均值作为评价函数进行评价，即

$$L = 10\lg\left[\sum_{i=1}^{m} 10^{\frac{L_{eq}(i)}{10}}\right] - 10\lg m \to \min \tag{5-39}$$

引入变量 x_{ij}，令

$$x_{ij} = \begin{cases} 1, & \text{工件 } i \text{ 安排在机床 } j \text{ 上加工} \\ 0, & \text{工件 } i \text{ 不安排在机床 } j \text{ 上加工} \end{cases} \tag{5-40}$$

因此，机械加工系统中工件与机床的安排关系（或称为安排方案）可以用矩阵 $\boldsymbol{X}_{m \times n}$ 表示，即

$$\boldsymbol{X}_{m \times n} = \begin{pmatrix} x_{11} & x_{12} & \cdots & x_{1n} \\ x_{21} & x_{22} & \cdots & x_{2n} \\ \vdots & \vdots & & \vdots \\ x_{m1} & x_{m2} & \cdots & x_{mn} \end{pmatrix} \tag{5-41}$$

在矩阵 $\boldsymbol{X}_{m \times n}$ 中，行为工件，列为机床。$x_{ij} = 1$ 表示工件 i 安排在机床 j 上进行加工；$x_{ij} = 0$ 表示工件 i 不安排在机床 j 上进行加工。

通过测定机械加工系统中所有工件在不同机床上加工时功率、噪声及加工时间，根据式（5-35）和式（5-38）可以求出能耗和噪声值，构成对应于方案矩阵 $\boldsymbol{X}_{m \times n}$ 的能耗矩阵 $\boldsymbol{E}_{m \times n}$ 和加工噪声矩阵 $\boldsymbol{L}_{m \times n}$，即

$$\boldsymbol{E}_{m \times n} = \begin{pmatrix} E_L(1,1) & E_L(1,2) & \cdots & E_L(1,n) \\ E_L(2,1) & E_L(2,2) & \cdots & E_L(2,n) \\ \vdots & \vdots & & \vdots \\ E_L(m,1) & E_L(m,2) & \cdots & E_L(m,n) \end{pmatrix} \tag{5-42}$$

$$\boldsymbol{L}_{m \times n} = \begin{pmatrix} L_{eq}(1,1) & L_{eq}(1,2) & \cdots & L_{eq}(1,n) \\ L_{eq}(2,1) & L_{eq}(2,2) & \cdots & L_{eq}(2,n) \\ \vdots & \vdots & & \vdots \\ L_{eq}(m,1) & L_{eq}(m,2) & \cdots & L_{eq}(m,n) \end{pmatrix} \tag{5-43}$$

式中，$E_L(i,j)$ 和 $L_{eq}(i,j)$ 分别表示工件 i 安排在机床 j 上加工时的能耗和等效连续噪声。

如果某台机床无法加工某工件，则假定其能耗和等效连续噪声为无穷大，如第 h 种工件不能安排到第 k 台机床上加工，则

$$\begin{cases} E_L(h,k) = \infty \\ L_{eq}(h,k) = \infty \end{cases} \tag{5-44}$$

根据能耗矩阵 $\boldsymbol{E}_{m \times n}$ 和加工噪声矩阵 $\boldsymbol{L}_{m \times n}$ 来对调度方案进行优选。首先应该确定优化调度安排的目标函数。根据方案矩阵 $\boldsymbol{X}_{m \times n}$、能耗矩阵 $\boldsymbol{E}_{m \times n}$、噪声矩阵 $\boldsymbol{L}_{m \times n}$，可以确定机械加工系统中节能型优化调度安排的目标函数为

$$\min E(\boldsymbol{X}) = \sum_{i=1}^{m} \sum_{j=1}^{n} E_L(i,j) x_{ij} \tag{5-45}$$

降噪型优化调度安排的目标函数为

$$\min L(\boldsymbol{X}) = 10\lg\left[\sum_{i=1}^{m} \sum_{j=1}^{n} 10^{\frac{L_{eq}(i,j)x_{ij}}{10}} \right] - 10\lg m \tag{5-46}$$

为了对节能和降噪进行综合优化调度，还需要给出综合节能降噪型多目标优化调度安排的目标函数。分别以节能和降噪为目标对调度安排方案进行优选，可以求出机械加工系统的最大能耗值 $E_{\max}$、最小能耗值 $E_{\min}$、最大噪声值 $L_{\max}$、最小噪声值 $L_{\min}$。于是可以求出任意方案 $\boldsymbol{X}$ 的能耗和噪声无量纲化相对大小值，即

$$\begin{cases} \ddot{E}(\boldsymbol{X}) = \dfrac{E_{\max} - E(\boldsymbol{X})}{E_{\max} - E_{\min}} \\ \ddot{L}(\boldsymbol{X}) = \dfrac{L_{\max} - L(\boldsymbol{X})}{L_{\max} - L_{\min}} \end{cases} \tag{5-47}$$

设节能和降噪的权重分别为 w_1、w_2，则综合优化调度安排的目标函数可以表示为

$$\max F(\boldsymbol{X}) = w_1 \ddot{E}(\boldsymbol{X}) + w_2 \ddot{L}(\boldsymbol{X}) \tag{5-48}$$

在实际加工中，为了保证加工任务的均衡和设备的利用率，一般要求当机床数小于或等于工件数时，每台机床至少加工一个工件；当机床数大于工件数时，允许多余机床不安排生产任务。于是可以建立机械加工系统的节能降噪型调度安排模型。

目标函数为

$$\min \begin{cases} E(\boldsymbol{X}) = \sum_{i=1}^{m} \sum_{j=1}^{n} E_L(i,j) x_{ij} \\ F(\boldsymbol{X}) = -[w_1 \ddot{E}(\boldsymbol{X}) + w_2 \ddot{L}(\boldsymbol{X})] \\ L(\boldsymbol{X}) = 10\lg \left[\sum_{i=1}^{m} \sum_{j=1}^{n} 10^{\frac{L_{eq}(i,j) x_{ij}}{10}} \right] - 10\lg m \end{cases} \tag{5-49}$$

一类约束条件为

$$\begin{cases} \sum_{j=1}^{n} x_{ij} = 1, \sum_{i=1}^{m} x_{ij} \geqslant 1 \\ x_{ij} = 0 \text{ 或 } 1 \end{cases}, m \geqslant n (\text{机床数小于或等于工件数}) \tag{5-50}$$

或

$$\begin{cases} \sum_{j=1}^{n} x_{ij} = 1, \sum_{i=1}^{m} x_{ij} \leqslant 1 \\ x_{ij} = 0 \text{ 或 } 1 \end{cases}, m < n (\text{机床数大于工件数}) \tag{5-51}$$

二类约束条件为

$$\begin{cases} L_{eq}(h,k) = \infty, 1 < h \leqslant m, 1 < k \leqslant n \\ \boldsymbol{L} \in R^{m \times n} \\ \boldsymbol{X} \in Z^{m \times n} \end{cases} \tag{5-52}$$

▶▶ 3. 调度安排模型的求解过程

对上述模型进行求解有多种方法。对于多个工件、单台机床的机械加工系统，安排方案只有一个；对于单个工件、多台机床以及少量工件、少量机床（少量一般指不超过 3 个）的机械加工系统，一般也可以采用穷举安排方案的方法，很快就能得到最优调度方案。在多工件多机床机械加工系统中，以节能、降噪为目标进行优化调度安排是一个复杂的问题。因此，对于多工件多机床机械加工系统一般需要采用匈牙利算法或遗传算法等方法对上述模型进行求解。

多工件多机床的节能降噪型优化调度安排问题是一个复杂问题，特别是在工件数和机床数较多的情况下，其调度方案数庞大，更为复杂。遗传算法是解决该类问题的有效方法之一。基于遗传算法的模型求解过程如下。

1）染色体编码。遗传算法经常采用的两种编码方式是直接编码和间接编码。前者是指直接用染色体来表示调度方案，后者需要把解做一定形式的变换才可以得出相应的调度方案。间接编码能够体现设计者的创造，设计较好的间接编码能够有效地提高遗传算法的搜索效率。这里采用间接编码的方式。根据一类约束条件，每个工件只能且必须有一台机床对其进行加工，每个工件有 n 种可能的安排，因此可以用 $\mathrm{INT}^-(\log_2 n)(n>1)$ 位二进制数进行表示。INT^- 为自定义运算符，其含义为对小数取整，所取整数为大于该小数的最小整数，如 $\mathrm{INT}^-(2.001)=3$。二进制数所对应的十进制整数值 r 代表工件在第 $r+1$ 台机床上加工，其中 $0\leqslant r<n$。所有工件的调度方案可以用 $m\mathrm{INT}^-(\log_2 n)$ 个二进制编码表示，构成遗传算法的染色体。设有 4 个工件 5 台机床需要进行调度，一种调度方案为 $\boldsymbol{X}'=\begin{pmatrix}0&0&1&0&0\\1&0&0&0&0\\0&1&0&0&0\\0&0&0&1&0\end{pmatrix}$，若采用直接编码的方式对方案 $\boldsymbol{X}'$ 进行编码，则需要 20 位二进制编码；但若采用上述所提出的方法，则只需要 12 位：010，000，001，011。节省了 8 位，可以大大提高搜索效率。由于矩阵 $\boldsymbol{X}'$ 中机床数没有 8 台，可以采用增加约束判断（$r+1\leqslant n$）的方法解决。采用这种编码方式比较简单，而且不必考虑机床数与工件数的大小比较问题。

2）适应度函数。模型的目标函数为求最小值问题，需要将其转化为求最大值的适应度函数。考虑一类约束条件，增加惩罚函数 $\varphi(x)$ 和惩罚系数 γ。惩罚函数 $\varphi(x)$ 如下。

当 $m\geqslant n$ 时

$$\varphi(x)=\begin{cases}1,\ \sum_{j=1}^{n}x_{ij}\neq 1\ \text{或}\ \sum_{i=1}^{m}x_{ij}=0\\0,\ \text{其他}\end{cases} \tag{5-53}$$

当 $m<n$ 时

$$\varphi(x)=\begin{cases}1,\ \sum_{j=1}^{n}x_{ij}\neq 1\ \text{或}\ \sum_{i=1}^{m}x_{ij}>1\\0,\ \text{其他}\end{cases} \tag{5-54}$$

惩罚系数为足够大的正数，则适应度函数表示如下。

节能适应度函数为

$$\ddot{E}(\boldsymbol{X})=\frac{1}{\left(\sum_{i=1}^{m}\sum_{j=1}^{n}E_L(i,j)x_{ij}+\gamma\varphi(x)\right)} \tag{5-55}$$

降噪适应度函数为

$$\ddot{L}(\boldsymbol{X})=10\lg\left[\sum_{i=1}^{m}\sum_{j=1}^{n}10^{\frac{L_{eq}(i,j)x_{ij}}{10}}\right]-10\lg m \tag{5-56}$$

节能降噪综合调度安排适应度函数为

$$F(X) = w_1 \ddot{E}(X) + w_2 \ddot{L}(X) \tag{5-57}$$

3）评价、选择、变异、交叉、循环实现遵循常规方法，限于篇幅，不再细述。

4. 基于空载功率和空载噪声的节能降噪模型的简化

为了便于计算和实际操作，采用空载功率代替实际加工功率、空载噪声代替实际加工噪声，实践证明是可行的，分析如下。

大量试验和理论分析均表明，对于不同的工件与机床的安排方案，$\sum\limits_{i=1}^{m} \int_0^{T_i} P_{ci}(t)\mathrm{d}t$ 和 $\sum\limits_{i=1}^{m} \int_0^{T_i} P_{ai}(t)\mathrm{d}t$ 的差别很小，这些差别相对于 $\sum\limits_{i=1}^{m} \int_0^{T_i} P_{ui}(t)\mathrm{d}t$ 的差别可忽略不计，即

$$\Delta E_L \approx \Delta E_u = \Delta\Big[\sum_{i=1}^{m} \int_0^{T_i} P_{ui}(t)\mathrm{d}t\Big] \tag{5-58}$$

E_u 为空载总能耗，于是式（5-37）可以用下式代替：

$$E_u = \sum_{i=1}^{m} \int_0^{T_i} P_{ui}(t)\mathrm{d}t \rightarrow \min \tag{5-59}$$

在切削参数中，机床空载功率 P_u 主要与转速有关。设工件 i 在机床 j 上加工，需要 N_i 个加工过程，每个加工过程 l 对应一种加工转速，各个加工过程的时间分别为 t_l，于是该工件所有加工过程的空载能耗可以表示为

$$E_u(i,j) = \sum_{l=1}^{N_i} P_{ul}t_l \tag{5-60}$$

则式（5-60）可进一步简化为

$$E_u = \sum_{i=1}^{m} \sum_{l=1}^{N_i} P_{ul}t_l \rightarrow \min \tag{5-61}$$

因此在建立机床能耗矩阵时，可以用式（5-61）代替式（5-59）进行能量损耗计算。

如果考虑到每一个转速下的空载功率变化，则

$$E_u(i,j) = \sum_{l=1}^{N_i} \int_0^{t_l} P_{ul}(t)\mathrm{d}t \tag{5-62}$$

机床加工噪声主要是结构噪声和切削噪声的合成。结构噪声与机床本身有关，如齿轮、轴承、箱体等；切削噪声主要由刀具、被切削材料以及切屑三者产生，与所消耗的功率成正比，与动态切削力有着极强的相关性。在机械加工系统中，如果保证工件的加工参数、工装等加工条件不变，切削功率损耗、动态切削力和切削噪声都可以视为近似相等，加工噪声的差别主要来源于结构噪

声，由机床本身决定。机床空载噪声是反映机床结构噪声特性和机床质量的重要评价指标之一。

基于空载噪声对式（5-38）进行简化。设工件 i 在机床 j 上进行加工，需要 N_i 个加工过程，每个加工过程 l 对应一种加工转速，且各加工过程是连续的，则所有加工过程的等效连续空载噪声为

$$L_{eq}(i,j) = 10\lg\left[\frac{1}{T_i}\sum_{l=1}^{N_i}L_{ul}(i,j)t_l\right] \tag{5-63}$$

式中，t_l 是第 l 个加工过程的操作（机床运转）时间；$L_{ul}(i,j)$ 是与第 l 个加工过程同转速的空载噪声；N_i 是工件 i 所需加工过程数；T_i 是工件 i 的加工总时间。

如果考虑到在每一个转速下空载噪声的变化，则

$$L_{eq}(i,j) = 10\lg\left[\frac{1}{T_i}\sum_{l=1}^{N_i}\int_0^{t_l}L_{ul}(t)\,dt\right] \tag{5-64}$$

根据以上分析，可以基于空载能耗和空载噪声对机械加工系统进行节能降噪型调度安排。通过测定，可以方便地获得机械加工系统中的机床在不同转速下的空载功率、空载噪声，从而建立机床的转速－空载功率、转速－空载噪声数据库。由于机床的空载功率、空载噪声与机床本身性能有关，与工件无关，所以该数据库一旦建立，可以作为基础数据支持所有工件加工的节能降噪型调度安排，从而大大简化了调度安排过程，提高了该方法在实际应用中的可操作性。

5. 案例分析

以某机械加工厂齿轮加工车间的生产实际问题为例，对该方法的应用说明如下。

该车间在一批生产任务中，有5种不同的齿轮工件需要加工，现有4台机床可供调度安排。

经测定，4台滚齿机床的转速与空载功率和空载噪声的关系如下。

（1）滚齿机床1　该滚齿机床为半自动化数控滚齿机床，其空载特性数据见表5-6。

表 5-6　滚齿机床 1 的空载特性数据

转速/（r/min）	125	160	200	250	330	400
空载功率/kW	2.65	2.72	2.88	3.2	3.84	4.48
空载噪声/dB	74.2	75.0	78.6	79.2	82.6	81.9

（2）滚齿机床 2 该滚齿机床为高效数控滚齿机床，其空载特性数据见表 5-7。

表 5-7 滚齿机床 2 的空载特性数据

转速/（r/min）	125	160	200	250	300	350	400	450	500
空载功率/kW	2.5	2.8	3.25	3.9	4.4	5.2	5.9	6.7	7.6
空载噪声/dB	73.7	76.2	75.3	77.3	79.3	77.6	80.0	80.6	86.3

（3）滚齿机床 3 该滚齿机床为半自动滚齿机床，其空载特性数据见表 5-8。

表 5-8 滚齿机床 3 的空载特性数据

转速/（r/min）	130	160	200	250	330	400
空载功率/kW	2.88	3.04	3.26	3.68	4.48	5.44
空载噪声/dB	78.4	80.4	80.2	80.5	81.2	83.8

（4）滚齿机床 4 该滚齿机床为半自动化数控滚齿机床，其空载特性数据见表 5-9。

表 5-9 滚齿机床 4 的空载特性数据

转速/（r/min）	100	125	150	200	250	300	350	400	500
空载功率/kW	4.8	5.2	5.6	5.6	6.0	6.0	6.0	6.1	6.1
空载噪声/dB	79.5	79.6	79.8	80	79	78	78.5	79	79

根据以上数据可以建立机床的转速 – 空载功率及转速 – 空载噪声数据库。

根据工艺文件，确定各种工件的进刀次数、加工转速及其对应的加工时间。5 种工件的工艺参数数据见表 5-10。

表 5-10 5 种工件的工艺参数数据

工件序号	第一次滚切		第二次滚切	
	转速/（r/min）	时间/min	转速/（r/min）	时间/min
工件 1	125	22.39	200	13.99
工件 2	200	8.39	250	4.03
工件 3	250	17.12	300	14.26
工件 4	200	10.82	300	4.33
工件 5	160	28.10	200	22.48

根据表 5-10 中的数据，通过查询 4 台可选机床的转速 – 空载功率及转速 –

空载噪声数据库，并根据式（5-62）和式（5-64）计算，可以得出本次调度安排的空载能耗矩阵 $E_{5\times4}$ 和等效连续空载噪声矩阵 $L_{5\times4}$（行为工件，列为机床），即

$$
E_{5\times4} = \begin{pmatrix} 1.66 & 1.84 & 1.17 & 2.43 \\ 0.62 & 0.70 & 0.72 & 1.18 \\ 1.75 & 1.98 & 2.10 & 3.14 \\ 0.77 & 1.61 & 0.90 & 1.44 \\ 2.35 & 2.65 & 2.53 & 4.72 \end{pmatrix} \qquad L_{5\times4} = \begin{pmatrix} 76.44 & 79.18 & 74.39 & 79.76 \\ 78.80 & 80.30 & 76.05 & 77.63 \\ 80.06 & 80.23 & 79.99 & 78.57 \\ 79.39 & 79.39 & 76.85 & 79.36 \\ 77.48 & 80.31 & 75.82 & 79.89 \end{pmatrix}
$$

分别以节能、降噪和节能降噪三种方式进行调度安排。根据本文建立的调度安排模型，可以编制出三种不同目的的调度安排程序辅助计算。调度安排计算结果如下。

（1）以节能为目的　最大空载能耗为 11.85 kW·h，最小空载能耗为 7.41 kW·h，所对应的模型解为

$$
X_{\max} = \begin{pmatrix} 1 & 0 & 0 & 0 \\ 0 & 0 & 1 & 0 \\ 0 & 0 & 0 & 1 \\ 0 & 1 & 0 & 0 \\ 0 & 0 & 0 & 1 \end{pmatrix} \qquad X_{\min} = \begin{pmatrix} 0 & 0 & 1 & 0 \\ 0 & 1 & 0 & 0 \\ 1 & 0 & 0 & 0 \\ 0 & 0 & 0 & 1 \\ 1 & 0 & 0 & 0 \end{pmatrix}
$$

最大值和最小值的差值为 4.44 kW·h。以节能为目的的调度方案见表 5-11。

表 5-11　以节能为目的的调度方案

工　件	1	2	3	4	5	空载能耗	差　值
max 方案	机床 1	机床 3	机床 4	机床 2	机床 4	11.85 kW·h	4.44kW·h
min 方案	机床 3	机床 2	机床 1	机床 4	机床 1	7.41 kW·h	

（2）以降噪为目的　最大噪声分贝平均值为 79.96dB，最小噪声分贝平均值为 77.50dB，所对应的模型解为

$$
X_{\max} = \begin{pmatrix} 0 & 0 & 0 & 1 \\ 0 & 1 & 0 & 0 \\ 0 & 0 & 1 & 0 \\ 1 & 0 & 0 & 0 \\ 0 & 1 & 0 & 0 \end{pmatrix} \qquad X_{\min} = \begin{pmatrix} 1 & 0 & 0 & 0 \\ 0 & 0 & 1 & 0 \\ 0 & 0 & 0 & 1 \\ 0 & 1 & 0 & 0 \\ 0 & 0 & 1 & 0 \end{pmatrix}
$$

最大和最小值的差值为 2.46dB。以降噪为目的的调度方案见表 5-12。

表 5-12 以降噪为目的的调度方案

工 件	1	2	3	4	5	噪声分贝平均值	差 值
max 方案	机床 4	机床 2	机床 3	机床 1	机床 2	79.96dB	2.46dB
min 方案	机床 1	机床 3	机床 4	机床 2	机床 3	77.50dB	

（3）以节能降噪为目的 节能和降噪的权值均取为 0.5。最优方案的综合调度值为 0.9367，综合调度模型解为

$$X^* = \begin{pmatrix} 0 & 0 & 1 & 0 \\ 0 & 0 & 0 & 1 \\ 0 & 1 & 0 & 0 \\ 0 & 0 & 1 & 0 \\ 1 & 0 & 0 & 0 \end{pmatrix}$$

对应的空载能耗值为 7.58 kW·h，噪声分贝平均值为 77.71dB。以节能降噪为目的的调度方案见表 5-13。

表 5-13 以节能降噪为目的的调度方案

工 件	1	2	3	4	5	空 载 能 耗	噪声分贝平均值
综合方案	机床 3	机床 4	机床 2	机床 3	机床 1	7.58 kW·h	77.71dB

以上调度安排结果对比分析表明，节能降噪型调度安排方法是有效的，能够显著地降低系统加工能耗和噪声，取得明显的经济效益。

参 考 文 献

［1］刘飞，曹华军，张华. 绿色制造的理论与技术 ［M］. 北京：科学出版社，2005.

［2］艾兴. 高速切削加工技术 ［M］. 北京：国防工业出版社，2003.

［3］SCHULZ H, MORIWAKI T. High-speed Machining ［J］. CIRP Annals - Manufacturing Technology, 1992, 41 （2）：637-643.

［4］曹华军，李先广，陈鹏. 绿色高速干切滚齿工艺理论与关键技术 ［M］. 重庆：重庆大学出版社，2016.

［5］李长河，丁玉成，卢秉恒. 高速切削加工技术发展与关键技术 ［J］. 青岛理工大学学报，2009, 30 （2）：7-16.

［6］朱利斌. 高速干切滚齿机床多参量热平衡控制模型及热变形误差补偿 ［D］. 重庆：重庆大学，2017.

［7］张应. 高速干切滚齿工艺参数优化模型及应用系统开发［D］. 重庆：重庆大学，2017.

［8］刘飞，曹华军，何乃军. 绿色制造的研究现状与发展趋势［J］. 中国机械工程，2000，11
（1）：105-110.

［9］袁松梅，朱光远，王莉. 绿色切削微量润滑技术润滑剂特性研究进展［J］. 机械工程学
报，2017，53（17）：131-140.

［10］周春宏，赵汀，姚振强. 最少量润滑切削技术（MQL）：经济有效的绿色制造方法［J］.
机械设计与研究，2005，21（5）：81-83.

［11］刘俊岩. 水蒸汽作绿色冷却润滑剂的作用机理及切削试验研究［D］. 哈尔滨：哈尔滨工
业大学，2005.

［12］左敦稳. 现代加工技术［M］. 北京：北京航空航天大学出版社，2005.

［13］刘淑娟. 金属切削液的污染危害与防治方法［J］. 黑龙江科技信息，2009（17）：52.

［14］刘飞，曹华军，张华. 一种机械加工系统节能降噪方法：03117163［P］. 2003-01-13.

［15］曹华军. 面向绿色制造的工艺规划技术研究［D］. 重庆：重庆大学，2004.

第6章

——

绿色工厂规划及其关键技术

6.1 绿色工厂通用模型

6.1.1 绿色工厂通用模型的内涵

绿色工厂是绿色制造的实施主体，更是绿色制造体系的核心支撑单元，因此创建绿色工厂是未来工业发展的必然趋势，也是建设资源节约型、环境友好型社会的必然选择。

目前国内外学术界对绿色工厂并没有统一的定义，但是可以明确的是绿色工厂包含三个重要的组成部分：绿色建筑、绿色工艺及绿色产品，也即构成绿色工厂的建筑能为生产生活提供安全、高效、健康的使用空间，并且在其全生命周期内最大限度地节约资源（即节能、节地、节水、节材）、保护环境、减少污染和保障职工健康；同时，工厂内使用的各工艺设备应是高效、低排放的，且整个生产系统的资源效率、环境排放综合最优；此外，还要求工厂生产的产品为绿色产品，也即在产品整个生命周期内（包括产品使用和回收阶段）资源利用率高、能源消耗低，对生态环境无害或危害极少。陈学提出的生态型工厂主要包括五个部分：花园式的厂区环境、可持续发展的产业链、循环利用的物质流和能量流、先进的制造工艺技术、清洁安全的生产工艺，可以保证厂区拥有原生态的环境，并对环境、社会的影响程度降到最低。Mitsuro Hattori 等提出的绿色工厂主要由生产系统和循环系统两部分组成，通过物质和能源的回收再利用减轻对全球生态系统的负担。英国 M&S 公司首次运行模型化的绿色工厂，以环保和节约成本双赢的"绿化"为基准，提升工厂在可持续方面的声誉，并为绿色制造业的发展奠定了基础。因而，绿色工厂是指在综合考虑环境、社会、经济影响的基础上，采用先进的绿色材料、绿色设计技术、绿色制造技术和循环再利用技术，制造出无害化的绿色产品，达到环境污染最小化、资源利用低碳化、经济效益最大化的工厂。

我国于 2015 年 5 月首次在由国务院发布的《中国制造 2025》中提出绿色工厂的概念："建设绿色工厂，实现厂房集约化、原料无害化、生产洁净化、废物资源化、能源低碳化"，也即绿色工厂的"五化"。随后，在 2016 年发布的《工业绿色发展规划（2016—2020 年）》继续使用了《中国制造 2025》中提出的绿色工厂"五化"原则和目标；而在《绿色制造工程实施指南（2016—2020年）》和《关于开展绿色制造体系建设的通知》文件中绿色工厂由原来的"五化"缩减为"四化"，即"用地集约化、生产洁净化、废物资源化、能源低碳化"。由于"用地集约化"比"厂房集约化"更能体现绿色工厂的节地属性，因此此种定义更具合理性。于 2018 年出台的我国第一个绿色工厂评价的标准 GB/T 36132—2018《绿色工厂评价通则》最终将绿色工厂定义为"实现了用地集约化、原料无害化、生产洁净化、废物资源化、能源低碳化的工厂"。

用地集约化主要是指厂区的建筑、设施布局应尽可能设计合理，应尽量采用厂房多层设计、污水处理厂立体设计等方式增加土地利用空间，且使工厂建筑达到绿色建筑要求（即节材、节能、节水、资源循环利用）、单位面积土地的产值达到同行业先进水平。

原料无害化是减少有毒有害原料的使用，从设计环节将原料无害化考虑在内，引入生态设计理念，并向供应方提供包含有害物质限制使用在内的采购信息，通过工艺设计和监测手段实现无害化等环保要求。

生产洁净化可以减少废弃物的产生和排放，减少对环境的影响，是预防污染、保护环境的重要途径，主要体现在绿色采购、清洁生产以及淘汰落后工艺、技术和装备等方面。

废物资源化是对从生产过程中产生的废弃物采用各种工程技术方法和管理措施，从废弃物中回收有用的物质，实现资源的循环利用，达到社会、经济和生态环境协调发展的目的。

能源低碳化是减少企业成本和碳排放的主要手段，也是工厂高效运行的内在要素，主要体现在清洁能源的利用、主要用能设备的使用、单位产品综合能耗的利用等方面，其万元产值综合能耗需达到同行业先进水平，单位产值碳排放量在同行业处于先进水平。

综上所述，基于上述"五化"目标，绿色工厂应通过以下技术手段实现工厂从原材料进厂到产品回收处理全生命周期过程中的资源、能源消耗低，环境污染小：采用绿色建筑技术建设、改造厂房；预留可再生能源应用场所和设计负荷实现清洁能源的最大化利用；合理布局厂区内能量流、物质流路径以减少资源、能源浪费；采用先进的清洁生产工艺技术和高效末端治理装备，淘汰落后设备，实现制造过程的绿色化；推广绿色采购，尽可能少用或不用含有毒有害物质的原材料；推广绿色设计、开发绿色产品，寻求产品生命周期节能减排；建立资源回收循环利用机制，减少资源浪费。

6.1.2 绿色工厂的创建

为了促进绿色工厂的创建，国际上出台了多项绿色工厂标准。目前国外发布的主要是以环境管理、能源管理及温室气体三个方面为主，少数发达国家发布了综合管理绿色工厂的标准和政策。国际标准化组织发布了大量关于环境管理、能源管理和温室气体排放量化及核查方面的标准，如 ISO 14000 环境管理系列标准、ISO 14064 温室气体排放系列标准等，目的是降低工厂对生态环境的影响。关于综合管理绿色工厂的标准方面，欧盟组织环境足迹（OEF）从整体的角度考虑组织活动，对提供的产品和服务进行绿色评价；韩国绿色认证从事业、技术、设施、产品四个方面进行技术规范，以此推进工厂绿色化发展。我国转化了部分国际标准，如 GB/T 23331—2020《能源管理体系 要求及使用指南》、GB/T 32150—2015《工业企业温室气体排放核算和报告通则》等。我国也发布了 100 多项关于单位产品能耗限额的强制性国家标准，如 GB 32053—2015《苯乙烯单位产品能源消耗限额》等，这些标准是促进工厂绿色化发展的重要依据。与此同时，我国已经开展了关于绿色工厂的标准制定、验证、示范等标准化工作，《绿色制造标准体系建设指南》中主要从绿色工厂规划、资源节约、能源节约、清洁生产、废弃物利用、温室气体和污染物七个方面来制定有关绿色工厂的标准；工业和信息化部节能与综合利用司表示要加快建设绿色工厂的标准体系，形成国家标准与行业标准互为补充的标准体系，为未来绿色工厂的创建提供强大的理论支撑。

6.2　绿色工厂关键技术及系统

6.2.1　绿色工厂关键技术

1. 绿色技术

绿色技术又称为生态技术、环境友好技术，是能降低资源和能源消耗，减少对环境的污染、改善生态环境的技术；是保持人与自然界和谐发展的技术；不仅是某一种技术或产业部门的技术，而且是一门系统技术。

绿色技术的这一内涵主要包括三大部分：一是指工艺或生产技术，对生态系统的消极影响很小或有利于恢复和重建生态平衡；二是指报废处理技术，在产品技术系统的消费以及报废后的处理过程，对生态系统的消极影响甚微；三是指单元技术，将单元技术应用在产品技术系统中，可以明显减轻或部分消除原技术系统的生态负效应。根据着眼点，绿色技术又可分为以减少污染为目的的浅绿色技术和以处置废弃物为目的的深绿色技术。绿色技术的主要技术见表 6-1。

表 6-1 绿色技术的主要技术

绿色技术	浅绿色技术	工艺或生产技术	绿色设计技术
			绿色制造工艺技术
			制造过程环保及污染控制技术
		单元技术	环境友好材料技术
	深绿色技术	报废处理技术	绿色回收处理技术
			绿色再制造技术

　　绿色设计是指在产品设计、选材、生产、包装、运输、使用到报废处理的整个生命周期内，着重考虑产品的环境属性和资源属性，并将其作为设计目标，在满足产品应有的功能、使用寿命、质量等要求下，对环境和资源消耗的总体影响减到最小。绿色设计技术主要包括轻量化设计技术、节能性设计技术、可拆解设计技术、可回收设计技术、可再制造设计技术、低碳设计技术、无害化设计技术等。

　　绿色制造工艺技术是以传统制造工艺方法为基础，交叉融合环境科学、化学科学、材料科学、能源科学、控制技术和现代管理方法等学科的先进制造工艺技术，其目标是在保障制造工艺加工质量和加工效率的前提下，充分考虑环境影响和资源效率的综合效益，使之对环境的负面影响最小，资源利用率最大。

　　制造过程环保及污染控制技术是从污染源、传播途径、个人防护三个途径进行控制，减少制造过程对环境影响程度的技术。主要技术包括生产工艺的优化、设备的改进、污染治理技术的改进、全面通风和局部通风等。

　　环境友好材料也称为生态环境材料，是指在材料的整个生命周期中，同时具有最大使用功能及最低环境负荷的环境友好型材料，或能够改善环境的材料。按照材料的用途来分，它分为绿色能源材料、绿色建筑材料、绿色包装材料、生物功能材料、环境工程材料五大类。

　　绿色回收处理技术是指对报废或废旧产品进行评价、拆卸、清洗、分离等的绿色技术。它主要分为废旧产品可回收性分析与评价技术、废旧产品绿色拆卸技术、废旧产品绿色清洗技术、废旧产品材料绿色分离回收技术和逆向物流管理技术，包括回收方案设计、拆卸方式和工具选择、绿色清洗工艺、材料分拣、逆向物流库存技术等，具体如图 6-1 所示。

　　绿色再制造技术是使废旧产品进行翻新修理和再装配后，恢复到或接近于新产品性能标准的一种资源再利用技术，体现了良好的环境性，主要包括再制造系统设计技术、再制造工艺技术、再制造质量控制技术和再制造生产计划与控制技术，如图 6-2 所示。

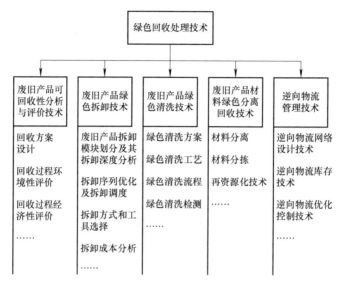

图 6-1　绿色回收处理技术

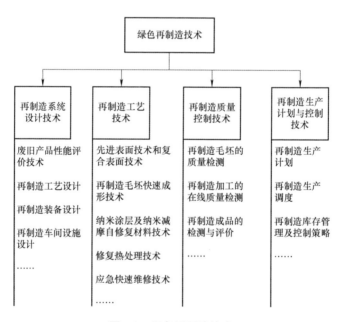

图 6-2　绿色再制造技术

▶ 2. 信息技术

信息技术是指对信息进行管理、处理和存储所采用的各种技术总称，应用计算机科学和通信技术来设计、开发、安装和实施信息系统及应用软件，主要包括传感技术、计算机技术、通信技术和控制技术等。

传感技术是关于从自然信源获取信息，并对之进行处理（变换）和识别的一门多学科交叉的现代科学与工程技术。它涉及传感器（又称为换能器）、信息处理和识别的规划设计、开发、制/建造、测试、应用及评价改进等活动。

计算机技术可分为计算机系统技术、计算机器件技术、计算机部件技术和计算机组装技术等方面。它主要包括运算方法的基本原理与运算器设计、指令系统、中央处理器（CPU）设计、流水线原理及其在 CPU 设计中的应用、存储体系、总线与输入输出。

通信技术是以电磁波、声波或光波的形式把信息通过电脉冲，从发送端（信源）传输到一个或多个接收端（信宿）。它主要包括光纤通信、数字微波通信、卫星通信、移动通信以及图像通信等。

控制技术通过具有一定控制功能的自动控制系统，来完成某种控制任务，保证某个过程按照预想进行或实现某个预设的目标。它分为开环控制和闭环控制，主要包括最优控制、自适应控制、专家控制、模糊控制、时限控制、容错控制和智能控制等。

利用信息技术能够提高资源的使用效率，减少浪费，优化资源配置，并且能够通过开发利用清洁能源减少对生态环境的污染，从而促进生态文明的建设。例如：利用计算机技术对设备的运行方式、运行参数和运行工况进行实时监控，可以提高设备在运行过程中的可靠性和能源效率；利用网络通信、云计算技术辅助作业车间人员进行生产决策，并将操作经验转化为系统的专家知识，可以更好地支持工厂绿色精益生产。面向绿色制造，利用云计算、物联网、人工智能等信息技术，可以开发能耗设备监控和管理等平台，进行数据挖掘和决策分析，实现资源与能源消耗状态的透明化，提高资源效率，减少环境排放。

▶▶ 3. 自动化技术

自动化技术是一门综合性的技术，与计算机技术、自动控制、液压气压技术、系统工程、电子学、控制论和信息论都有十分密切的关系。自动化主要分为信息流自动化和机械制造自动化，将机电一体化、结构设计标准化与模组化、结构运动高精度化、机械功能多元化和控制智能化作为重点发展的方向，逐步由刚性加工向柔性加工转变，进而满足用户对产品多样化和个性化的需求，向绿色化的方向发展，实现环境效益、经济效益和社会效益最大化。

信息流自动化技术是为实现机械制造自动化而进行信息管理的技术，主要的软件技术包括计算机辅助设计、计算机辅助制造、计算机辅助工艺设计、产品数据管理系统、企业资源计划和供应链管理等。

机械制造自动化技术是影响绿色工厂建设最主要的技术，分为机械加工自动化技术、物料储运过程自动化技术、装配自动化技术和质量控制自动化技术，如图 6-3 所示。

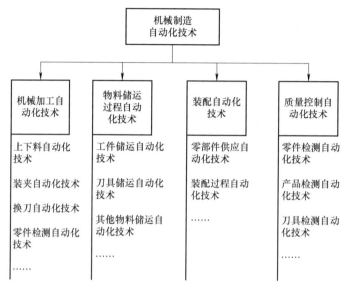

图 6-3　机械制造自动化技术

自动化技术在汽车制造行业中的覆盖率超过 90%，且几乎全部的软启动和调速中都涉及了变频器技术。在 IT 技术的支持下，计算机集成化制造系统将各种局部孤立的自动化子系统集成化，同时将生产和管理集成化，形成适用于多品种、小批量的生产模式，极大地提高了企业的生产率。多数企业将柔性生产和识别系统融于生产过程中，从而形成了一种基于 IT 系统和识别技术的柔性多品种混流生产模式。将数据设备和加工中心引入变速器、底盘和发动机等机械的制造中，逐渐建立起一种柔性的制造生产线，从而降低了生产成本及缩短了产品更新换代的周期。

▷▷ 6.2.2　绿色工厂关键系统

绿色工厂的体系架构，包括适应性绿色工厂建筑外壳、智能化绿色生产系统、高能效建筑资源服务系统、绿色工厂能源与环境管理系统、学习和健康训练环境五部分，通过可再生能源及资源化废物的输入和输出，不仅可以让绿色工厂实现无害化、轻量化和资源化生产，还可以促进工厂间物质流和能量流的循环，实现生态工业园区循环共生系统，如图 6-4 所示。

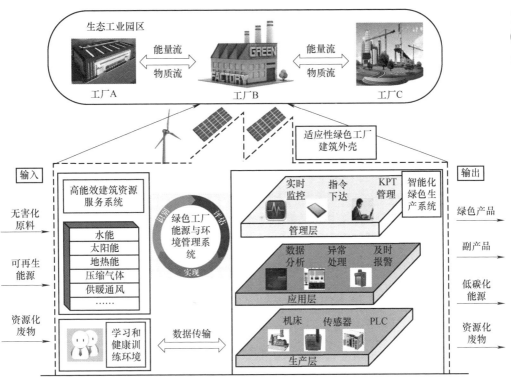

图 6-4　绿色工厂的体系架构

▶ 1. 适应性绿色工厂建筑外壳

适应性绿色工厂建筑外壳作为工厂的主要结构，在满足功能、美观的前提下，应最大限度地减少对生态环境的干扰，降低人工环境的自然成本，获得良好的自然、经济和生态综合效益。例如：比利时的 ECOVER 工厂拥有 6000 余平方米的绿色植被屋顶，采用由天然的欧洲松木、黏土、木浆和煤尘制成的砖砌成，工厂 83% 的建筑使用了可再生和可回收材料；新功能的建筑材料和模块化结构已经在开发中，胡建辉对建筑材料进行了研究，将乙烯–四氟乙烯（ET-FE）气枕与非晶硅太阳能电池（Photovoltaic，PV）结合成新型光伏一体化膜结构，降低了建筑能耗，使其成为可持续和对环境友好的建筑。绿色工厂建筑外壳能够将已经释放到环境中的废弃物作为资源输入，实现废弃物的回收再利用，适应环境、社会、经济方面的需求。

▶ 2. 智能化绿色生产系统

智能化绿色生产系统主要包括生产数据的采集、处理及管理系统，根据不断增加的产品种类和复杂性进行智能化调整，同时保证消耗资源较少，将对环境的影响降到最低。例如：洛春等人采用基于三菱 CC-Link-IE 的智能化生产系统，可以实时呈现生产现场的工艺参数、生产进度、产品状况及人、机、料的利用状况，必要时可进行产品追溯，让整个生产现场透明化。因此智能化绿色生产系统可以对作业状态实时监控，提高制造灵活性和速度，提升设备综合效率及用户满意度，达到绿色制造的目的。

3. 高能效建筑资源服务系统

高能效建筑资源服务系统是以可再生能源发电系统为基础，主要包括太阳能、风能、水能、地热能及可再生燃料，可以调节容量大小，平衡能源投入和生产需求，为能源生产系统提供稳定性支撑。例如：德国 J. Schmalz 工厂利用多余的风能、太阳能和水能生成电能，碎木燃烧生产热能等，这些过剩能源回收再利用产生的能源完全可以满足工厂所需的能量，节省了大量的能源和成本；德国太阳能加热系统制造商 Solvis GmbH 被认为是欧洲最大的零排放工厂，将过剩的电能储存在缓冲器中以此来实现电能的供需平衡。将建筑资源服务系统与绿色生产系统相互联系，在整个系统发生变化时，能够快速、自动地调节参数使系统稳定。

4. 绿色工厂能源与环境管理系统

绿色工厂能源与环境管理系统主要是负责监控和管理智能化绿色生产系统和高能效建筑资源服务系统中大量资源和能源消耗的数据。例如：西门子用 B. Data 将过程控制系统和工作环境下的数据处理系统有机结合，能够完成能源使用、能源费用采集、计算及分析，实现能源监控、能源报表、能源趋势、物料平衡、能耗设备管理、成本中心管理、能源预测、能源采购、能源绩效等管理功能；重庆大学开发了压铸行业的能源与环境管理系统，通过传感器、网关、交换机、服务器等设备，对压铸设备的能耗、车间环境指标进行无线采集、传输，并对数据进行分析、管理和显示，实现绿色工厂的能源与环境管理，如图 6-5 所示。利用物联网可以对整个工厂系统当前的能源、环境状态进行分析和优化。

5. 学习和健康训练环境

学习和健康训练环境为员工提供健康的实验环境和研究数据，允许在学习环境中进行理论知识的交流、测试和演示，使员工能够跟上不断发展的技术。例如：Festo 等人在德国运营一个学习型工厂，它被用作新员工的培训基地，进一步提高员工的专业素质；Kreimeier 等人对德国的学习型工厂进行研究，确定了过程优化、能源资源效率和物流等研究的重点领域。在学习和健康训练环境中很重要的组成部分是微观装配实验（FabLab），其核心理念是有机会在任何地方由任何人完成，通过 FabLab 提供的设施、工具等设计实现自己的产品创作，并共享知识和创新思想。这种方法有助于工厂更加开放，通过满足人们的特定个人需求来支持区域发展，既节约了成本又减少了对资源能源的消耗，并为知识向社会转移提供了平台。

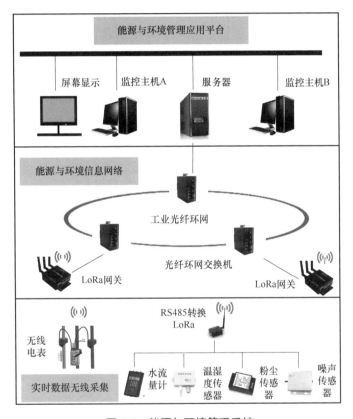

图 6-5　能源与环境管理系统

6.3　绿色工厂评价系统

▷6.3.1　绿色工厂的评价指标体系

为了实现绿色工厂的评价和创建，我国先后出台了《绿色工厂评价要求》和《绿色工厂评价通则》两项绿色工厂评价标准，其中《绿色工厂评价要求》

提供了更详尽的指标要求，便于绿色工厂评价打分，而《绿色工厂评价通则》的内容更简明扼要且其关于绿色工厂的评价标准内容更完善。尽管这两种标准存在一些差异，但它们互为补充，为我国开展绿色工厂评价提供了技术支持。

由 GB/T 36132—2018《绿色工厂评价通则》可知，绿色工厂的评价共包括基本要求、基础设施、管理体系、能源与资源投入、产品、环境排放、绩效共七个模块，且被进一步细分为 28 个二级指标，如图 6-6 所示。其中"基本要求"是企业开展绿色工厂创建必须满足的指标，包括基础合规性与相关方要求、基础管理职责等，其他六个指标为绿色工厂应满足的评价要求，也即除满足"基本要求"外，绿色工厂创建应尽可能多地满足工厂基础设施、管理体系、能源与资源投入、产品、环境排放、绩效的要求。

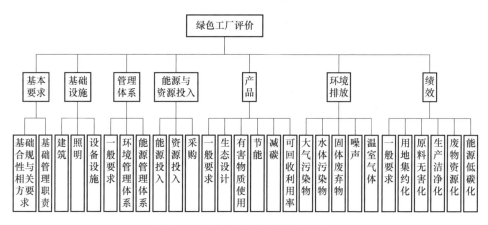

图 6-6　绿色工厂的评价指标体系

基于绿色工厂评价中每个评价维度的属性，可以得到绿色工厂的评价体系框架，如图 6-7 所示。其中，可以看出绩效是结果维，表示工厂实施绿色制造所达到的效果，是绿色工厂的目标，即"用地集约化、原料无害化、生产洁净化、废物资源化、能源低碳化"的量化结果；基础设施、管理体系、能源与资源投入、产品和环境排放是过程维，是对绿色工厂中相关生产活动的评价，是绿色工厂创建的核心内容。更具体地，基础设施是绿色工厂创建的依托主体，通过合理优化配置建筑、照明、设备设施，为实现"用地集约化""能源低碳化"和"生产洁净化"提供基础；减少能源与资源投入和开展产品生态设计是实现产品节能减碳和提高可回收利用率的必要条件，也是实现"能源低碳化"和"废物资源化"的有效途径；减少环境排放并合理处置工厂各类污染物，是实现"生产洁净化"的前提条件；而管理体系是绿色工厂创建的基本条件，用以确保绿色工厂管理工作的有效落实。

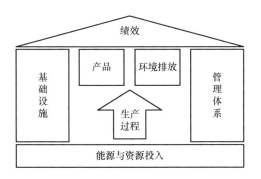

图 6-7　绿色工厂的评价体系框架

▶▶ **1. 绿色工厂基本要求评价**

绿色工厂基本要求评价包括基础合规性与相关方要求和基础管理职责。基础合规性与相关方要求主要用于判定企业是否合法合规，企业有无重大安全、环保和质量等事故，同时，要求企业对利益相关方的环境保护做出必要的承诺。基础管理职责主要是对绿色工厂管理机构提出的要求，保证绿色工厂建设工作能顺利进行、有序开展，依靠绿色工厂管理机构推动绿色工厂创建步伐。

▶▶ **2. 绿色工厂基础设施评价**

绿色工厂基础设施评价主要包括建筑、照明及设备设施。

1）对建筑进行评价，主要考察工厂建筑设施是否满足国家相关法律法规的要求、建筑建材的使用方面是否达到低碳环保的效果、建筑结构是否合理、厂区绿化效果是否达标、厂区有毒有害物质存放间设置是否合理、可再生能源和节水器具在建筑中的使用情况等。

2）对照明进行评价，主要考察工厂在使用节能照明产品方面的工作情况以及工厂是否合理地利用自然光照明，是否对工作区照明实行分区管控，是否采用高效节能型荧光灯照明系统和智能型照明控制系统，以及照明设计是否符合照明功率密度相关要求。

3）对设备设施进行评价，主要考察工厂在计量方面的工作情况。针对工厂使用的能源、水以及其他资源，在计量器具配备上做了相关要求和规定。

▶▶ **3. 绿色工厂管理体系评价**

绿色工厂管理体系评价包括考察工厂是否满足建有质量管理体系和职业健康安全管理体系的基本要求以及是否建有环境管理体系和能源管理体系。

1）质量管理体系是指工厂为实现质量目标所建立的管理体系，涵盖用户需求确定、设计研制、生产、检验、销售、交付的全过程策划、实施、监控、纠正与改进活动的要求。质量管理体系的建立可帮助工厂规范质量管理工作，及时发现质量管理漏洞并加以改正，从而实现质量的稳步提升。

2）职业健康安全管理体系建设是绿色工厂建设的必要条件，绿色工厂不单指产品设计、生产过程、回收处理等方面的绿色化，还包括关注劳动者身心健康等以人为本的内涵。通过职业健康安全管理体系的有效运行，提高工厂健康安全管理水平和管理效益，改善健康安全条件，提高劳动效率，把管理重点放在事故预防的整体效应上，实行全员、全过程、全方位的健康安全管理。

3）环境管理体系建设是绿色工厂建设的核心要求。通过对工厂的环境影响状况、资源能源利用状况等方面环境因素的全面、系统调查和分析，找出重要的环境因素加以控制和管理，实现在产品设计、生产工艺、材料选用、设备运行、废弃物处置等阶段的污染控制，实现减少污染，节约能源资源。

4）能源管理体系建设是指从系统管理的角度出发，通过制定一套完整翔实的标准和规范，以文件形式形成一套完整有效的能源管理体系。通过实施节能监测、能源审计、能效对标、节能技改、节能考核等节能措施，不断提高工厂的能源效率，实现工厂能源绩效目标。

▶▶ 4. 绿色工厂能源与资源投入评价

绿色工厂的创建要求工厂的能源与资源投入应尽可能少，且尽可能增加清洁能源的使用、限制或减少有毒有害物质的使用等。因此，应从能源投入、资源投入和采购方面提出相应的绿色环保要求。

1）在能源投入方面，工厂应在满足法规、标准的前提下，优化能源结构，做好设备节能、系统节能等工作。首先，工厂在建设时应做好能源选取的规划，优先采用天然气等清洁能源和光伏、风能等可再生能源，提高清洁能源与可再生能源的比例，并且充分利用功能系统余热不断提高能源利用率；其次，优先采用国家推荐的节能生产工艺、设备等，并积极淘汰高耗能、落后的生产工艺及用能设备，减少能源消耗；最后，采用物联网、云计算等信息技术提高生产率，降低生产设备空载时间，降低单位产品的能源资源消耗。

2）在资源投入方面，工厂应减少材料的使用，尤其是限制或减少有毒有害物质的使用，并且应优先选用回收料、可回收材料替代新材料、不可回收材料，提高回收料和可回收材料的利用率。同时，应优先对生产过程中或产品报废后产生的废弃物进行再资源化利用，提高资源重用率。

3）在采购方面，工厂应制定供应商的选择原则、评审程序和控制程序，确保供应商持续、稳定地提供符合绿色制造要求的物料。工厂应根据法律法规和实际需求，建立包括但不限于原材料、外协件、外购件进厂验收、供货协议等管理制度，综合考虑经济效益与资源节约、环境保护、人体健康安全要求的协调统一，确保采购的产品满足规定的采购要求，确保未经检验或未经验证合格的产品不投入使用和支付。

5. 绿色工厂产品评价

绿色工厂产品评价包括一般要求、生态设计、有害物质使用、节能、减碳和可回收利用率六部分。产品作为工厂日常产生的产物，对产品的设计、性能和材料使用等方面进行综合评价，进一步优化产品，是绿色工厂创建的一个重要步骤。

1）工厂适宜生产符合绿色产品一般要求的产品。

2）绿色工厂生产的产品应是生态设计产品，要求产品在设计阶段选用绿色环保材料、减少所使用材料的种类以便于废弃回收；开展轻量化设计减少材料的使用，开展节能设计减少产品使用过程的能源消耗，开展可回收/可拆卸设计以便于材料的回收再利用。

3）对产品有害物质使用的评价，主要是为了减少产品生产过程中有害物质的使用量，推广使用低碳、环保、安全的原材料。若存在有害物质，则应采取有效措施实现有害物质替代。在有害物质使用的评价过程中，应重点查阅工厂有害物质限定使用或替换的通知、方案、报告等资料。

4）产品节能的评价主要针对用能产品，将工厂生产的用能产品与国家产品能效标准或行业数据进行对比，满足相关产品的国家、行业或地方发布的产品能效标准中的限定值要求。如果是没有相关能效标准的用能产品，应通过行业相关协会统计的数据进行对比，确定产品在行业中的能效水平。

5）在产品的减碳评价过程中，应重点查阅工厂产品的碳足迹报告或核查报告，核实工厂是否按照相关标准进行了产品的碳足迹核算或核查。对产品的碳足迹提出评价要求，主要是为了了解产品在全生命周期的碳排放情况，并利用核算或核查结果，对产品进行改善。

6）对可回收利用率的评价，工厂应提高可再生材料的使用率及在不影响产品性能、安全的前提下，提高其生产产品的可回收利用率。

6. 绿色工厂环境排放评价

绿色工厂环境排放评价包括大气污染物、水体污染物、固体废弃物、噪声和温室气体五部分，主要评价工厂环境排放达标情况。工厂应确保污染物排放达到相关法律法规及标准要求，并从源头采取有效措施进行控制，持续改善工厂污染物排放情况。

1）大气污染物排放应符合《大气污染物排放标准》等相关标准要求。评价过程中应重点查阅工厂的环境排放监测报告，适时地查阅工厂所在省、市的环保监测部门公布的环境排放数据，核实工厂的大气污染物排放是否符合相关国家标准及地方标准要求。

2）水体污染物排放应符合《污水综合排放标准》等相关标准要求。评价过程中应重点查阅工厂的环境排放监测报告，适时地查阅工厂所在省、市的环保监测部门公布的环境排放数据，核实工厂的水体污染物排放是否符合相关国家标准及地方标准要求。

3）应按照相关标准的要求来鉴别固体废弃物并依据相关标准实施管理和处置。评价过程中应重点查阅工厂固体废弃物管理制度，核实工厂固体废弃物处置是否符合相关标准要求。

4）工厂厂界环境噪声排放应符合《工业企业厂界环境噪声排放标准》等相关标准要求。评价过程中应重点查阅工厂厂界环境噪声监测报告，核实工厂厂界环境噪声排放是否符合相关国家标准及地方标准要求。

5）应按照相关标准对工厂厂界范围内的温室气体排放进行核查，加强对工厂温室气体排放状况的了解与管理，发现工厂减少温室气体排放的关键环节，设定工厂未来的温室气体排放目标，工厂宜向工厂产业链上的其他企业提供本工厂温室气体排放情况，参与温室气体排放相关的认证、标识等自愿性行动，参与自愿性碳排放交易等。

▶▶ 7. 绿色工厂绩效评价

绿色工厂绩效评价包括一般要求、用地集约化、原料无害化、生产洁净化、废物资源化和能源低碳化六个部分。一般要求各指标应满足行业准入要求，综合绩效指标需达到行业先进水平。

1）在用地集约化评价过程中，应重点查阅工厂的土地证、建筑面积统计、厂房平面设计图等相关材料，核实工厂容积率是否满足《工业项目建设用地控制指标》的要求。

2）原料无害化主要体现在减少建筑、场地、污水处理设施、产品等有毒有害物质的使用量，推广使用低碳、环保、安全的原材料，评价过程中应重点查阅工厂有毒有害物质限制使用的管理制度等相关资料。

3）生产洁净化要求单位产品主要污染物产生量（包括化学需氧量、氨氮、二氧化硫、氮氧化物等）不高于行业平均水平，力争单位产品废气产生量、单位产品废水产生量均处于行业领先水平。通过树立先进典型，引导行业工厂奋起追赶，实现行业生产洁净化水平的整体提升。

4）废物资源化具有两方面含义：一方面是从源头减少废物的产生，另一方面是对产生的废物资源化利用。废物资源化要求单位产品主要原材料消耗量不应高于行业平均水平。评价过程中应重点查阅工厂的原辅材料消耗表、购销存记录表、产品产量统计表、生产月报表等相关材料。

5）能源低碳化具有两方面含义：一方面可通过节能改造、设备效能提升、加强组织管理等措施，减少能源消耗量；另一方面可发展对环境、气候影响较小的低碳能源，提高风电、太阳能等清洁能源的使用比例，优化能源消费结构，降低碳排放量。评价过程中应重点查阅工厂的产品产量统计表、生产月报表、购销存记录表、能源消耗汇总表、清洁生产审核报告、能源审计报告、节能自查报告等相关材料，将工厂的产品综合能耗与行业平均水平进行比较。

6.3.2 绿色工厂评价

1. 绿色工厂评价要求

开展绿色工厂评价，宜根据各行业或地方的不同特点制定评价导则，并制定相应的评价方案。其中，评价导则应围绕基本要求、基础设施、管理体系、能源与资源投入、产品、环境排放、绩效等方面明确行业或地方的特性要求；评价方案应该至少包括基本要求、基础设施、管理体系、能源与资源投入、产品、环境排放、绩效七个维度，并根据不同维度要求给出相应的指标计算方法、评分标准及权重，按照行业或地方能够达到的先进水平确定综合评价标准和要求。

绿色工厂评价可由第一方、第二方或第三方组织实施，当评价结果用于对外公开时，评价方至少应包括独立于工厂、具备相应能力的第三方组织。实施评价的组织应查看报告文件、统计报表、原始记录，并根据实际情况，开展对相关人员的座谈；采用实地调查、抽样调查等方式收集评价证据，并确保证据的完整性和准确性。同时实施评价的组织应对评价证据进行分析，当工厂满足评价方案给出的综合评价标准和要求时即可判定为绿色工厂。

2. 绿色工厂指标核算方法

为了对绿色工厂进行评价，绿色工厂的评价指标体系中二级指标的各项评价要求被进一步细分为必选和可选要求，并且针对每个二级指标规定了相应的权重，也分别确定了各二级指标中各项评价要求的分值，见表 6-2。

绿色工厂评价要求中的必选要求是创建绿色工厂必须要满足的要求，工厂必须全部符合；可选要求是对企业创建绿色工厂提出的更高要求，也是提升工厂绿色化的目标性要求，企业应尽可能满足可选要求。根据企业符合各项评价要求的情况，第三方评审机构对其进行评判打分，最终以总得分表征企业绿色工厂的创建水平。

表 6-2　绿色工厂评价指标权重及评分

序号	一级指标	二级指标	要求类型	分值标准	权重	总分值
1	基础设施	建筑	必选	20	20%	4
			可选	20		4
		照明	必选	10		2
			可选	12		2.4
		设备设施	必选	30		6
			可选	8		1.6
2	管理体系	一般要求	必选	20	15%	3
			可选	20		3
		环境管理体系	必选	20		3
			可选	10		1.5
		能源管理体系	必选	20		3
			可选	10		1.5
3	能源与资源投入	能源投入	必选	10	15%	1.5
			可选	22		3.3
		资源投入	必选	30		4.5
			可选	9		1.35
		采购	必选	20		3
			可选	9		1.35
4	产品	生态设计	必选	30	10%	3
			可选	10		1
		有害物质使用	必选	15		1.5
			可选	4		0.4
		节能	必选	15		1.5
			可选	6		0.6
		减碳	可选	12		1.2
		可回收利用率	可选	8		0.8

序号	一级指标	二级指标	要求类型	分值标准	权重	总分值
5	环境排放	大气污染物	必选	15	10%	1.5
			可选	10		1
		水体污染物	必选	15		1.5
			可选	10		1
		固体废弃物	可选	10		1
		噪声	可选	10		1
		温室气体	必选	10		1
			可选	20		2
6	绩效	用地集约化	必选	9	30%	2.7
			可选	6		1.8
		原料无害化	必选	6		1.8
			可选	4		1.2
		生产洁净化	必选	18		5.4
			可选	12		3.6
		废物资源化	必选	18		5.4
			可选	12		3.6
		能源低碳化	必选	9		2.7
			可选	6		1.8

根据表6-2中的绿色工厂评价指标权重及评分可以看出，由于绩效指标是绿色工厂创建效果的最终体现，因此绩效部分的权重最高，达到30%。该部分评价指标是可以量化的指标，《绿色工厂评价通则》中详细列举了绿色工厂各绩效指标的计算方法，因此更具客观性。在剩余的评价指标中，工厂基础设施的权重较高，其次是管理体系和能源与资源投入，最后是产品和环境排放指标。因此，企业在创建绿色工厂时，应加大力度提升并符合权重较大指标对应的要求。

6.3.3 绿色工厂评价系统的基本构成

绿色工厂评价系统主要由基础评价框架、数据处理分析和评价反馈指导三个子系统构成。

1. 基础评价框架子系统

基础评价框架子系统是绿色工厂评价系统的基石，以 GB/T 36132—2018

《绿色工厂评价通则》为指导依据，根据《绿色工厂自评价报告及第三方评价报告》和工厂的实际情况制定。基础评价框架包括绿色工厂的评价指标体系的七个一级指标，即基本要求、基础设施、管理体系、能源与资源投入、产品、环境排放和绩效，综合评价以上一级指标下的各个条款是否符合绿色工厂评价要求。

1）基本要求指标主要考证企业的合法合规性以及最高管理者是否对绿色工厂的构建重视并支持。在评价过程中，首先需逐项核实在建设和生产过程中工厂是否遵守有关法律、法规、政策和标准，近三年是否有重大安全、环保、质量等事故等；其次企业是否设有绿色工厂管理机构，是否制定绿色工厂建设中长期规划及量化的年度目标和实施方案等。

2）基础设施指标主要包括建筑、照明和设备设施三部分内容。建筑方面，工厂需落实企业新、改、扩展过程中的规划、土地、节能、EHS、消防等审批的"三同时手续"以及厂房内部装饰修饰材料的无害性，还需对"工业项目建设用地控制指标"等情况进行评估。照明方面，工厂主要考证在设计过程中，是否引入了分级设计的理念，人工照度是否满足 GB 50034—2013 中的规定。设备设施方面，能源计量系统评价的所有贸易结算的计量仪表、专用设备、通用设备及污染物处理设备设施均需满足国家、地区或地方质监局的相关检定。

3）管理体系指标主要考核工厂是否通过质量管理体系、职业健康安全管理体系、环境管理体系、能源管理体系等第三方认证。

4）能源与资源投入指标主要包括能源投入、资源投入与采购三部分。能源投入是生产过程中的主要资金投入点，企业需根据实际情况积极采用清洁能源代替传统能源，使用可再生能源代替不可再生能源，积极推广新能源的使用，通过建设能源管理中心，实现能源的监测、分析与控制，达到提高清洁生产水平、降低能耗的目标。资源投入需明确回收料、可回收材料的使用情况等。采购考证的是企业对上下游所施加的绿色影响，考证供应方是否符合绿色要求。

5）产品指标主要考证企业的产品从设计、生产、报废及回收整个过程中是否满足产品的绿色要求，包括一般要求、生态设计、有害物质使用、节能、减碳和可回收利用率六部分。生态设计的必选要求考证的是企业按照 GB/T 32161—2015 对产品进行生态设计，其可选要求考证的是企业所生产的产品是否属于绿色设计产品。有害物质使用的必选要求考证的是有害物质的减量使用，可选要求考证的是有害物质的代替。节能考证的是工厂生产的产品应满足相关产品的国家、行业或地方发布的产品能效标准中的限定值要求。减碳中的碳足迹表示产品在整个生命周期过程中，所产生的二氧化碳排放当量。可回收利用率即计算产品的回收率，并提出改善方案或项目说明。

6）环境排放指标要求企业应委托具有资质的检查单位，每年至少对污染物排放情况进行一次检测，留存检测报告。工厂应设有污染物处理设备，可实时在线监测检测数据。评价方抽查大气、水体、固体、噪声污染物检测报告，确定其是否符合相关国家标准及地方标准要求。

7）绩效指标在计算时应注意以下几点：容积率计算中，若建筑物层高超过8m，则在计算容积率时该层建筑面积应加倍计算；绿色物料使用率中绿色物料应符合省级以上政府相关部门发布的资源综合利用产品目录、有毒有害原料（产品）替代目录，或属于利用再生资源及产业废弃物等作为原料；单位产品主要污染物计算中，分子均为产生量而不是排放量；单位产品碳排放量分子是工厂厂界内排放的二氧化碳当量，即温室气体核查的二氧化碳排放当量，而不是碳足迹的二氧化碳排放当量。

▶▶ 2. 数据处理分析子系统

数据处理分析子系统是评价系统的核心技术环节。采集到的海量多样化数据中，存在不完整、不一致的脏数据，无法直接对数据进行分析，或数据分析效率与结果不理想，因此，需要对采集到的数据进行预处理。数据预处理的方法有很多种，如数据清理、数据集成、数据变换、数据规约等。在数据预处理之后，数据的处理分析应在经典测量、相关分析、因素分析、方差分析、多水平线性分析等一系列统计测量的理论模型基础上，采用国际通用的软件包来完成。

▶▶ 3. 评价反馈指导子系统

评价反馈指导子系统是对评价结果的说明、解释，特别体现了评价系统的指导与绿色工厂改进的效果。对绿色工厂评价的第三方机构应与受评价企业提前建立联系并编制评价计划。评价活动采用《自评价报告》及证明材料收集、文件评审、现场评估、定量指标分析计算等方式进行。评价方收到受评价方提供的《自评价报告》，并对该报告及相关证明材料进行文件评审。评价方按照计划围绕一级指标的要素进行现场评估，收集证明材料，复核受评价方的材料证据，最后撰写评价报告。现场评估后，评价方根据《绿色工厂评价要求》条款进行评价和打分，编制《第三方评价报告》。

6.4 绿色工厂规划及其关键技术应用——以压铸车间为例

美国、德国、日本、法国等传统制造强国的制造企业普遍已构建相对健全的员工职业健康和安全防护体系。与之相比，我国制造企业在车间环境排放预测与控制、员工职业健康主动防护等方面仍有很大差距，污染严重性和排放多样性是基本特征，环境排放处理设施不完备和布局不合理是普遍问题，员工职业健康主动防护不到位是广泛现象，导致车间环境污染严重，员工的职业健康面临极大威胁。以压铸车间为例，构建其环境排放预测模型，实现基于工艺参数的环境排放预测，有利于对车间环境排放进行整体把控，对压铸车间的生产管理和职业健康防护有重要的指导意义。此外，以污染物对人体的综合危害最小为目标，建立压铸车间工人作业路径规划模型，有利于对工人作业进行指导，将车间污染物的危害降至最小，降低职业病的发生概率。

6.4.1 压铸车间环境排放指标选取与监测

开展压铸车间环境排放预测及工人作业路径规划的最终目的是控制压铸车间的环境质量，降低作业环境对工人健康的伤害和提高工人的作业舒适度。因此，必须先明确压铸车间环境排放指标，并搭建相应的压铸车间环境监测平台，实现车间环境排放数据的实时采集和监测，为后续车间环境排放预测及工人作业路径规划奠定基础。

1. 压铸车间环境排放指标选取

（1）压铸车间环境排放指标选取原则　压铸车间环境排放指标的选取旨在将抽象的环境排放转化为明确的、量化的、可操作的内容，便于实时监测、预测和控制车间的环境质量，通过环境排放指标的实现来促进环境管理措施的落实和达成。因此，压铸车间环境排放指标的选取应该遵循以下原则。

1）科学性原则。选取压铸车间环境排放指标时，既要以环境科学、生命科学等科学理论为基础，又要实地调研以客观地反映压铸车间环境排放的现实特点，做到理论和实践相结合。因此，所选取的环境排放指标要在基本概念上严谨、明确，同时要因地制宜、因时制宜，抓住压铸车间环境最具代表性的方面，实现对压铸车间环境清晰、全面且符合实际的反映。

2）实用性原则。选取压铸车间环境排放指标时，其实用性原则主要是指可行性和可操作性，具体而言，所选取的环境排放指标实践意义要明确，尽可能量化且易于测量、定量计算、比较和分析，数据质量易于保证；指标也要繁简适中，计算方法简便易行，在保证结果准确性、客观性和全面性的基础上，尽可能地减少一些不具代表性的指标。

3）系统性原则。压铸车间环境排放指标应切合压铸工艺的特性和企业环境管理的实际，从实际情况出发，使其具有较强的针对性。此外，所选取的环境排放指标应尽量保证互不重叠和相互独立，不存在包含和被包含关系、交叉关系，以免造成工作量的增加以及预测结果准确性的降低。

（2）压铸车间环境排放指标体系　相比于其他制造工艺，压铸工艺有其独特的工艺过程，涉及原材料、压铸设备、模具、工艺技术、辅助设备和辅料等多个方面的因素。相应地，压铸车间在车间布局和生产组织方式等方面也有其独特性。因此，深入了解压铸工艺和压铸车间是开展其环境排放监测、预测和控制的基本前提。压铸工艺的工艺过程及其与环境排放的耦合关系如图 6-8 所示。

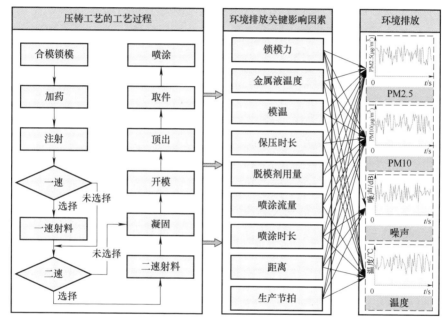

图 6-8　压铸工艺的工艺过程及其与环境排放的耦合关系

传统压铸车间主要包括原料供应、熔炼、压铸成形、压铸件处理等主要生产环节以及围绕主要生产环节的能源供应、介质供应、物流运输和设备维保等生产辅助环节。其中，压铸过程是压铸工艺的核心过程之一，可分为多个子过程，即合模锁模、加药、注射、凝固、开模、顶出、取件、喷涂，各子过程均有不同的工艺参数取值范围。整个压铸过程由核心设备和其他周边设备配合完成，包括压铸机、取料机、切边机、模温机、真空机、配料机、保温定量炉、喷涂机、产品输送机、冷却机。压铸过程中的环境排放受设备、模具和工艺方案的直接影响。因此，多样性、动态性和复杂性是压铸过程中环境排放的主要特征。

在压铸车间内，粉尘是影响其空气环境质量最主要的污染物，主要是指可长时间飘浮在空气中的粒径小于 $75\mu m$ 的固体微粒。它的主要形成机理包括注射等过程中铝合金或镁合金等熔融液温度过高产生的蒸气在空气中凝固或氧化时产生的粉尘、喷涂或脱模时模具振动或气流运动产生的脱模剂颗粒等。据此可知，压铸过程中的模具大小及几何形状、金属熔融液材料、注射速度、保温时长等压铸工艺参数均会对粉尘量和粉尘粒径分布产生直接影响。粉尘严重影响着人体健康和大气环境质量，是诱发尘肺、支气管炎、鼻黏膜损伤等多种疾病的主要原因。压铸车间的粉尘以无机粉尘为主，常见的有铝、镁等金属及其化合物粉尘，其形成之后往往可成为其他气态或液态有毒有害物质的载体，摄入人体后引发血液中毒等病状。除此之外，粉尘可使精密仪器、仪表和高精度加工设备的检测和加工精度下降；使一般性生产或辅助设备的运动部位磨损加剧，缩短设备使用寿命；甚至影响加工半成品或成品的产品质量。粒径大小决定粉尘的危害程度，一般而言，粒径越小其危害也会更严重。目前关于生产性粉尘方面的研究主要集中在 PM10（粒径 $\leqslant 10\mu m$ 的粉尘）和 PM2.5（粒径 $\leqslant 2.5\mu m$ 的粉尘）上，因此在压铸车间可选取 PM10 和 PM2.5 作为代表性空气环境指标。

压铸车间同样是噪声较高的工作场所，压铸工艺的每一道工序及其相应的生产或辅助设备几乎都是噪声源。生产或辅助设备运转产生的噪声按照噪声源的特性可分为以下三类：第一类为空气动力性噪声，本质是气体涡流或压力突变引起的扰动，如真空机、通风机等；第二类为机械性噪声，本质上源于设备的连接点和运转区单个的或周期性的机械摩擦、撞击及转动，如机械的轴承、齿轮、工件的摩擦等；第三类是电磁噪声，本质是磁场或电源频率脉动产生的电器部件振动，如电动机等。高强度的噪声对人的听觉系统有重大影响。噪声使人在心理上激动、易怒和易疲劳，往往会影响精力集中和工作效率，加之噪声的掩蔽效应，故高噪声生产车间发生工伤事故的概率会明显变高。总之，噪声会造成生理和心理的双重危害。因此选取噪声作为压铸车间声环境质量的代表性指标。

此外，车间微气候泛指车间内部的温湿度、气流速度、热辐射等一系列气候条件，通过新陈代谢使人体一直与微气候环境保持物质交换，微气候环境发生变化时，人体的生理机能会相应地受到不同程度的影响，引发一些生理或心理上的变化、障碍甚至病变。在众多微气候条件中，气温是维持人体热平衡、保证热舒适环境的主要因素之一，直接影响员工的个体情绪、生理健康和工作效率。作为一种热加工工艺，压铸车间内熔炼炉和压铸机等生产设备、铝合金和镁合金等金属熔融液向环境中逸散了大量的热量，使员工通常在强热辐射和低湿度的高温作业环境下作业，持续的高温作业环境会造成人体产热量大于散热量，形成热应激反应，更严重的会造成急性中暑或热衰竭，极大地危害员工职业健康和工作舒适度。为此，选取温度作为压铸车间微气候环境的代表性指标。

综上所述，在符合科学性、实用性和系统性等原则的条件下，选取 PM10、PM2.5、噪声和温度作为代表压铸车间环境排放的四大指标，如图 6-9 所示。

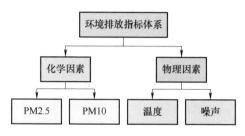

图 6-9　压铸车间环境排放指标体系

≫ 2. 压铸车间环境排放指标影响因素

压铸工艺的环境排放主要集中在 PM2.5、PM10、噪声、温度等方面，受喷涂时间、喷涂量、模具释放量、凝固时间、模具温度、金属熔融液温度、生产周期、平均注射力、测量点与压铸岛的距离（简称为距离）和测量点与压铸岛的方位（简称为方位）等因素的影响。下面详细讨论压铸过程中的影响因素对环境排放的影响。

（1）影响因素对粉尘的影响　压铸过程中粉尘排放最重要的来源是脱模剂颗粒，其次是金属材料杂质和添加剂以及熔融金属氧化物。几乎所有的工艺参数都直接或间接影响脱模剂量的大小，进而影响粉尘排放。例如，金属熔融液的温度越高，模具温度就会越高，就会导致喷涂时间越长，脱模剂量就相应地越大。此外，模具的几何形状越复杂或生产周期越长，脱模剂量也会越大，从而增加粉尘排放。另外，平均注射力等因素会影响金属熔融液在空气中的停留时长，从而影响其蒸气凝结及氧化物粉尘的排放。

（2）影响因素对噪声的影响　压铸工艺的噪声是由压铸机的电动机及周边设备、运动部件的间隙、旋转运动的动不平衡、部件的松动等引起的。各设备的起动和停止也会产生噪声脉冲。此外，压缩空气等介质的供应同样会产生严重的噪声，即喷涂时间是影响噪声水平的一个重要因素。总的来说，在压铸过程中，随着平均注射力、生产周期和压铸行程的增加，噪声问题会变得尖锐。

（3）影响因素对温度的影响　热排放也是压铸过程中主要的环境排放之一。

压铸过程的热辐射是主要的热辐射源，包括保温定量炉、模温机、压铸件等。保温定量炉的作用是将熔化的金属保持在规定的温度范围内，并根据产品要求提供定量的金属熔融液。压铸材料主要为铝合金和镁合金，熔融金属温度可达600~800℃。模温机可以使模具温度控制在160~200℃，不均匀或不适当的模具温度会导致压铸件产品质量不稳定和缩短模具的使用寿命，同时也会影响填充时间、冷却时间和注射时间，进而影响生产周期。压铸件也有严重的热排放。此外，喷涂时间和喷涂量不仅影响压铸件质量，而且影响辐射到空气中的热量。因此，在压铸生产过程中，受多种工艺参数影响的温度是一个重要的环境排放因子。

▶ 3. 压铸车间环境排放指标监测平台

上述的压铸车间环境排放指标具有动态变化、数据量大、实时性强等特点，传统的车间环境监测平台在数据实时采集、数据处理和应用等方面均难以满足要求。物联网作为互联网之后的又一次信息技术革命，实现了人、物和环境之间的无时不在、无处不在的连接，已在环境监测领域成功实现了应用。因此，构建了基于物联网的压铸车间环境排放指标监测平台，可有效实现压铸车间环境排放的远程监测与优化控制。平台体系架构根据其功能可划分为数据采集层、数据传输层、数据存储与处理层三个层次，如图6-10所示。

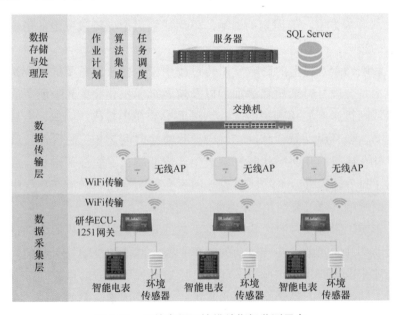

图6-10　压铸车间环境排放指标监测平台

（1）数据采集层　数据采集层为平台获取压铸车间环境排放指标提供基本数据支撑，是平台实现对基本环境监测和后续环境排放预测及工人作业路径规划的前提。运用物联感知技术可构建压铸车间环境信息的感知环境，对环境数据进行结构化处理并按设定的方式进行数据上传，实现对压铸车间环境数据主动、动态、全方位采集。

此处采用的是自动化采集方式，数据 1min 采样一次。在采集时，传感器将采集到的数据输送到采集层，再利用网关和无线 AP（Access Point）将数据传送到网络层，最后存储到数据库，从而实现环境排放指标数据的无线监测。所使用的环境传感器为 485 型气象百叶箱传感器，其实物图如图 6-11 所示，具体性能参数见表 6-3。

图 6-11　485 型气象百叶箱传感器实物图

表 6-3　485 型气象百叶箱传感器具体性能参数

参数	PM10	PM2.5	噪　声	温　度	湿　度
单位	$\mu g/m^3$	$\mu g/m^3$	dB	℃	% RH
测量范围	0~999	0~999	30~130	−40~80	0~100
精度	±10% F.S	±10% F.S	±1.5	±0.2	±3
分辨率	1	1	0.1	0.1	0.1
覆盖范围	0~5m		0~3m	—	—

（2）数据传输层　数据传输层为数据的上传下达及查询提供网络环境和信息通道，借助数据传输层，采集的数据被存储至服务器中，用于后续的使用和处理。同时，构建的数据传输网络也为数据采集端的管理提供网络通道。根据压铸车间内的实际情况，考虑施工便利性和成本因素，车间内全部部署为定制版的无线网络，以保证数据传输稳定可靠。本平台主要采用车间内的无线 AP 实现数据采集层到数据存储与处理层的连接。

（3）数据存储与处理层　数据存储与处理层负责数据存储、复杂运算处理及系统业务逻辑的执行，是平台的核心层和平台功能的直接体现。它负责将数据采集层中传输上来的多源异构数据，按照一定的算法、规则和业务逻辑进行分析、处理、整合和存储，以支撑压铸车间环境排放指标预测和工人作业路径规划等的进一步应用。同时，该层也提供多用户多视角的人机交互窗口以响应用户的任务请求。本平台数据存储与处理层采用的是 SQL Server 数据库，可对环境排放指标监测数据进行管理。

▶ 4. 压铸车间环境排放指标监测原则

在压铸车间环境排放指标监测中，为给压铸车间环境排放指标监测与管理提供良好保障，要综合考虑监测标准、布点方法和监测时段与频率对采集数据误差的影响。

（1）监测标准　化学有害因素的职业接触限值主要分为时间加权平均容许浓度（PC-TWA）、短时间接触容许浓度（PC-STEL）、最高容许浓度（MAC）三种评价标准。由于此处为反映压铸车间整体环境水平以及人体长期接触程度，选取时间加权平均容许浓度（PC-TWA）作为此处采集环境数据的标准，适用于工人在工作期间流动性较大的作业，且有害物浓度（强度）较为均衡、变化不大的情况。

（2）布点方法　在设备满负荷正常运行的情况下进行监测布点。在不影响工人正常作业的前提下，传感器尽可能放置在靠近作业工人的位置或常规作业路径，高度应根据工人身高，放置于与其呼吸带相接近的位置。在对车间环境数据进行采集时，应综合考虑车间的整体布局和不同设备特点设置监测点。选择空气中有害物质浓度（强度）最高、工人接触时间最长、接触频率最高的工作地点。当工人在多个地点流动作业时，应在每个工作地点设置环境污染监测点。

目前环境污染监测布点方法主要有四种，即功能区布点法、网格布点法、扇形布点法和同心圆布点法。在压铸车间中，多个污染源构成污染群，污染严重且分布集中，故采用同心圆布点法。此方法以点污染源为中心，取其同心圆与射线相交的点为监测点，在不同圆周上的监测点数目可设置为均匀分布。

（3）监测时段与频率　针对压铸岛可能有多种工作状态的情况，应选取在设备状态稳定时，每隔 1min 进行一次数据采集，对每个区域的数据采集应在 1~2h 内完成，以保证在相同设备相同状态下的数据采集误差尽量小。

▶▶ 6.4.2 　基于 GA-BP 法的压铸车间设备环境预测模型

▶ 1. 模型构建

遗传算法优化 BP 神经网络算法，即 GA-BP 法的算法流程如图 6-12 所示。GA-BP 模型总体上可分为三部分，分别是确定神经网络的结构、GA 寻找最优值和 BP 神经网络预测。神经网络的结构取决于输入数据和输出数据的特征，同时 GA 算法中个体的长度也将因此确定。确定了神经网络的结构后，网络的节点数也就是需要优化的权值和阈值可以计算得到，这些数将反映在 GA 的个体中。随后，通过选择、交叉和变异操作，所有个体接受筛选，直至拥有最佳适应度值的个体被找到，并且将其包含的权值和阈值的信息赋予神经网络，由此得到一个拥有最佳网络结构的模型。接着对神经网络进行训练，最后通过训练好的神经网络进行预测，得到最终的预测结果。

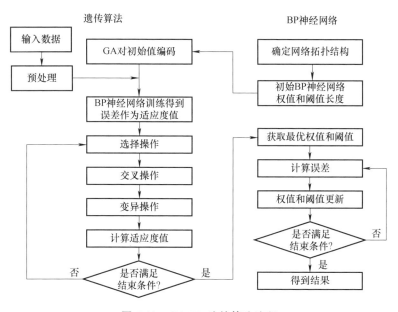

图 6-12　GA-BP 法的算法流程

下面对图 6-12 进行具体介绍。

第一步，输入数据。在此处中将压铸机吨位、喷涂时长、喷涂流量、脱模剂用量、保压时长、模温、铝液温度、生产周期、距离和方位这 10 个显著影响环境排放指标的影响因素作为输入。

第二步，构建 BP 网络。此处网络输入值为 10 个，网络输出值为 PM2.5、PM10、噪声和温度中的 1 个。隐含层节点数被确定为 5 个，由此构建了一个结构为 10-5-1 的 BP 神经网络。训练函数选择 Levenberg-Marquardt 的 BP 算法训练函数 trainlm，性能分析函数选择 Mean Squared Error 函数，迭代次数设置为 100，学习率设置为 0.1，目标设置为 0.00004。在预测前需要对神经网络进行训练，此处将数据集划分为训练集和测试集，比例分别为 80% 和 20%。对收集到的数据进行随机划分，80% 的数据用于对神经网络进行训练，剩余 20% 的数据用于测试神经网络的预测性能。

第三步，应用 GA 优化 BP 模型。GA 算法参考生物进化原理通过选择、交叉和变异操作对 BP 神经网络的权值和阈值进行优化，寻找出最优的权值和阈值并对神经网络的初始权值和阈值进行赋值，从而提升 BP 神经网络的预测精度。在上一步中，BP 神经网络结构根据输入和输出参数确定为 10-5-1，因此共有 55个权值和 6 个阈值，将遗传算法个体编码长度设置为 61。个体适应度为训练数据的预测误差绝对值。在本模型中，迭代次数设为 10，种群规模设为 10，交叉概率设为 0.3，变异概率设为 0.1。

第四步，预测。应用 GA 优化后的 BP 模型分别对 PM2.5、PM10、噪声和温度的其中一个进行预测，获得预测结果后统计预测误差。

通过常见的三个误差评价指标对模型的预测性能进行评价，这三个指标是平均绝对百分误差（Mean Absolute Percentage Error，MAPE）、均方根误差（Root Mean Square Error，RMSE）和拟合优度（R²）。其中，MAPE 和 RMSE 为逆指标，它们的值越小代表模型的预测性能越好；R² 为正指标，它的值越接近于 1代表模型的预测性能越好。三个指标的公式如下。

$$\text{MAPE} = \frac{1}{n} \sum_{i=1}^{n} \left| \frac{y_i - \hat{y}_i}{y_i} \right| \times 100\% \tag{6-1}$$

$$\text{RMSE} = \sqrt{\frac{1}{n} \sum_{i=1}^{n} (y_i - \hat{y}_i)^2} \tag{6-2}$$

$$R^2 = 1 - \frac{\sum_{i=1}^{n} (y_i - \hat{y}_i)^2}{\sum_{i=1}^{n} (y_i - \bar{y}_i)^2} \tag{6-3}$$

▶▶ 2. 实例分析

在压铸车间设备实际运行中，每个压铸岛的污染排放受诸多因素的影响。设备摆放位置不同会对环境排放指标产生不同的影响，除此以外，当压铸岛处于不同运行状态（开机、关机及待机）时，产生的环境污染物也不尽相同，导致设备周围的粉尘、噪声及温度分布规律发生变化，由此对车间的环境质量产生直接影响。因此，为探究不同设备状态下的压铸岛环境排放指标分布状况，综合考虑压铸岛环境排放指标预测问题，可根据不同设备运行状态建立单台设备环境排放指标预测模型。

（1）压铸岛环境排放预测模型

1）在设备开机状态下，有压铸机吨位、喷涂时长、喷涂流量、脱模剂用量、保压时长、模温、铝液温度、生产周期、距离和方位这 10 个显著影响环境排放指标的影响因素，预测模型步骤同前述。

2）在设备待机状态下，影响因素仅有压铸机吨位、距离和方位，因此，预测流程如下。

第一步，输入数据。将压铸机吨位、距离和方位这 3 个显著影响环境排放指标的影响因素作为输入。

第二步，构建 BP 网络。此处网络输入值为 3 个，网络输出值为 PM2.5、PM10、噪声和温度中的 1 个。隐含层节点数被确定为 3 个。构建结构为 3-3-1 的 BP 神经网络，数据集划分为训练集和测试集，比例分别为 80% 和 20%。

第三步，应用 GA 优化 BP 模型。在待机预测模型中，BP 神经网络结构确定为 3-3-1，根据计算，共有 12 个权值和 4 个阈值，将遗传算法个体编码长度设置为 16。个体适应度为训练数据的预测误差绝对值。

第四步，预测。采用 GA 优化后的 BP 模型分别对设备待机状态下的 PM2.5、PM10、噪声和温度的其中一个进行预测，获得预测结果后统计预测误差。

3）在设备关机状态下，与待机状态相同，影响因素仅有压铸机吨位、距离和方位。故当设备处于关机状态时，可应用待机状态预测模型得到预测结果。

（2）数据来源　以某压铸车间中某压铸区域监测点为例，该区域的压铸机吨位为 340 t。在监测点的选取过程中，以工人的平均身高 1.6 m 作为环境排放监测点的高度。图 6-13 所示为压铸岛设备摆放平面图。在压铸车间中，压铸岛污染严重且分布较为集中，故采用同心圆布点法。以压铸岛为圆心，每隔 45° 设置一个监测位置，在监测圆周上总共设置 8 个方位，以保证在不影响监测误差的情况下，监测效率最大化。此外，压铸岛周围的环境监测距离最大为 3 m，在每个方位上，结合环境传感器的有效覆盖范围，每隔 1 m 设置一个监测位置。因此，共设置 24 个监测位置，监测布点位置及实物图如图 6-14 所示。在每个监测点位，每隔 1min 进行一次数据采集，每个监测位置在 2h 内共采集 120 条环境排放数据，在设备的每种工作状态下，获取 2880 条环境排放数据，共计 8640 条环境排放数据。将设备状态不同时对应的监测数据和影响因素输入到已经训练好的 GA-BP 神经网络，可得到基于设备状态的环境排放指标预测结果。

（3）预测结果分析

1）开机状态下的预测结果。将 2880 条开机状态下的监测数据进行随机划分，将 2304 条数据作为训练集，输入已训练好的模型中；将 576 条数据作为测试集，用于测试训练模型的误差。开机状态下的预测模型性能见表 6-4。

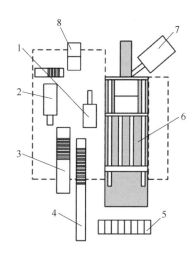

图 6-13　压铸岛设备摆放平面图

1—取件机械手　2—风冷架　3—缸套传送带　4—铸件传送带　5—模温机

6—压铸机　7—保温定量炉　8—切边机

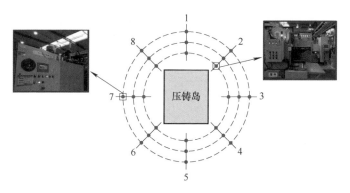

图 6-14　监测布点位置及实物图

表 6-4　开机状态下的预测模型性能

指标	PM2.5	PM10	噪声	温度
MAPE	0.0137	0.0112	0.0115	0.0268
R^2	0.9952	0.9897	0.9820	0.9105
RMSE	3.7375	5.9460	0.9745	0.6878

根据误差评价指标的结果，GA-BP 模型的预测精度较高。在 PM2.5、PM10、噪声和温度四个数据集中，GA-BP 模型的 MAPE 均值为 0.0158，最大值

为 0.0268, 最小值为 0.0112, 均接近于 0; R^2 均值为 0.9694, 最大值为 0.9952, 几乎等于 1, 即使最小值为 0.9105, 也大于 0.9; RMSE 均值为 2.8364, 最大值为 5.9460, 最小值为 0.6878, 结果接近理想值。从数据集看, 在开机状态下, GA-BP 模型对温度数据的拟合效果最好, 对 PM10 数据的拟合效果较差。总体而言, GA-BP 对环境排放数据的预测精度很高。

开机状态下的预测环境排放热力图如图 6-15 所示。

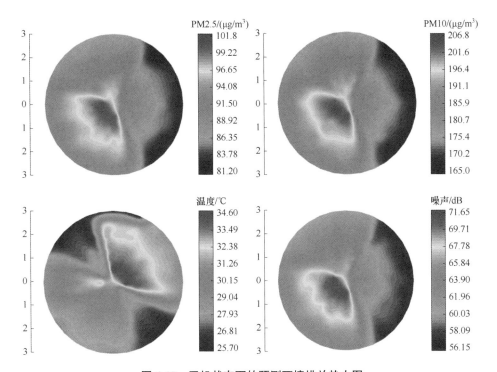

图 6-15　开机状态下的预测环境排放热力图

2) 待机状态下的预测结果。将 2880 条待机状态下的监测数据进行随机划分, 将 2304 条数据作为训练集, 输入已训练好的模型中; 将 576 条数据作为测试集, 用于测试训练模型的误差。待机状态下的预测模型性能见表 6-5。

表 6-5　待机状态下的预测模型性能

指标	PM2.5	PM10	噪声	温度
MAPE	0.0349	0.0292	0.0236	0.0349
R^2	0.8749	0.9424	0.9378	0.8749
RMSE	0.8313	24.2469	2.3921	0.8749

根据误差评价指标的结果，GA-BP 模型的预测精度较高。在 PM2.5、PM10、噪声和温度四个数据集中，GA-BP 模型的 MAPE 均值为 0.0306，最大值为 0.0349，最小值为 0.0236，均接近于 0；R^2 均值为 0.9075，最大值为 0.9424，几乎等于 1；RMSE 均值为 7.0863，最大值为 24.2469，最小值为 0.8313，结果大致接近理想值。从数据集看，在待机状态下，GA-BP 模型对 PM2.5 数据的拟合效果最好，对 PM10 数据的拟合效果较差。总体而言，GA-BP 对环境排放数据的预测精度很高。

待机状态下的预测环境排放热力图如图 6-16 所示。

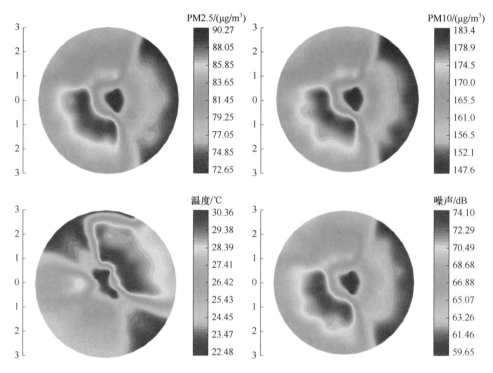

图 6-16　待机状态下的预测环境排放热力图

3）关机状态下的预测结果。将 2880 条关机状态下的监测数据进行随机划分，将 2304 条数据作为训练集，输入已训练好的模型中；将 576 条数据作为测试集，用于测试训练模型的误差。关机状态下的预测模型性能见表 6-6。

表 6-6　关机状态下的预测模型性能

指标	PM2.5	PM10	噪声	温度
MAPE	0.0104	0.0104	0.0274	0.0264
R^2	0.9664	0.9612	0.7115	0.9248
RMSE	0.3759	1.5675	3.2278	0.5333

　　根据误差评价指标的结果，GA-BP 模型的预测精度较高。在 PM2.5、PM10、噪声和温度四个数据集中，GA-BP 模型的 MAPE 均值为 0.0186，最大值为 0.0274，最小值为 0.0104，均接近于 0；R^2 均值为 0.8910，最大值为 0.9664，几乎等于 1；RMSE 均值为 1.4261，最大值为 3.2278，最小值为 0.3759，结果接近理想值。从数据集看，在关机状态下，GA-BP 模型对 PM2.5 数据的拟合效果最好，对噪声数据的拟合效果较差。总体而言，GA-BP 对环境排放数据的预测精度很高。

　　关机状态下的预测环境排放热力图如图 6-17 所示。

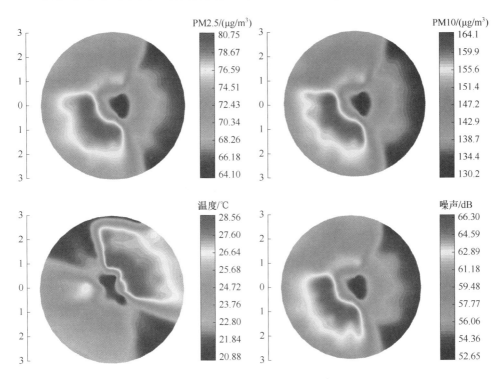

图 6-17　关机状态下的预测环境排放热力图

　　4）综合对比结果。随机抽取 60 条预测值与真实值对比，如图 6-18 所示。

　　由图 6-18 可知，所有预测值和真实值基本接近，变化趋势也大致相似，但存在一定的偏差，这符合模型的误差要求，说明该预测模型有一定的准确性。对比图中存在的预测值与真实值之间的差异，是因为一方面在本模型中，只能确定对指标的主要影响因素，还有一些细微的影响因素无法进行定量分析；另一方面是在实际环境排放的监测中，监测操作或监测仪器也难免存在误差，但两者的差值相对较小，是满足要求的。

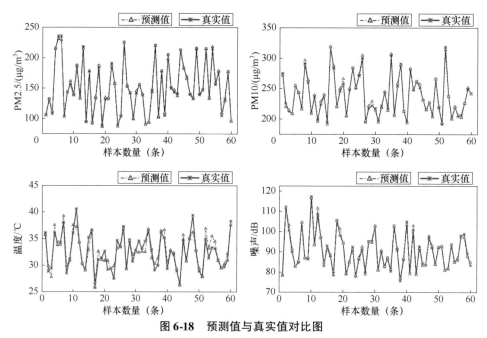

图 6-18　预测值与真实值对比图

注：图中是综合压铸车间不同吨位压铸机的排放数据而进行的预测。

在过去的研究中，许多研究人员使用人工神经网络来解决环境排放预测问题，并发表了大量的论文。例如：Paschalidou 等人构建了 RBF、MLP 和 PCRA 三种人工神经网络预测模型，并对比三种预测模型的误差，选取最优模型来有效预测城市大气中每小时的 PM10 浓度，从而可以为地方政府提供可靠的空气质量预测和预警；祝翠玲等人利用 BP 神经网络预测环境空气质量，根据不同的气象特征因子，建立不同的预测网络进行训练，试验证明 BP 神经网络预测模型的可靠性较高。

为了验证所提出的模型在预测方面的准确性和稳健性，此处设计了比较试验，将提出的 GA-BP 模型与常见的模型进行对比，如传统的 BP、ELM、LSSVM 等。表 6-7～表 6-10 总结了开机状态下的 4 个环境指标在 5 种预测模型里的模型性能。

表 6-7　PM2.5 预测模型误差对比

模型	BP	ELM	LSSVM	WAVENN	GA-BP
MAPE	0.0287	0.03910	0.0319	0.0375	0.0137
R^2	0.9832	0.9626	0.9765	0.9663	0.9952
RMSE	13.1530	0.0196	6.0678	0.0188	3.7375

表 6-8 PM10 预测模型误差对比

模型	BP	ELM	LSSVM	WAVENN	GA-BP
MAPE	0.0115	0.0404	0.0327	0.0416	0.0112
R^2	0.9886	0.8832	0.9177	0.8771	0.9897
RMSE	6.8087	0.0202	9.5208	0.0208	5.9460

表 6-9 噪声预测模型误差对比

模型	BP	ELM	LSSVM	WAVENN	GA-BP
MAPE	0.0123	0.0372	0.0314	0.0236	0.0115
R^2	0.9750	0.8340	0.8746	0.9297	0.9820
RMSE	1.3375	0.0186	3.4537	0.0118	0.9745

表 6-10 温度预测模型误差对比

模型	BP	ELM	LSSVM	WAVENN	GA-BP
MAPE	0.0314	0.0464	0.0437	0.0413	0.0268
R^2	0.8868	0.7602	0.7290	0.8087	0.9105
RMSE	0.8478	0.0232	1.7803	0.0207	0.6878

由表 6-7 ~ 表 6-10 可以看出，在 5 种预测模型中，GA-BP 模型表现良好，在 4 种环境指标预测中精度均较高。平均绝对百分误差（MAPE）的值均为最小，接近于 0；拟合优度（R^2）的值均为最优，均值为 0.9694，几乎等于 1；均方根误差（RMSE）的均值为 2.8364，最大值为 5.9460，最小值为 0.6878。虽然在 5 种模型里面，GA-BP 的 RMSE 不是最优值，但从整体来看，GA-BP 模型的预测误差最小，预测精度最高，并且在不同数据集中均表现优异，具有稳健性。试验证明，本模型用于预测压铸过程中的不同环境排放指标具有合理性和科学性，因此，采用预测相对效果最佳的 GA-BP 模型对环境排放指标进行预测。

6.4.3 面向设备群的环境预测模型及路径规划方法

从前文的分析中可知，设备工作时会产生多种污染物，且相互之间的影响复杂，其中粉尘和噪声是车间中对人体健康影响最主要的污染物，而在多台设备处于共同开机的状态下，污染物不可避免地会产生叠加效应。根据环境传感器在现场实测数据可知，压铸车间虽处在高温状态，但全年平均温度为 28 ~ 35℃，极少存在超高温状态，不会对人体健康产生较大危害。因此选取粉尘和噪声作为主要污染物，对在多台设备共同工作中产生的粉尘及噪声叠加效应进行分析论述，根据污染物浓度量化工人在作业时经过每一条路径时受到的伤害，并将其转化为道路当量长度，从而选择工人作业最佳路径，此方法可以快速评估污染物路径对人体的伤害，能有效应用于压铸车间及其他机械加工车间。

▶▶ 1. 粉尘及噪声叠加理论基础

分贝（dB）是声音能量取常用对数的"级"的单位，噪声源的声压级不能简单用算数相加，几个声源噪声合成的声压级的运算必须遵循对数法则，但是声音的强度——声强却可以按自然数相加。声压和声压级的关系为

$$L_p = 20\lg\frac{p}{p_0} \tag{6-4}$$

式中，L_p 是声压级（dB）；p 是声压（Pa）；p_0 是基准声压，取 2×10^{-5} Pa。

两台相同噪声源的总声压级只比一台的声压级提高 3 dB，而对于 n 台声压级不同的噪声源叠加，其噪声叠加后的总声压级为

$$L_{p总} = 10\lg\left(\sum_{i=1}^{n}10^{\frac{L_{pi}}{10}}\right) \tag{6-5}$$

式中，$L_{p总}$ 是 n 个噪声源叠加的总声压级（dB）；L_{pi} 是第 i 个噪声源的声压级（dB）。

谭聪等人探究了在石磨车间中，多尘源和单尘源作用下的粉尘浓度关系，实验表明多尘源共同作用下的粉尘浓度与单尘源作用下粉尘浓度的代数和总的变化趋势相同，但多尘源浓度比单尘源浓度代数和小。李昊等人在计算石墨加工车间空间中的粉尘浓度时，将空间中某点的粉尘浓度看作是各尘源点的效果叠加，将每个尘源点在该点的贡献浓度相加，得到总浓度。因此，基于上述研究，PM2.5 或 PM10 的浓度叠加公式为

$$C = \frac{1}{n}\sum_{i=1}^{n}c_i \tag{6-6}$$

式中，n 是设备台数；c_i 是一台设备在某点的 PM2.5 或 PM10 的排放浓度；C 是该点的叠加排放浓度。

▶▶ 2. 路径规划模型

在车间作业时，机床等加工设备在工作时会随时间排放各类环境污染物。在以往路径规划中，工作对象多为搬运机器人、自动搬运小车等，无须考虑环境排放对其影响，所以通常要求搬运机器人在最短时间内到达目的地，因此一般情况下的车间路径规划以时间或路径最短为目标求解最优路径。但当工人在作业时，不同于机器人作业，不同的环境污染物会对工人造成不同的健康危害和职业病风险。基于上述分析，车间工人作业不仅应考虑效率，路径安全性也

应该作为路径优选的重要目标。因此，本节以路径长度最短、路径安全性最高（即路径污染最小）为路径规划目标，建立车间工人作业路径规划模型，并进行求解，以保障工人的职业健康。

（1）建立路网拓扑模型　车间中加工设备多样、生产环境多变，路网比较复杂，利用数学模型规划车间工人作业路径的前提条件就是构建代表路径的边和代表路径交叉口的节点的路网拓扑结构。

在建立图论模型时，首先确定问题中主要对象和要素及其间的逻辑关系。为了简化求解过程并且保持求解过程的准确性，可以将部分不重要的要素适当省略。

在对实际路网进行转化时，常用的是基本数据路网拓扑。它的结构相对简单，只包含节点、边以及边的权值，如图 6-19 所示。其中，V 是由所有节点组成的集合，而 E 是由所有边（或线）组成的集合。集合 V 和集合 E 组成图 G，即 $G = (V, E)$。

根据上述理论，略去与工人作业路径研究不相关的影响因素，如一些

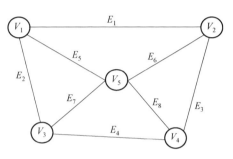

图6-19　基本数据路网拓扑结构

与作业无关的支路或死路等。将车间路线图转化为基本数据路网拓扑结构的过程如图 6-20 所示。每一个道路交叉口都可以表示为路网拓扑图中的节点 V，连接两个交叉口的道路则为边 E；用 W 表示边的权重，针对本节的车间工人作业路径规划模型，W 可以表示道路距离或道路的安全性。

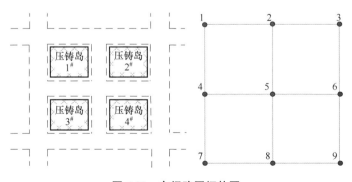

图6-20　车间路网拓扑图

（2）模型优化目标

1）路径长度最短。在车间实际生产中，为保证生产效益与质量，工人的作

业效率是首要要求。此外，工人暴露在污染区域的时间越长，职业病风险就越高。因此，工人在作业时尽快通过污染区域是车间工人路径规划模型的一个重要目标。在工人运输作业过程中，要求其以最短时间到达目的地，不仅保证了生产率，还减少了其在污染环境中的暴露时间。

为了便于计算，假设工人在作业途中的速度保持相同且不变，基于此前提，应保证作业路径长度最短。因此在路径规划时，以路径长度最短为目标，可以得出工人作业的最短时间路径。

2）路径污染最小。压铸是一种典型的高污染制造工艺，在压铸过程中，各环节都会产生烟尘、有害气体、油污、噪声和热辐射等，这对人与环境都造成了严重影响。

路径污染最小是指工人作业选择的路径是到达终点时受污染物危害最小的路径。路径污染主要与压铸岛设备位置摆放、压铸工艺参数、压铸机工作状态以及其吨位有关。在进行路径规划时，应将工人身体健康作为一个重要因素考虑，在保证工人尽快到达作业终点的同时，还应选择环境污染相对小的路线通过。由此，可将 PM2.5、PM10、噪声和温度的环境排放浓度（强度）作为路径规划模型的目标，以求解对人体健康危害最小的路径。

（3）基本假设

1）假设工人作业经过多个压铸岛时，每一个压铸岛的设备摆放位置都相同且设备无异常状态，即其环境排放源的位置都相同且不会改变。

2）假设工人在作业时，在每段路径上为匀速运动且忽略转弯时所花时间；假设工人运动速度不会因路网形状、作业情况及其他外界因素而改变。

3）假设在每一次路径规划中，工人作业的起点和终点都确定且唯一，即所研究的车间工人作业路径规划为点对点形式。

（4）算法选择　在一般的路径规划研究中，基本是给定地图或路网拓扑结构图，在其中的节点选取确定的起点和终点，在忽略外界干扰以及多余因素的前提下，研究两点间的最短路径。对于最短路径问题的研究，以往文献已采用多种成熟的求解算法，如 Dijkstra 算法、A* 算法、Floyd 算法等。

Dijkstra 算法和 Floyd 算法等一般路径搜索能力比较强，计算过程也比较方便简单，因此在路径规划中应用十分广泛。Floyd 算法的核心是动态规划思想，计算过程较简单，但该算法计算量大，不适于计算大量数据；而 Dijkstra 算法能够求解两点间的最短路径问题，搜索成功率高，尽管对于大型复杂的路网结构，其运算效率不高，但在车间环境下，路网结构和环境因素影响相对简单，数据量较小。

根据上述对两种算法的对比分析，此处采用 Dijkstra 算法作为求解工人作业路径规划模型的主要算法。Dijkstra 算法被称为"贪心算法"，其核心思想是以起始点为中心点，层层向外搜索到所有节点的最短路径。它使用了广度优先搜索解决赋权有向图或无向图的单源最短路径问题，最终得到一个最短路径。该算法常用于路由算法或作为其他图算法的子模块。

Dijkstra 算法是以一个带权值的拓扑图 $G = (V, E)$ 为基础，在路径规划中，权值一般取为边的长度。该算法首先声明一个数组 dis 和一个集合 T，分别用来保存原点到各个顶点的最短距离和已找到最短路径的所有顶点。初始时，原点 x 的路径权重被赋为 0，若对于原点 x 存在直接到达的顶点，则在数组中设置其间的路径长度为已知长度，同时把所有其他非直接到达的顶点的路径长度设为无穷大。初始时，集合 T 只有原点 x。然后，算法从原点逐步向外搜索，从数组中选择最小值，并把该点加入到集合 T 中，直至搜索到终点的最短路径。

Dijkstra 算法的具体步骤如下。

设置初始条件：原点为 x，终点为 y，求解 x 到 y 的最短路径。

1）声明一个数组 dis 和一个集合 T。数组 dis 保存原点到各个顶点的最短距离，集合 T 保存已找到最短路径的所有顶点。初始时，集合 T 中包含原点 x。初始权重为边的长度，原点 x 的路径权重被赋为 0（$dis[x] = 0$）。若对于原点 x 存在能直接到达的顶点，则两点间的路径权重为边的长度；若不能直接到达，则两点间的路径权重设为无穷大。

2）遍历各个顶点，从 dis 数组选择最小值，该值就是原点 x 到对应顶点 m 的最短路径，并将该点加入到集合 T 中。

3）判断点 m 是否为终点 y，若点 m 是终点 y，则算法终止，所求路径即为 Dijkstra 算法下的最短路径；若不是，则跳转到下一步。

4）以点 m 为中间节点，继续遍历剩余顶点，计算原点 x 经过点 m 到剩余各顶点的距离，并与原点 x 直接到达该顶点的距离进行比较。若经过点 m 的距离比直接到达该顶点的距离短，则求的最短距离为新的最短距离，并替换这些顶点在数组 dis 中的值。

5）判断集合 T 是否包含所有顶点，如果是，则算法终止，说明算法没有找到从原点 x 到终点 y 的最短路径；若不是，令 $m' = m$，找出与 m' 距离最短的顶点 m，将 m 加入集合 T 并返回步骤 3）进行判断。

Dijkstra 算法执行流程图如图 6-21 所示。

（5）基于 Dijkstra 算法的路径规划方法构建　在以往计算最短路径时，只需保证此条路径的总长度最短。而在此处，除了以经过路径的长度最短为目标，还需考虑经过路径的污染物浓度（强度）最小，以保证工人在作业时，污染物对其人体健康危害最小。在以往的研究中，学者根据人类对恶劣环境的最大耐受能力，定义了道路通行的难易度，求得道路当量长度，或是通过毒物致死量给予道路权重来定义道路当量长度，而进行最短路径规划。然而上述方法均不易量化，且具有一定的主观性。基于此，此处提出一种以环境污染严重程度来确定道路当量长度的方法，并以此为路径规划的目标，求得工人作业最佳路径。

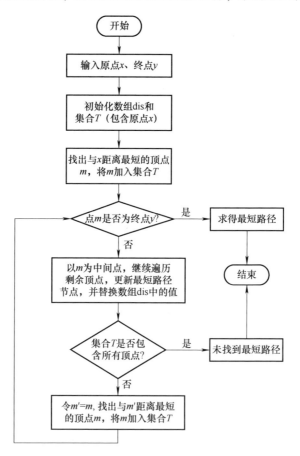

图 6-21 Dijkstra 算法执行流程图

1）道路危险系数。将道路危险系数定义为 R，即

$$R = \text{ADD}'/\text{RfD} \tag{6-7}$$

式中，R 是无量纲参数；ADD' 是污染物的平均暴露剂量；RfD 是参考剂量。参考剂量一般根据流行病学或动物实验的方法来确定。根据 GB 3095—2012《环境空气质量标准》中规定的日平均浓度，PM10 的参考浓度为 50 $\mu\text{g/m}^3$，PM2.5 的

参考浓度为 35 $\mu g/m^3$。根据 GBZ 2.2—2007《工作场所有害因素职业接触限值 第 2 部分：物理因素》可知，生产车间的噪声职业接触限值为 85 dB，生产劳动过程中的高温作业职业接触限值为 25 ℃。

考虑到在实际情况中粉尘的分布受风向、工艺参数、污染源位置的影响，噪声的分布受设备摆放位置、加工工艺的影响，环境排放物浓度（强度）和大小必然呈不规则分布，所以，在压铸岛周围的路径上分别取 8 个点测算每条路径上的粉尘浓度和噪声大小的道理危险系数，如图 6-22 所示。

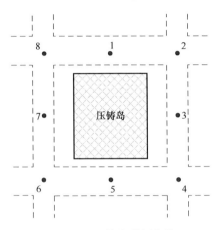

图 6-22　压铸岛监测方位

将路径的道路当量长度定义为 L_{Mi-Mj}，则

$$R_d = \frac{R_{d1} + R_{d2} + R_{d3}}{3} \tag{6-8}$$

$$R_p = \frac{R_{p1} + R_{p2} + R_{p3}}{3} \tag{6-9}$$

$$R_n = \frac{R_{n1} + R_{n2} + R_{n3}}{3} \tag{6-10}$$

$$L_{Mi-Mj} = (R_d + R_p + R_n)L \tag{6-11}$$

式中，R_d 是以 PM2.5 为影响因素时道路某点的道路危险系数；R_{d1}、R_{d2}、R_{d3} 是以 PM2.5 为影响因素时某点临近三个点的道路危险系数；R_p 是以 PM10 为影响因素时道路某点的道路危险系数；R_{p1}、R_{p2}、R_{p3} 是以 PM10 为影响因素时某点临近三个点的道路危险系数；R_n 是以噪声为影响因素时道路某点的道路危险系数；R_{n1}、R_{n2}、R_{n3} 是以噪声为影响因素时某点临近三个点的道路危险系数；L 是道路的真实长度；i 是道路起点；j 是道路终点。

2）基于 Dijkstra 算法的最短路径规划模型。根据式（6-8）~式（6-11），可以量化每段路径中，粉尘和噪声对于人体的危害程度，并计算出相应的道路当量长度 L_{Mi-Mj}，根据该道路当量长度，给出路径规划的目标函数，工人经过该路径作业时，受到的人体健康危害最小。

$$\min L_d = \sum_i \sum_j L_{Mi-Mj} F_{Mi-Mj} \tag{6-12}$$

约束条件为

$$F_{Mi-Mj} = \begin{cases} 1, 当选择道路为 M_i - M_j 时 \\ 0, 其他 \end{cases}$$

式中，L_d 是路径规划目标，即路径的总长度；$M_i - M_j$ 是以 i 为起点、j 为终点的路网拓扑图中的路径；L_{Mi-Mj} 是路径 $M_i - M_j$ 的道路当量长度。

对于目标函数的计算，可以采用 Dijkstra 算法，计算出从起点通向终点的最优路径。车间工人作业路径规划模型流程如图 6-23 所示。

3. 案例与结果分析

为了验证上述方法的合理性与有效性，以压铸车间中某铸造区域监测点数据为案例，对该车间工人作业进行路径规划。该区域有 4 种压铸机，吨位分别为 340 t、530 t、640 t 和 840 t，该铸造区域长 8 m、宽 8 m，区域平面图及压铸机设备状态如图 6-24 所示。简化后的路网拓扑图如图 6-25 所示。将监测数据输入到已经训练好的 GA-BP 神经网络，可得到基于设备状态的单台设备环境排放预测结果。

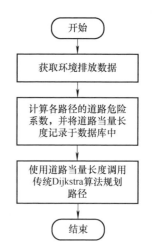

图 6-23　车间工人作业路径规划模型流程

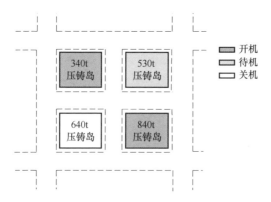

图 6-24　区域平面图及压铸机设备状态

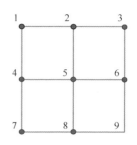

图 6-25　简化后的路网拓扑图

根据环境排放指标预测模型，可以得到工人作业经过点的环境排放指标数据，该区域内 4 个指标的预测环境排放热力图如图 6-26 所示。

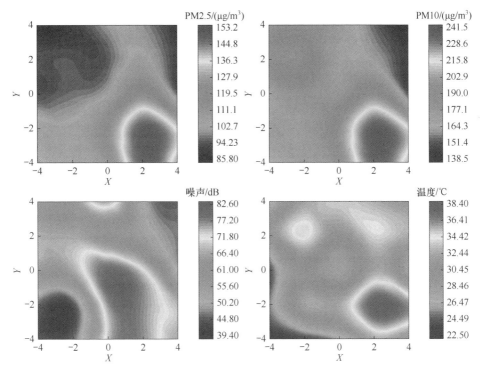

图 6-26 预测环境排放热力图

节点环境排放指标数据见表 6-11。

表 6-11 节点环境排放指标数据

节 点	PM2.5/（μg/m³）	PM10/（μg/m³）	噪声/dB
1	85.84	177.03	59.90
2	100.35	175.83	75.49
3	89.39	138.96	45.20
4	93.48	170.66	63.93
5	103.55	174.46	80.35
6	96.13	150.82	50.23
7	101.23	165.66	43.81
8	115.24	187.12	74.09
9	128.45	205.00	64.99

根据式（6-7），结合表6-11中的环境排放指标数据，可计算出每条道路的道路危险系数，并计算出对应路径的道路当量长度，见表6-12。

表6-12 道路当量长度

路　径	道路当量长度/m	路　径	道路当量长度/m
L_{M1-M2}	6.17	L_{M5-M6}	6.39
L_{M2-M3}	5.90	L_{M4-M7}	5.88
L_{M1-M4}	6.03	L_{M5-M8}	6.76
L_{M2-M5}	6.30	L_{M6-M9}	6.90
L_{M3-M6}	5.51	L_{M7-M8}	6.15
L_{M4-M5}	6.16	L_{M8-M9}	7.47

最终得到当起点为点1时，应用工人作业最小危害路径规划模型，可得到到达不同终点对应的最优路径，见表6-13。

表6-13 不同终点的工人作业最优路径

以 V_1 为起点的最短路径	道路当量长度/m
$V_1 \rightarrow V_1$	0
$V_1 \rightarrow V_2$	6.17
$V_1 \rightarrow V_2 \rightarrow V_3$	12.07
$V_1 \rightarrow V_4$	6.03
$V_1 \rightarrow V_4 \rightarrow V_5$	12.19
$V_1 \rightarrow V_2 \rightarrow V_3 \rightarrow V_6$	17.58
$V_1 \rightarrow V_4 \rightarrow V_7$	11.91
$V_1 \rightarrow V_4 \rightarrow V_7 \rightarrow V_8$	18.06
$V_1 \rightarrow V_2 \rightarrow V_3 \rightarrow V_6 \rightarrow V_9$	24.48

当起点为点1、终点为点9时，工人作业最优路径如图6-27所示。

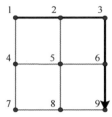

图6-27 终点为点9时工人作业最优路径

6.4.4 某压铸车间案例分析

1. 某压铸车间环境排放指标监测

（1）某压铸车间基本信息 本案例选取地点为我国重庆某制造企业的压铸车间，该车间主要加工大型汽车公司的铝合金汽车配件和通信行业的中小型铸件产品。本次监测的压铸车间是厂房中的一部分区域。在该压铸区域中有 6 种压铸岛，压铸岛设备摆放平面图以及压铸岛位置分布图分别如图 6-28 和图 6-29 所示。位置 1 摆放的是保温定量炉，工人在位置 10 进行废料去除和铸件后处理等工作，冷却机在位置 9 对放置的铸件进行冷却，切边机在位置 4 进行切边操作。

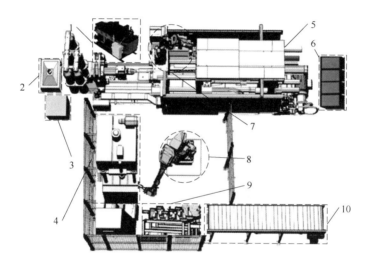

图 6-28 压铸岛设备摆放平面图

1—保温定量炉 2—真空机 3—配料机 4—切边机 5—压铸机 6—模温机
7—喷涂机 8—抓取机器人 9—冷却机 10—输送线

各型号压铸岛的缩写名称与吨位的大小有关，如缩写 340 即表示吨位为 340t 的压铸机。6 种压铸机的型号分别为 DCC340、DCC530、DCC640、DCC840、DCC1600、DCC2200。

（2）环境排放指标监测布点 在监测点的选取过程中，以作业人员的平均身高 1.6 m 作为环境排放监测点的高度。以压铸岛为圆心，每隔 45° 设置一个监测位置，在监测圆周上总共设置 8 个方位，以保证在不影响监测误差的情况下，监测效率最大化。此外，压铸岛周围的环境监测距离最大为 3 m，每隔 1 m 设置一个监测位置。因此，共设置 24 个监测位置。在每个监测点位，每隔 1min 进行一次数据采集，每个监测位置在 90min 内共采集 90 条环境排放数据，因此，每个压铸岛在一种设备状态下可获得 2160 条环境排放数据，6 种压铸岛总共监测 12960 条环境排放数据。每个压铸岛有开机、待机、关机三种状态，则总共获取 38880 条环境排放数据。通过采集终端可获得环境排放数据，环境排放数据通过无线局域网传输到数据服务器，降低了实现的难度和成本。

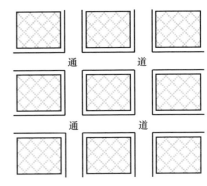

图 6-29 压铸岛位置分布图

▶▶2. 某压铸车间环境排放指标预测

（1）数据特征 在压铸机待机和关机状态下，环境排放值仅受吨位、距离和方位的影响，而在开机状态下，影响因素除了上述三种外，还包括各种工艺参数。喷涂时长、喷涂流量、脱模剂用量、保压时长、生产周期、产品质量大致随着压铸机吨位的增大而增大。对于不同类型的压铸机，模温和金属液温度一般保持在一定的范围内。在开机状态下，各工艺参数值见表 6-14。

表 6-14 不同压铸机开机状态下的工艺参数值

压铸机吨位/t	340	530	640	840	1600	2200
喷涂时长/s	14±3	21±4	20±3	22±4	26±4	35±5
喷涂流量/（L/t）	2.1±0.2	3.9±0.3	3.7±0.2	3.9±0.3	4±0.3	4.5±0.5
脱模剂用量/（L/t）	23±2	36±3	33±3	35±4	40±5	43±6
保压时长/s	7±3	6±2	8±2	8±2	15±5	25±5
模温/℃	170±30	180±30	175±30	180±30	190±30	200±30
铝液温度/℃	665±10	660±20	660±20	670±20	660±20	670±20
生产周期/s	40±10	60±10	60±10	60±10	70±10	100±10
平均锁模力/kN	3400	5300	6400	8400	16000	22000
距离/m	0.5~3	0.5~3	0.5~3	0.5~3	0.5~3	0.5~3
方位	1~8	1~8	1~8	1~8	1~8	1~8
产品质量/kg	0.2	0.3	0.6	1.1	3.05	3.8

（2）模型建立

1）在设备开机状态下，有压铸机吨位、喷涂时长、喷涂流量、脱模剂用量、保压时长、模温、铝液温度、生产周期、距离和方位这 10 个显著影响环境排放指标的影响因素，构建一个结构为 10-5-1 的 BP 神经网络。将 12960 条开机数据划分为训练集和测试集，比例分别为 80% 和 20%。应用 GA 优化 BP 模型，最后利用得到的设备开机预测模型进行预测。

2）在设备待机状态下，影响因素仅有压铸机吨位、距离和方位，构建一个结构为 3-3-1 的 BP 神经网络。将待机数据划分为训练集和测试集，比例分别为 80% 和 20%。应用 GA 优化 BP 模型，最后利用得到的设备待机预测模型进行预测。

3）在设备关机状态下，与待机状态相同，影响因素仅有压铸机吨位、距离和方位，构建一个结构为 3-3-1 的 BP 神经网络。将关机数据划分为训练集和测试集，比例分别为 80% 和 20%。应用 GA 优化 BP 模型，最后利用得到的设备关机预测模型进行预测。

（3）预测结果分析

1）开机状态下的预测结果。开机状态下的预测模型性能见表 6-15。

表 6-15　开机状态下的预测模型性能

指标	PM2.5	PM10	噪声	温度
MAPE	0.1654	0.0289	0.0125	0.0774
R^2	0.9835	0.9652	0.8939	0.9354
RMSE	4.2728	3.8785	1.2569	0.6578

根据误差评价指标的结果，GA-BP 模型的预测精度较高。在 PM2.5、PM10、噪声和温度四个数据集中，GA-BP 模型的 MAPE 均值为 0.0711，最大值为 0.1654，最小值为 0.0125，均接近于 0；R^2 均值为 0.9445，最大值为 0.9835，几乎等于 1，即使最小值为 0.8939，也接近于 0.9；RMSE 均值为 2.5165，最大值为 4.2728，最小值为 0.6578，结果接近理想值。从数据集看，在开机状态下，GA-BP 模型对温度数据的拟合效果最好，对 PM2.5 数据的拟合效果较差。总体而言，GA-BP 对环境排放数据的预测精度很高。

从开机状态预测结果数据集中随机抽取 60 条数据与真实值对比，误差对比如图 6-30 所示。

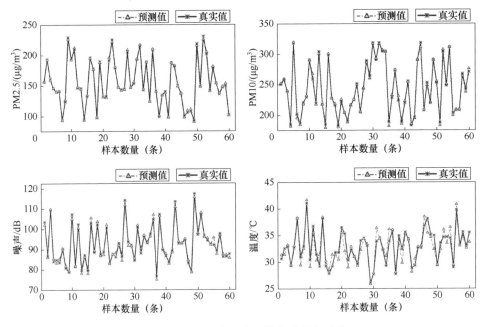

图 6-30　开机状态下的环境排放误差对比

2）待机状态下的预测结果。待机状态下的预测模型性能见表 6-16。

表 6-16　待机状态下的预测模型性能

指标	PM2.5	PM10	噪声	温度
MAPE	0.1568	0.0305	0.4258	0.0389
R^2	0.9568	0.9898	0.7650	0.6569
RMSE	0.6589	8.7569	6.1258	0.9650

根据误差评价指标的结果，GA-BP 模型的预测精度较高。在 PM2.5、PM10、噪声和温度四个数据集中，GA-BP 模型的 MAPE 均值为 0.163，最大值为 0.4258，最小值为 0.0305，均接近于 0；R^2 均值为 0.8421，最大值为 0.9898，几乎等于 1；RMSE 均值为 4.1267，最大值为 8.7569，最小值为 0.6589，结果大致接近理想值。从数据集看，在待机状态下，GA-BP 模型对 PM2.5 数据的拟合效果最好，对 PM10 数据的拟合效果较差。总体而言，GA-BP 对环境排放数据的预测精度很高。

从待机状态预测结果数据集中随机抽取 60 条数据与真实值对比，误差对比如图 6-31 所示。

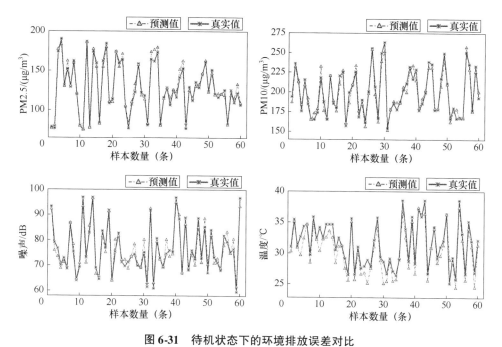

图 6-31 待机状态下的环境排放误差对比

3）关机状态下的预测结果。关机状态下的预测模型性能见表6-17。

表 6-17 关机状态下的预测模型性能

指标	PM2.5	PM10	噪声	温度
MAPE	0.9199	0.0298	0.0332	0.0278
R²	0.9676	0.9680	0.7008	0.9163
RMSE	0.3573	1.4441	3.2998	0.5923

根据误差评价指标的结果，GA-BP 模型的预测精度较高。在 PM2.5、PM10、噪声和温度四个数据集中，GA-BP 模型的 MAPE 均值为 0.2527，最大值为 0.9199，最小值为 0.0298，均接近于 0；R^2 均值为 0.8882，最大值为 0.9680，几乎等于 1；RMSE 均值为 1.4234，最大值为 3.2998，最小值为 0.3573，结果接近理想值。从数据集看，在关机状态下，GA-BP 模型对 PM2.5 数据的拟合效果最好，对噪声数据的拟合效果较差。总体而言，GA-BP 对环境排放数据的预测精度很高。

从关机状态预测结果数据集中随机抽取 60 条数据与真实值对比，误差对比如图 6-32 所示。

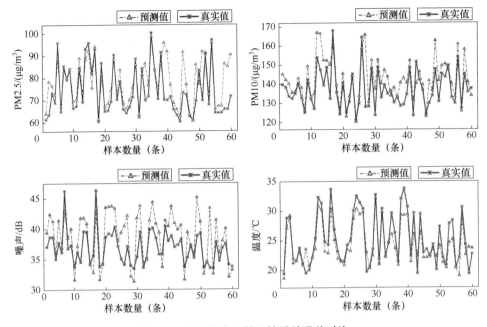

图 6-32　关机状态下的环境排放误差对比

由图 6-30 ～图 6-32 可知，所有预测值和真实值基本接近，变化趋势也是大致相似的，但存在一定的偏差，其中噪声和温度的误差较为明显，这是由于噪声和温度的基数相对较小，所以误差相对较大。但两者的绝对差值较小，是满足要求的。该结果证明了所提出的车间环境排放指标预测模型具有科学性和有效性。

根据环境排放指标预测模型，可以得到整个压铸区域的环境排放指标数据，该区域内 4 个环境排放指标的预测环境排放热力图如图 6-33 所示。

总的来说，该压铸区域的污染随压铸岛内压铸机吨位的增大而增大，各环境排放指标的排放值与压铸岛内设备摆放位置有关。

》3. 某压铸车间健康作业路径规划

该压铸区域的压铸岛设备状态如图 6-34 所示，假设其为全开机状态。将该地图进行转换，利用图论将实际地图抽象为节点网络图，如图 6-35 所示。其中，每条通道宽度为 3 m，压铸岛长 5 m、宽 4 m。由于监测数据时是以压铸岛为圆心，以压铸岛边缘为起始点测算距离的，所以在抽象为节点网络图时，将每个压铸岛看作一个点，其尺寸不影响节点网络图的大小。其中节点代表该压铸区域内不同压铸岛之间的通道交叉点，网络图中的边代表该压铸区域内的通道（不考虑压铸岛内的操作通道）。本案例选取了该压铸区域内的 16 个节点，其中点 1 为工人作业的起点，剩余节点表示该压铸区域内不同压铸岛之间的通道交叉口。

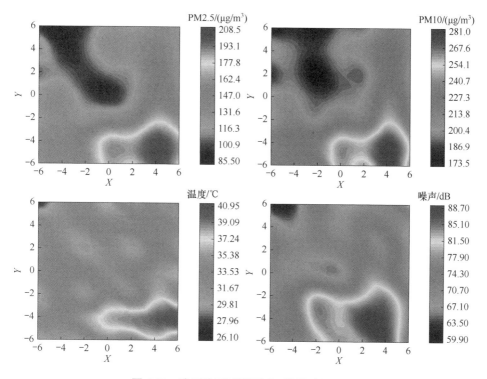

图 6-33 该压铸区域的预测环境排放热力图

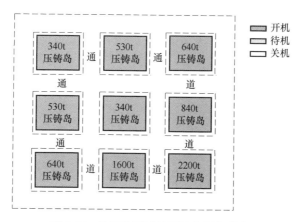

图 6-34 该压铸区域的压铸岛设备状态

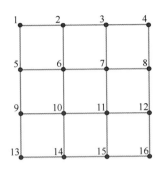

图6-35 该压铸区域的节点网络图

根据环境排放指标预测模型，可以得到工人作业时经过点的环境排放指标数据，见表6-18。

表6-18 节点环境排放指标数据

节点	PM2.5/（μg/m³）	PM10/（μg/m³）	噪声/dB
1	86.79625	173.7353	60.50796
2	100.5322	174.9614	75.01706
3	119.9455	193.9468	68.99523
4	128.1309	207.2239	80.71791
5	105.2734	185.1057	75.22926
6	101.5617	178.0993	69.38664
7	117.0487	194.6694	74.36013
8	124.977	201.4142	68.08855
9	125.8462	203.224	71.30294
10	124.7192	201.9748	81.7827
11	142.7734	217.6519	81.09403
12	153.0627	222.3055	74.80992
13	133.9522	217.4071	72.3788
14	148.5461	222.9618	78.71224
15	178.152	244.7277	83.14688
16	176.857	241.1678	73.85435

根据式（6-7），结合表6-18中的环境排放指标数据，可计算出每条道路的道路危险系数，并计算出对应路径的道路当量长度，见表6-19。

表 6-19 该区域的路径道路当量长度

路　　径	道路当量长度/m	路　　径	道路当量长度/m
L_{M1-M2}	5.52	L_{M1-M5}	6.64
L_{M2-M3}	6.91	L_{M2-M6}	6.52
L_{M3-M4}	7.36	L_{M3-M7}	7.20
L_{M5-M6}	6.62	L_{M4-M8}	7.42
L_{M6-M7}	6.73	L_{M5-M9}	7.13
L_{M7-M8}	7.45	L_{M6-M10}	6.80
L_{M9-M10}	7.41	L_{M7-M11}	7.41
$L_{M10-M11}$	7.74	L_{M8-M12}	7.75
$L_{M11-M12}$	8.52	L_{M9-M13}	7.68
$L_{M13-M14}$	7.95	$L_{M10-M14}$	8.03
$L_{M14-M15}$	8.99	$L_{M11-M15}$	8.98
$L_{M15-M16}$	9.56	$L_{M12-M16}$	8.99

最终得到当起点为点 1 时，到达不同终点对应的最优路径见表 6-20。

表 6-20 不同终点对应的最优路径

以 V_1 为起点的最短路径为	道路当量长度/m
$V_1 \rightarrow V_1$	0
$V_1 \rightarrow V_2$	5.52
$V_1 \rightarrow V_2 \rightarrow V_3$	12.43
$V_1 \rightarrow V_2 \rightarrow V_3 \rightarrow V_4$	19.79
$V_1 \rightarrow V_5$	6.64
$V_1 \rightarrow V_2 \rightarrow V_6$	12.04
$V_1 \rightarrow V_2 \rightarrow V_6 \rightarrow V_7$	18.77
$V_1 \rightarrow V_2 \rightarrow V_6 \rightarrow V_7 \rightarrow V_8$	26.22
$V_1 \rightarrow V_5 \rightarrow V_9$	13.77
$V_1 \rightarrow V_2 \rightarrow V_6 \rightarrow V_{10}$	18.84
$V_1 \rightarrow V_2 \rightarrow V_6 \rightarrow V_7 \rightarrow V_{11}$	26.18
$V_1 \rightarrow V_2 \rightarrow V_6 \rightarrow V_7 \rightarrow V_8 \rightarrow V_{12}$	33.97
$V_1 \rightarrow V_5 \rightarrow V_9 \rightarrow V_{13}$	21.45
$V_1 \rightarrow V_2 \rightarrow V_6 \rightarrow V_{10} \rightarrow V_{14}$	26.87
$V_1 \rightarrow V_2 \rightarrow V_6 \rightarrow V_7 \rightarrow V_{11} \rightarrow V_{15}$	35.16
$V_1 \rightarrow V_2 \rightarrow V_6 \rightarrow V_7 \rightarrow V_8 \rightarrow V_{12} \rightarrow V_{16}$	42.96

当起点为点 1、终点为点 16 时，工人作业最优路径如图 6-36 所示。

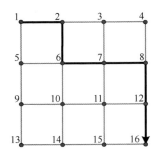

图 6-36　终点为点 16 时工人作业最优路径

因此，所采用的道路污染定义道路当量长度的方法可以为压铸车间工人作业提供有效的路径指导，并且易于方法的工程化实现，能有效降低压铸车间工人的职业病风险。

参 考 文 献

［1］王海洋，张凤伟．基于绿色工业建筑评价的绿色工厂规划设计［J］．建筑工程技术与设计，2015（18），16．

［2］陈学．从"花园式"工厂向"生态型"工厂转变［J］．科技资讯，2007（29）：184-185．

［3］FREEMAN R. The EcoFactory：The United States Forest Service and the Political Construction of Ecosystem Management［J］．Environmental History，2002，7（4）：632-658．

［4］GOGER A. The Making of a 'Business Case' for Environmental Upgrading：Sri Lanka's Eco-Factories［J］．Geoforum，2013，47：73-83．

［5］张雅丽．从 0 到 1000：向绿色工厂要动能［N］．中国建材报，2017-10-26（5）．

［6］潘建中．"绿色建筑设计"在现代啤酒工厂设计的应用和实践［J］．啤酒科技，2010（10）：15-18．

［7］中华人民共和国工业和信息化部．绿色工厂评价通则：GB/T 36132—2018［S］．北京：中国标准出版社，2018．

［8］杨檬，刘哲．绿色工厂评价方法［J］．信息技术与标准化，2017（Z1）：25-27．

［9］储宏．关于绿色工厂评价方法的探究［J］．资源节约与环保，2017（12）：92-94．

［10］梁龙．加快绿色转型行业首推绿色工厂"五化"评价原则［J］．中国纺织，2016（9）：122-123．

［11］倪卫洁，王晓元．践行绿色发展理念 全面打造绿色工厂［J］．质量与认证，2018（6）：36-37．

［12］中华人民共和国工业和信息化部．工业和信息化部办公厅关于开展绿色制造体系建设

的通知［EB/OL］.［2016-09-20］. https：//www. miit. gov. cn/zwgk/zcwj/wjfb/zh/art/
2020/art_5aaad16b40144ed0a58bedac344f79fa. html.

［13］中华人民共和国工业和信息化部，国家标准化管理委员会 . 绿色制造标准体系建设指
南［EB/OL］.［2018-03-22］. https：//www. miit. gov. cn/cms_ files/filemanager/oldfile/
miit/n1146285/n1146352/n3054355/n3057542/n3057544/c5269475/part/5269537. pdf.

［14］姬佳 . ISO 50001 能源管理体系标准发布实施［J］. 中国标准化，2011（7）：97.

［15］周文权，刘晓红 . 国际标准化组织制定与温室气体排放相关国际标准［J］. 中国质量认
证，2005（9）：18-20.

［16］付允，林翎，高东峰，等 . 欧盟产品环境足迹评价方法与机制研究［J］. 中国标准化，
2013（9）：59-62.

［17］王祥 . 创新驱动绿色产品认证机制［J］. 质量与认证，2016（7）：33-34.

［18］陈海红，林翎 . 强制性能效和能耗限额标准整合精简思路［J］. 标准科学，2016（S1）：
86-89.

［19］王煦 . 全球第一家绿色工厂的创建经验及启示［J］. 张江科技评论，2019（2）：68-69.

［20］甘德建，王莉莉 . 绿色技术和绿色技术创新：可持续发展的当代形式［J］. 河南社会科
学，2003（2）：22-25.

［21］王伯鲁 . 绿色技术界定的动态性［J］. 自然辩证法研究，1997，13（5）：36-37.

［22］顾国维 . 绿色技术及其应用［M］. 上海：同济大学出版社，1999.

［23］俞国燕 . 机电产品的绿色设计技术研究［J］. 机电产品开发与创新，2007，20（2）：
42-44.

［24］林朝平，盛俊明 . 绿色制造工艺技术的发展方向［J］. 制造业自动化，2001，23（11）：
1-2.

［25］王殿泉 . 浅谈焊接车间环境污染及控制［J］. 黑龙江科技信息，2012（6）：55.

［26］李爱菊，陈红雨 . 环境友好材料的研究进展［J］. 材料研究与应用，2010，4（4）：
372-378.

［27］江志刚，张华，曹华军 . 绿色再制造管理的体系结构及其实施策略［J］. 中国机械工程，
2006，17（24）：2573-2576.

［28］姚锋 . 浅谈信息技术对生态文明的支撑作用［J］. 科技资讯，2017，15（19）：36-37.

［29］刘涛 . 信息技术对生态文明的支撑作用［D］. 广州：华南理工大学，2015.

［30］WANG S Y，WAN J F，ZHANG D Q，et al. Towards Smart Factory for Industry 4. 0：a Self-
organized Multi-agent System with Big Data Based Feedback and Coordination［J］. Computer
Networks，2016，101：158-168.

［31］徐倩倩 . 分析自动化技术与绿色经济［J］. 自动化与仪器仪表，2016（12）：166-167.

［32］全燕鸣 . 机械制造自动化［M］. 广州：华南理工大学出版社，2008.

［33］周骥平，林岗 . 机械制造自动化技术［M］. 北京：机械工业出版社，2001.

［34］曹广宇，王晋荣 . 机械制造及其自动化技术的发展与应用［J］. 中国战略新兴产业，

2018（4）：21.

[35] 黄刚. 21 世纪的工厂自动化技术：CIMS [J]. 世界产品与技术，1998（3）：9.

[36] 徐倩倩. 分析自动化技术与绿色经济 [J]. 自动化与仪器仪表，2016（12）：166-167.

[37] 宋东明. 数字分析技术在建筑方案设计中的运用探讨 [D]. 重庆：重庆大学，2012.

[38] 胡建辉. PV-ETFE 气枕屋顶系统性能研究 [D]. 上海：上海交通大学，2015.

[39] 黄戈文，蔡延光，蔡颢，等. 基于大数据的智能化制造系统 [J]. 智能制造，2015
（10）：40-43.

[40] EYER J M, COREY G. Energy Storage for the Electricity Grid：Benefits and Market Potential
Assessment Guide：a Study for the DOE Energy Storage Systems Program [J]. Geburtshilfe
Und Frauenheilkunde, 2010, 45（5）：322-325.

[41] WEISER M. The Computer for the 21st Century [J]. IEEE Pervasive Computing, 1999, 1
（1）：19-25.

[42] 曹华军，王坤，陈二恒，等. 未来绿色工厂 [J]. 航空制造技术，2018，61（12）：30-36.

[43] CHRYSSOLOURIS G, MAVRIKIOS D, MOURTZIS D. Manufacturing Systems：Skills & Com-
petencies for the Future [J]. Procedia Cirp, 2013, 7（2）：17-24.

[44] WAGNER U, ALGEDDAWY T, ELMARAGHY H, et al. The State-of-the-Art and Prospects of
Learning Factories [J]. Procedia Cirp, 2012, 3（7）：109-114.

[45] 俞敏. 浅谈绿色工厂评价标准和创建要点 [J]. 质量技术监督研究，2018（4）：57-60.

[46] 陶永，李秋实，赵罡. 面向产品全生命周期的绿色制造策略 [J]. 中国科技论坛，2016
（9）：58-64.

[47] 毛涛. 我国绿色制造体系构建面临的困境及破解思路 [J]. 中国党政干部论坛，2017
（5）：72-74.

[48] 贾爱娟. 基于 3R 原则的循环经济标准体系研究 [J]. 标准科学，2016（10）：26-30.

[49] 曹慧. 带您近距离了解制革行业的绿色工厂评价体系 [J]. 中国皮革，2018，47（8）：
68-72.

[50] 中华人民共和国工业和信息化部. 工业和信息化部办公厅关于推荐第三批绿色制造名
单的通知 [EB/OL]. [2018-08-03]. https：//www. miit. gov. cn/jgsj/jns/wjfb/art/2020/
art_89d8dc4ca96c4c2087c04badb72b6a97. html.

[51] 郑伟，黄毅彪，段力江，等. 铅酸蓄电池企业创建绿色工厂的要点解析 [J]. 蓄电池，
2019，56（2）：78-84.

[52] 马强，单臣玉，程志，等. 绿色工厂评价技术体系与指标核算方法研究 [J]. 再生资源
与循环经济，2018，11（3）：11-14.

[53] 高曦. 压铸车间环境排放预测及健康作业路径规划研究 [D]. 重庆：重庆大学，2021.

[54] PASCHALIDOU A K, KARAKITSIOS S, KLEANTHOUS S, et al. Forecasting Hourly PM10
Concentration in Cyprus Through Artificial Neural Networks and Multiple Regression Models：
Implications to Local Environmental Management [J]. Environmental Science and Pollution

Research International, 2011, 18 (2): 316-327.

[55] 祝翠玲, 蒋志方, 王强. 基于 B-P 神经网络的环境空气质量预测模型 [J]. 计算机工程与应用, 2007 (22): 223-227.

[56] 谭聪, 蒋仲安, 王明, 等. 综放工作面多尘源粉尘扩散规律的相似实验 [J]. 煤炭学报, 2015, 40 (1): 122-127.

[57] 李昊, 王启立, 习瑞. 石墨加工车间粉尘扩散及浓度分布可视化研究 [J]. 煤炭技术, 2017, 36 (7): 187-190.

第7章

———

再制造工艺及其制造系统

7.1 再制造工艺基础

7.1.1 基本概念

在资源日益匮乏和环境污染加剧的情况下，再制造工程因其巨大的资源、环境、社会效益而受到世界各国的重视，已成为发展循环经济、实现节能减排的重要支撑。开发再制造成套关键技术、构建循环经济典型模式，高度契合绿色可持续发展的国家需求，是实现国家"碳达峰"和"碳中和"的重大目标的有效途径。目前，航空、电力、石油化工、汽车、工程机械、矿山机械等行业已广泛实施再制造（图7-1）。其中，再制造技术与工艺是保证再制造产品质量、节约再制造费用、提高再制造效益的核心内容及重要途径，已经成为再制造领域研究及应用的热点，推动着再制造工程应用的发展。

| 工程机械 | 石油化工 | 工业机器人 | 加工机床 |

| 火电发电机组 | 核电设备 | 航空装备制造 | 钻探设备 |

| 汽车发动机 | 风力发电 | 隧道机械 | 煤矿机械 |

图7-1 有迫切再制造需求的重点行业

1. 基本术语

产品泛指任何元器件、零部件、组件、设备、分系统、系统或软件，以首次制造活动结束为节点，也称为新产品。

废旧产品是因物理或技术原因退出服役后的产品。废旧产品是广义的，既可以是设备、系统、设施，也可以是其零部件，既包括硬件也包括软件。

在再制造过程中，通常将作为加工对象的废旧产品称为再制造毛坯。

废旧产品中含有高附加值。以汽车发动机为例，原材料的价值只占15%，而成品附加值却高达85%。在一台机器中，各部件及零件的各工作表面的使用寿命不同，往往会因局部失效而造成整个机器报废。再制造工程可针对机器的局部损伤进行修复，最大限度地挖掘废旧产品中蕴含的附加值，达到节能、环保、节材和降低成本的效果。

▶▶2. 再制造

再制造是指将废旧产品运用高科技手段进行专业化修复或升级改造，使其质量和性能恢复到新产品的批量化制造过程。简而言之，再制造工程是废旧产品高技术修复、升级改造的产业化。再制造使产品生命周期由开环变为闭环，由单一生命周期变为循环多生命周期。再制造的重要特征是再制造产品的质量和性能能够达到甚至超过新产品，而成本只为新产品的50%，节能60%，节材70%，对环境的不良影响显著降低。

液压支架再制造基本过程如图7-2所示。

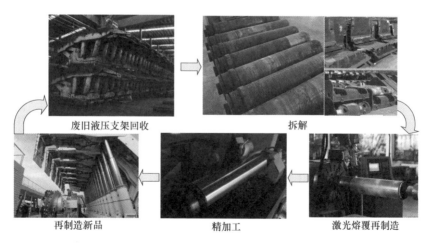

图7-2 液压支架再制造基本过程

再制造工程包括再制造加工和过时产品的性能升级两个主要部分。

（1）再制造加工 即将达到物理寿命和经济寿命而报废的产品，在失效分析和寿命评估的基础上，把其中有剩余寿命的废旧零部件作为再制造毛坯，采用先进技术进行加工，使其性能迅速恢复，甚至超过新产品。

（2）过时产品的性能升级 性能过时的机电产品往往是几项关键指标落后，

不等于所有的零部件都不能再使用，采用新技术镶嵌的方式对其进行局部改造，就可以使原产品满足时代的性能要求。信息技术、微纳米技术等高科技在提升、改造过时产品性能方面有重要作用。

▶ 3. 再制造技术

再制造技术是指将废旧产品及其零部件修复、升级成质量等同于或优于新产品的各项技术的统称。例如，电刷镀技术、冷/热喷涂技术、激光熔覆技术、堆焊技术等。再制造技术是废旧产品再制造生产的重要支撑，是实现废旧产品再制造生产高效、经济、环保的保证，既是先进绿色制造技术，也是产品维修技术的创新发展。

▶ 4. 再制造工艺

再制造工艺就是运用再制造技术，将废旧产品加工成达到规定性能的再制造产品的方法和过程。通常它是指再制造工厂内部的再制造工艺，包括拆解、清洗、检测、加工、零件测试、装配、磨合试验、喷涂包装等步骤。由于再制造的产品种类、生产目的、生产组织形式的不同，不同产品的再制造工艺也有所区别，但主要过程类似。

同时，再制造工艺还包括重要的信息流，如对各步骤零件情况的统计，可以为不同类别产品的再制造特点提供信息支持。如果检测统计到某类零件的损坏率较高，并且检测后发现该类零件恢复价值较小，低于检测及清洗费用，那么在再制造过程中可将该类零件直接丢弃或回炉冶炼，无须经过清洗等步骤；也可以在需要的情况下，对该类零件进行有损拆解，以保持其他零件的完好性。同时通过建立再制造产品整机的测试性能档案，可以为产品的售后服务提供保障。可见，再制造工艺的各个过程是相互联系而非孤立的。

▶ 7.1.2　再制造技术重点发展内容

根据再制造工业发展的趋势及要求，需要重点发展的再制造技术有以下几类。

1) 再制造性设计与评估技术。再制造性设计与评估技术是再制造所要考虑的首要理论问题，但目前还缺乏系统的研究及技术方法构建。对再制造性的评估可以通过采集大量影响产品再制造的技术性、经济性、环境性和服役性等信息，构建包括非线性多影响因素的数据集，并通过定性和定量相结合、模糊评判、综合权衡等方法，建立较为完善的再制造性设计与评估模型，提出科学的再制造方案。

2）废旧产品剩余再制造寿命评估技术。在产品再制造前，分析研究失效零部件磨损、断裂、变形、腐蚀和老化等失效现象的特征、原因及规律，并利用涡流检测和磁记忆检测等无损检测手段完成废旧产品关键零部件的疲劳、裂纹、应力集中等缺陷的检测，计算出剩余寿命。准确评估废旧产品或零部件的剩余寿命是科学合理地实施再制造加工的重要基础。

3）零部件再制造成形加工技术。它是以损伤零部件为再制造毛坯，通过三维数据扫描及模型重建等数字化手段，采用基于机器人控制的金属零件快速成形方法，恢复零件原有几何形状及性能的技术。它是通过计算机、数控、高能束、新材料等高科技综合集成创新而发展起来的一项先进再制造技术。它将传统的减材加工（即去除加工）变为先进的增材加工（即堆积加工）。

4）产品再制造质量控制技术。为了保证再制造产品达到规定的质量、性能要求，在生产过程中所采取的多种质量控制方法，通常包括再制造毛坯的质量检测、再制造过程的在线监控及再制造产品的质量检测与评价。

5）产品再制造升级技术。它是利用先进的表面工程、电子信息等，通过模块替换、结构改造、性能优化等手段，实现老旧设备在功能或技术性上的提升，以满足更高使用需求的技术。

7.1.3 再制造技术的特点与作用

再制造技术源于制造和维修技术，是某些制造和维修过程的延伸与扩展。但是废旧产品再制造技术在应用目的、应用环境、应用方式等方面，不同于制造和维修，它有着自身的特点。

1）工程应用性。再制造技术直接服务于再制造生产保障活动，其主要任务是恢复或提升废旧产品的各项性能参数，实现对废旧产品的再制造生产过程保障，是一门特点明显的工程应用技术，既要有技术成果的转化应用，又要有科学成果的工程开发，具有针对性很强的应用对象和工作程序。同一再制造技术可由不同基础技术组成，同一基础技术在不同领域中的应用可形成多种再制造技术，工程应用性决定了再制造技术具有良好的实践特性。

2）综合集成性。机电产品本身的制造及使用涉及多种学科，因而再制造技术对应产品总体和各类系统以及配套设备的专业知识，具有专业门类多、知识密集的特点。一方面，再制造技术应用的对象为各类废旧产品，大到舰船、飞机、汽车，小到工业泵、家电等多类产品；另一方面，它涉及机械、电子、电气、光学、控制、计算机等多种专业，既需要产品的技术性能、结构、原理等方面的知识，又需要检查、拆解、检测、清洗、加工、修理、储存、装配、延寿等方面的知识。因此，废旧产品的再制造技术不仅包括各种工具、设备、手段，还包括相应的经验和知识，是一门综合性很强的复杂技术。

3）先进适用性。通过再制造技术来恢复或提高废旧产品的技术性能，需要有特殊的约束条件，且技术难度很大，这就要求在再制造过程中需要采用比原产品制造更先进的高新技术。实际上，再制造技术的关键技术，如先进复合自动化表面技术、虚拟再制造技术、产品再制造升级技术等，都属于高新技术范畴。再制造技术要与再制造生产对象相适应，但落后的再制造技术不可能对复杂结构的废旧产品进行有效再制造。为保证再制造产品的使用性能，针对复杂结构或材料损伤毛坯的再制造加工多采用先进的加工方法（如表面工程技术），使再制造技术具备先进性。

4）动态创新性。再制造技术的应用对象是各种不断退役的产品，不同产品随着使用时间的延长，其性能状态及各种指标也发生着相应变化。根据这些变化和产品不同的使用环境、不同的使用任务以及不同的失效模式，不同种类的废旧产品再制造技术保障应采取不同的措施，因此再制造技术也随之不断地弃旧纳新或梯次更新，呈现出动态性的特点。同时，这种变化也要求再制造技术在继承传统的基础上善于创新，不断采用新方法、新工艺、新设备，以解决产品因性能落后而被淘汰的问题。可见，创新性是再制造技术的又一显著特点。

5）经济环保性。再制造过程实现了废旧产品的回收利用，生成的再制造产品流通过程时，以较低的消费支出满足人们较高的产品功能需求，并且使再制造厂具有可观的经济效益。同时，相对于新产品，性能相同的再制造产品大量减少了材料能源消耗及环境污染废弃物的排放，具有良好的综合环保效益。

再制造技术的作用主要体现在以下几个方面。

1）补充和发展先进制造技术内涵。先进制造技术是综合应用于产品的生命周期过程，以实现优质、高效、低耗、清洁、灵活生产，并获得最佳的技术和经济效益的一系列通用的制造技术，是制造业不断发展并吸收信息、机械、电子、材料技术及现代系统管理的新成果。再制造技术与先进制造技术具有同样的目的、手段、途径及效果，它已成为先进制造技术的组成部分。再者，一些重要的产品从论证设计到投入使用，其周期往往需要十几年甚至几十年的时间，在这个过程中原有技术会不断改进，新材料、新技术和新工艺会不断出现。再制造产业能够在很短的周期内将这些新成果应用到再制造产品上，从而提高再制造产品质量、降低成本和能耗、减小环境污染；同时，可将新技术的应用信息及时地反馈到设计和制造中，大幅度提高产品的设计和制造水平。可见，再制造技术在应用最先进的设计和制造技术对废旧产品进行恢复和升级的同时，还能够促进先进设计和制造技术的发展，为新产品的设计和制造提供新观念、新理论、新技术和新方法，缩短新产品的研制周期。再制造技术扩大了先进制造技术的内涵，是先进制造技术的重要补充和发展。

2）丰富和完善生命周期管理内容。目前，国内外越来越重视产品的生命周期管理。传统的产品生命周期从设计开始，到报废结束。生命周期管理要求不仅要考虑产品的论证、设计、制造的前期阶段，而且要考虑产品的使用、维修直至报废品处理的后期阶段。它的目标是在产品的生命周期内，资源综合利用率最高，环境负影响最小，费用最低。再制造技术综合考虑环境和资源效率问题，在产品报废后，能够高质量地提高产品或零部件的重新使用次数和重新使用率，从而使产品的生命周期成倍延长，甚至形成产品的多生命周期。因此，再制造技术是产品生命周期管理的延伸。其中的再制造性设计是产品生命周期设计的重要方面，要求设计人员在一开始就不仅考虑可靠性设计和维修性设计，还应该考虑再制造性设计以及产品的环保处理设计等，确保产品的可再制造能力。产品的再制造性设计，使产品在设计阶段就为后期报废处理时的再制造加工或改造升级打下基础，以实现产品生命周期管理的目标，体现设计活动的主动性和前瞻性。

3）支撑机电产品可持续发展。保护环境、实现可持续发展是世界各国共同关心的问题。可持续发展包括发展的持续性、整体性和协调性。目前，我国部分企业的工业生产模式不符合可持续发展的方针，主要表现为两个方面：一是环境意识淡薄，回收、再利用意识差，大多是"先污染，后治理"；二是只注重降低成本，而不重视产品的耐用性和可再利用性，浪费严重。我国面临资源能源短缺和环境污染严重的问题，发展生产和保护环境、节省资源已经成为日益激化的矛盾，解决这一矛盾的唯一途径就是从传统的制造模式向可持续发展的模式转变，即从高投入、高消耗、高污染的传统发展模式向高生产率、高资源利用率和低污染率的可持续发展模式转变。再制造技术就是实现这样发展模式的重要技术途径之一。

再制造技术在生态环境保护和可持续发展中的作用为：①在设计阶段就赋予产品减少环境污染和利于可持续发展的结构、性能特征；②再制造过程本身不产生或产生很少的环境污染；③再制造产品消耗更少的资源和能源。

4）促进新的产业发展。据发达国家统计，每年因腐蚀、磨损、疲劳等原因造成的损失占国民经济总产值的3%～5%。我国有几万亿元的设备资产，每年因磨损和腐蚀而使设备停产、报废所造成的损失超过千亿元。再制造技术能够充分利用废旧产品或其零部件，不仅满足可持续发展战略的要求，而且可形成一个高科技的新兴再制造产业，能创造更大的经济效益、就业机会和社会效益。

▶7.1.4 再制造技术的发展趋势

1）智能化。再制造技术的智能化将直接提升再制造生产过程的自动化和柔性化水平，适应再制造大批量生产活动需要。再制造技术已基本摆脱了手工操作，逐步实现智能化。再制造技术的智能化，主要包含两方面内容：一是针对具体零部件，基于专家数据库等信息，实现再制造技术方案的智能化设计；二是针对具体的再制造技术方法，基于零部件再制造过程，在过程参数反馈控制或逻辑程序控制下由工业机器人自动操作完成再制造。另外，针对当前产品发展日益呈现出小批量、个性化的特点，再制造生产线上，大量采用柔性化设备及生产工艺，能够迅速使再制造生产适应再制造毛坯及生产目标的变化，实现快速的柔性化生产。柔性化主要是指再制造设备系统和再制造工艺可以满足不同零件再制造的需要，柔性化设备和技术工艺具有广泛适应性和广阔发展前景。

2）复合化。再制造技术的复合化，也主要包含两个方面，即再制造技术手段的复合和再制造所用材料的复合。例如：电弧与激光两种能量束复合，可实现再制造生产中的高效率、高质量的再制造成形；电沉积和热喷涂与激光重熔或喷焊重熔等不同涂层制备技术方法的复合，可实现高性能零部件再制造过程中高质量涂层的成形制备；通过具有抗磨、耐蚀、抗高温等不同性能材料的复合，可制备具有多方面优异性能的涂层，赋予再制造零件优良的综合性能。一个具体的废旧零件，其损伤形式和失效机理往往比较复杂，要把它再制造成为性能合格的再制造产品，往往需要采用多种再制造技术手段，复合化再制造技术为复杂失效零件的高性能再制造提供技术途径。

3）绿色化。再制造工程具有节能、节材、环保等优点，但是对具体的再制造技术，如再制造过程中的产品清洗、涂装、表面刷镀等均有"三废"的排放问题，为了进一步减少再制造生产的污染排放，需要进一步发展物理清洗技术，减少化学清洗方法的使用。例如，采用无氰电镀技术，研制开发一些有利于环保的镀液。当前，在再制造工程领域，需要进一步重视环境保护，采用清洁生产模式，大量采用绿色化再制造技术，实现"三废"综合利用的目标。

4）标准化。近年来，各研究机构、高校以及再制造企业对产品再制造展开深入研究，已在表面工程技术及应用、再制造生产计划与控制、再制造模式等方面取得一些成果和实践案例。但是国家未制定统一的技术标准，缺乏废旧零部件质量检测和寿命评估技术，尚未建立实施再制造的质量控制体系，难以保证再制造产品的质量和可靠性。应尽早建立系统的再制造技术标准、再制造产品质量检测标准等规范化的标准体系。我国再制造因起步较晚，再制造企业的技术积累少，再制造技术相关的标准缺乏，因而一定程度上阻碍了再制造技术的推广应用。近两年来，国内相关高等院校和再制造企业正在联合制定再制造技术工艺标准、再制造质量检测标准、再制造产品认证标准等多类标准。下一步，应深化标准内涵，制定出具有良好通用性和可操作性的标准方案。

7.2 再制造技术与工艺

根据不同的目的、设备、手段等，对再制造技术进行分类。根据对废旧产品再制造工艺过程的分析以及再制造工程生产实践，可将再制造技术与工艺分为：①再制造拆装技术与工艺；②再制造清洗技术与工艺；③再制造检测技术与工艺；④再制造加工技术与工艺。

7.2.1 再制造拆装技术与工艺

1. 再制造拆装的特点

再制造拆装技术与工艺是对废旧产品的拆解和再制造产品的装配中全部技术工艺与方法的统称。科学的再制造拆装能够有效地保证再制造产品质量，减少再制造生产时间和费用，提高再制造的环保效益。再制造拆装包括拆解与装配两个阶段的工作内容。

（1）再制造拆解　再制造拆解是指将废旧产品及其部件有规律地按顺序分解成零部件，并保证在执行过程中最大化预防零部件性能进一步损坏的过程。再制造拆解是实现高效回收策略的重要手段，是再制造过程中的重要工序，也是保证再制造产品质量及其实现资源再制造利用最大化的关键步骤。废旧产品只有拆解后才能实现完全的材料回收，并且有可能实现零部件的再利用和再制造。拆解主要应用领域包括产品维修、材料回收、零部件的重新利用和再制造。科学的再制造拆解工艺能够有效保证再制造零件质量性能、几何精度，并显著缩短再制造周期，降低再制造费用，提高再制造产品质量。再制造拆解作为实现有效再制造的重要手段，不仅有助于零部件的重新利用和再制造，而且有助于材料再生利用，实现废旧产品的高品质回收。

废旧产品经再制造拆解后分解成零部件，对其进行清洗检测后，一般可分为三类：①可直接利用的零件（经过清洗检测后不需要再制造加工可直接应用）；②可再制造的零件（可通过再制造加工后达到再制造装配质量标准）；③报废件（无法直接再利用和进行再制造，需要进行材料再循环处理或其他无害化处理)。

(2) 再制造装配 再制造装配就是按再制造产品规定的技术要求和精度，将再制造拆解和加工后性能合格的零件、可直接利用的零件以及其他报废后更换的新零件组装成组件，由组件组装成部件，由部件组装成总成，最后组装成产品，并达到再制造产品所规定的精度和使用性能的整个工艺过程。由于产品的复杂程度不同，零件的组合情况不同，在再制造装配时要像产品制造装配一样，根据零件组合的特点，把机械组成单元加以区分。

▶▶2. 再制造拆解技术与工艺

(1) 再制造拆解分类 传统废旧产品再制造需要对其零部件进行完全拆解，但如果产品再制造由多个部门承担，也可以根据不同部门承担的零部件再制造内容不同，采取部分拆解或目标拆解的方式，如对不承担某一部件再制造的企业，可以不对该部件进行完全拆解。

1) 按拆解目的分类。按拆解目的，可将再制造拆解方法分为破坏性拆解和非破坏性拆解。

2) 按拆解程度分类。按拆解程度，可将再制造拆解方法分为部分拆解、完全拆解和目标拆解。

3) 按拆解方式分类。按拆解方式，可将再制造拆解方法分为顺序拆解和并行拆解。

(2) 再制造拆解工艺方法 再制造过程中零件拆解过程直接关系到产品的再制造质量，是再制造过程非常重要的工艺步骤。再制造拆解可分为击卸法、拉卸法、压卸法、温差法及破坏法，在拆解时应根据实际情况选用。

1) 击卸法。击卸法是利用锤子或其他重物在敲击或撞击零件时产生的冲击能量把零件拆解分离。它是拆解工作中最常用的一种方法，具有使用工具简单、操作灵活方便、不需特殊工具与设备、适用范围广等优点，但击卸法使用不正确时常会造成零件损伤或破坏。击卸大致分为三类：一是用锤子击卸，在拆解中，由于拆解件是各种各样的，一般就地拆解为多，故使用锤子击卸十分普遍；二是利用零件自重冲击拆解，在某些场合可利用零件自重冲击能量来拆解零件，如锻压设备锤头与锤杆的拆解往往采用这种办法；三是利用其他重物冲击拆解，在拆解结合牢固的大、中型轴类零件时，往往采用重型撞锤。

2) 拉卸法。拉卸法是使用专用顶拔器把零件拆解下来的一种静力拆解方法。它具有拆解件不受冲击力、拆解较安全、零件不易损坏等优点，但需要制作专用拉具。该方法适用于拆解精度要求较高、不许敲击或无法敲击的零件。拉卸常用于下列五种场合：轴端零件拉卸、轴拉卸、套拉卸、钩头键拉卸、绞击拉卸。

3）压卸法。压卸法是利用手压机、液压机进行拆卸的一种静力拆解方法，适用于拆解形状简单的过盈配合件。压卸常使用压力机拆解零件，一般来说这种方法容易。

4）温差法。温差法是利用材料热胀冷缩的性能，加热包容件，使配合件在温差条件下失去过盈量，实现拆解，常用于拆解尺寸较大的零件和热装的零件。例如，液压压力机或千斤顶等设备中尺寸较大、配合过盈量较大、精度较高的配合件或无法用击卸、压卸等方法拆解的情况，可用温差法拆解。在实际应用中，加热一般不宜超过 100～120℃，以防止零件变形或影响原有的精度。有时也利用加热和拉卸方法组合进行拆解。

5）破坏法。在拆解焊接、铆接等固定连接件时，或轴与套已互相咬死时，或为保存核心价值件而必须破坏低价值件时，可采用车、锯、錾、钻、割等方法进行破坏性拆解。这种拆解往往需要注意保证核心价值件或主体部位不受损坏，而对其附件则可采用破坏方法拆离。

▶ 3. 再制造装配技术与工艺

再制造装配是产品再制造的重要环节，其工作的好坏对再制造产品的性能、再制造工期和再制造成本等具有非常重要的影响。做好充分周密的准备工作以及正确选择与遵守装配工艺规程是再制造装配的两个基本要求。再制造装配中把零件装配成组件，或把零件和组件装配成部件，以及把零件、组件和部件装配成最终产品的过程可以按照制造过程的模式分别称为组装、部装和总装。再制造装配顺序一般是先组件、部件装配，最后是总装配。

（1）再制造装配的工作内容　再制造装配不但是决定再制造产品质量的重要环节，而且可以发现废旧零部件再制造加工等再制造过程中存在的问题，为改进和提高再制造产品质量提供依据。零部件清洗、尺寸和重量分选等，再制造装配过程中的零件装入、连接、部装、总装以及检验、调整、试验和装配后的试运转、涂装和包装等，从宏观上来讲都是再制造装配工作的主要内容。而再制造装配前的准备工作包括：研究和熟悉产品装配图、工艺文件及技术要求，了解产品的结构、零件的作用以及相互的连接关系，并对装配零部件配套的品种及其数量加以检查；确定装配的方法、顺序和准备所需的工具；对装配零件进行清洗和清理，去掉零件上的毛刺、锈蚀、油污及其他脏物，以获得所需的清洁度；对有些零部件还需进行刮削等修配工作，有的要进行平衡试验、渗漏试验和气密性试验等。

（2）再制造装配精度要求　再制造产品是在原废旧产品的基础上进行的性

能恢复或提升工作，所以其质量保证主要取决于再制造工艺中废旧零件再制造加工后的质量和再制造装配精度，即再制造产品性能最终由再制造装配精度给予直接保证。

（3）再制造装配工艺方法　根据再制造生产特点和具体生产情况，并借鉴产品制造过程中的装配方法，再制造的装配方法可以分为互换法、选配法、修配法和温差法四类。

1）互换法。互换法是采用控制再制造零件的加工误差或购置零件的误差来保证装配精度的装配方法。按互换的程度不同，可分为完全互换法与部分互换法。完全互换法是指再制造产品在装配过程中每个待装配零件不需挑选、修配和调整，直接抽取装配后就能达到装配精度要求。此类装配工作较为简单，生产率高，有利于组织生产协作和流水作业，对工人技术水平要求较低。部分互换法是指将各相关需要装配的再制造零件、新制备或购买的零件公差适当放大使装配件具有经济性且容易制造，又能保证装配后的绝大多数再制造产品达到装配要求。部分互换法是以概率论为基础的，可以将再制造装配中可能出现的废品控制在一个极小的比例之内。

2）选配法。选配法就是当再制造产品的装配精度要求极高，零件公差限制很严时，将再制造中零件的加工公差放大到经济可行的程度，然后在批量再制造产品装配中选配合适的零件进行装配，以保证再制造装配精度。根据选配方式不同，又可分为直接选配法、分组装配法和复合选配法。直接选配法是指废旧零件按经济精度再制造加工，凭工人经验直接从待装的再制造零件中选配合适的零件进行装配。这种方法简单，装配质量与装配工时在很大程度上取决于工人的技术水平，装配工时不稳定。它一般用于装配精度要求相对不高、装配节奏要求不严的小批量生产的装配中。例如，发动机再制造中的活塞与活塞环的装配。直接选配法需注意检查装配质量，达不到要求时应重新选配。该方法适用于零件多、生产周期较长的中小批生产。分组装配法一般是在大批量生产中，按实测各配合副尺寸将产品的零件分组，按组进行互换装配，以达到装配精度。分组装配法在内燃机、轴承等大批大量生产中有一定应用，而在机床装配中使用得很少。复合选配法是直接选配与分组装配的综合装配法，即预先分组，装配时再在各对应组内直接选配，多用于气缸与活塞的装配。

3）修配法。修配法是指预先选定某个零件为修配对象，并预留修配量，在装配过程中，根据实测结果用锉、刮、研等方法修去多余的金属，使装配精度达到要求。修配法能利用较低的零件加工精度来获得很高的装配精度，但增加了一道修配工序，工作量大，费工费时，且大多需要技术熟练的工人，不适合流水线生产。此方法主要适用于小批量的再制造生产中装配精度要求高且组成环数较多的情况。在实际再制造生产中，利用修配法原理来达到装配精度的具体方法有按件修配法、合并加工修配法等。按件修配法是指进行再制造装配时，对预定的修配零件采用去除金属材料的办法改变其尺寸，以达到装配要求的方法。合并加工修配法是将两个或多个零件装配在一起后进行合并加工修配，以减少累积误差，减少修配工作量。

4）温差法。再制造的温差法装配是利用材料热胀冷缩的性能，加热包容件或冷却被包容件使配合件在温差条件下失去过盈量实现装配，常用于装配尺寸较大的零件。薄壁套筒类零件的连接在条件具备时常采用冷却轴的方法进行装配。常用冷却剂有干冰、液态空气、氮、氨等。温差法装配中常用的加热方法包括油中加热（可达90℃左右）、水中加热（可达近100℃）以及电与电器加热，主要方法有电炉加热、电阻法加热以及感应电流法加热等，温度可控制在75～200℃之间。

（4）再制造装配工艺的拟定 拟定再制造装配工艺过程可参照产品制造过程的装配工艺，按以下步骤进行。

1）再制造产品分析。再制造产品是原产品的再创造，应根据再制造方式的不同对再制造产品进行分析，必要时会同设计人员共同进行。

2）产品图样分析。通过分析图样，熟悉再制造装配的技术要求和验收标准。

3）对产品的结构进行尺寸分析和工艺分析。尺寸分析是指进行再制造装配尺寸链的分析和计算，确定保证装配精度的装配工艺方法；工艺分析是指对产品装配结构的工艺性进行分析，确定产品结构是否便于装配。在审图中，若发现属于设计结构上的问题或有更好的改进设计意见，则应及时会同设计人员加以解决。

4）"装配单元"分解方案。一般情况下，再制造装配单元可划分为五个等级：零件、合件、组件、部件和产品，以便组织平行、流水作业。

5）确定装配的组织形式。装配的组织形式根据产品的批量、尺寸和质量的大小分为固定式和移动式两种。单件小批、尺寸大、质量大的再制造产品用固定装配的组织形式，其余常用移动式装配。再制造产品的装配方式、工作点分布、工序的分散与集中以及每道工序的具体内容都要根据装配的组织形式而确定。

6）拟定装配工艺过程。装配单元划分后，各装配单元的装配顺序应当以理想的顺序进行。这一步中需要考虑确定装配工作的具体内容、装配工艺方法及装配顺序、工时定额及工人的技术等级。

7.2.2 再制造清洗技术与工艺

1. 再制造清洗的特点

产品零件表面清洗是再制造过程中的重要工序，是检测零件表面尺寸精度、形状精度、位置精度、表面粗糙度值、表面性能、磨损及黏着等失效形式的前提，是零件进行再制造的基础。零件表面清洗的质量直接影响零件性能分析、表面检测、再制造加工及装配，对再制造产品的质量具有全面影响。

与拆解过程一样，清洗过程也不可能直接从普通的制造过程借鉴经验，这就需要再制造商和再制造设备供应商研究新的技术方法，开发新的再制造清洗设备。根据零件清洗的位置、复杂程度和零件材料等不同，在清洗过程中，所使用的清洗技术和方法也会不同，常常需要连续或同时应用多种清洗方法。

常用的清洗用具有油枪、油壶、油桶、油盘、毛刷、刮具、铜棒、软金属锤、防尘罩、防尘垫、空气压缩机、压缩空气喷头、清洗喷头及擦洗用的棉纱、砂布等。此外，为了完成各道清洗工序，可使用一整套各种专用的清洗设备，包括喷淋清洗机、浸浴清洗机、喷枪机、综合清洗机、环流清洗机、专用清洗机等，对设备的选用需要根据再制造的标准、要求、费用以及再制造场所等具体情况来确定。

2. 再制造清洗内容与技术

拆解后对废旧零件的清洗主要包括清除油污、水垢、锈蚀、积炭、油漆等内容。

1) 清除油污。凡是和各种油料接触的零件在拆解后都要进行清除油污的工作，即除油。清洗方式有人工方式和机械方式，包括擦洗、煮洗、喷洗、振动清洗、超声清洗等。

2) 清除水垢。机械产品的冷却系统经过长期使用硬水或含杂质较多的水后，在冷却器及管道内壁上会沉积一层黄白色的水垢。目前水垢清除方法有手工、机械和化学除垢三种，手工除垢效率低，机械除垢容易损伤金属表面，而化学除垢则比较理想。根据水垢在酸或碱中的溶解情况，化学除垢又分为碱法除垢和酸法除垢，但清除水垢用的化学清除液要根据水垢成分与零件材料慎重选用。碱法除垢常用纯碱法和磷酸钠法，纯碱法对硫酸盐水垢和硅酸盐水垢起作用，而磷酸钠法对碳酸盐水垢起作用。酸法除垢速度较快，适用于碳酸盐和混合型水垢的清洗。对铝合金零件表面的水垢可用质量分数为 5% 的硝酸溶液或质量分数为 10%～15% 的醋酸溶液。

3）清除锈蚀。锈蚀是因为金属表面与空气中氧、水分子以及酸类物质接触而生成的氧化物，如 FeO、Fe_3O_4、Fe_2O_3 等。除锈的方法有机械法、化学法和电解法三类。机械法除锈主要是用钢丝刷、刮刀、砂布或电动砂轮等工具，利用机械摩擦、切削等作用清除零件表面锈蚀，常用的方法有刷、磨、抛光、喷砂等。化学法除锈是用酸或碱溶液对金属制品进行强浸蚀处理，使制品表面的锈层通过化学作用和浸蚀过程所产生氢气泡的机械剥离作用而被除去，常用的酸包括盐酸、硫酸、磷酸等。电解法除锈是在酸或碱溶液中对金属制品进行阴极或阳极处理除去锈层。阳极除锈是利用化学溶解、电化学溶解和电极反应析出的氢气泡的机械剥落作用。阴极除锈是利用化学溶解和阴极析出氢气泡的机械剥离作用。在化学除锈的溶液内通以电流可加快除锈速度，减少基体金属腐蚀及酸消耗量。

4）清除积炭。积炭是燃料和润滑油在燃烧过程中不充分燃烧，并在高温作用下形成的一种由胶质、沥青质、润滑油和炭质等组成的复杂混合物。清除积炭目前常使用机械法、化学法和电解法等。机械法是指用金属丝刷与刮刀去除积炭，方法简单，但效率较低，不易清除干净，并易损伤表面，而用压缩空气喷射清除积炭能够明显提高效率。化学法是指将零件浸入苛性钠、碳酸钠等清洗液中，温度为 80～95℃，使油脂溶解或乳化，待积炭变软后再用毛刷刷去积炭并清洗干净。电解法是指将碱溶液作为电解液，工件接于阴极，使其在化学反应和氢气的共同剥离作用力下去除积炭，其去除效率高但要掌握好清除积炭的规范。

5）清除油漆。拆解后零件表面的原保护漆层都需要全部清除，并经冲洗干净后重新喷漆。对油漆的清除可先借助已配制好的有机溶剂、碱性溶液等作为退漆剂涂刷在零件的漆层上，使之溶解软化，再用手工工具去除漆层。粗加工面的旧漆层可用铲刮的方法来清除。精加工面的旧漆层可采用布头沾汽油或香蕉水用力摩擦来清除。对于高低不平的加工面上的旧漆层（如齿轮加工面），可采用钢丝刷清除。

再制造清洗技术主要包括以下几种。

1）热能清洗技术。热能对清洗有较好的促进作用。由于水和有机溶剂对污垢的溶解速度和溶解量随温度升高而提高，所以提高温度不仅有利于有机溶剂发挥其溶解作用，而且可以节约水和有机溶剂的用量。同样，清洗后用水冲洗时，较高的水温更有利于去除吸附在清洗对象表面的碱和表面活性剂。

2）浸液清洗技术。

① 浸泡清洗技术。将清洗对象放在洗液中浸泡、湿润而洗净的湿式清洗称为浸泡清洗。在浸泡清洗系统中，清洗和冲洗分别在不同洗槽中进行，分多次进行的浸泡清洗可以得到洁净度很高的表面。因此，浸泡清洗具有清洗效果好的特点，特别适用于对数量多的小型清洗对象进行清洗。

② 流液清洗技术。零部件清洗时，除了可以把零部件置于洗液中的静态处理外，有时为提高污垢被解离、乳化、分散的效率，还可让洗液在清洗对象表面流动，称为流液清洗。搅拌容易得到使洗液均匀有效流动的效果。流液清洗通常有以下三种方法：洗液运动、清洗对象运动、清洗对象和洗液都运动。

3) 压力清洗技术。压力清洗是清洗技术中常用的手段，应用各种方式的压力，如高压、中压以至负压、真空等，都能产生很好的清洗力。

4) 摩擦清洗、研磨清洗与磨料喷砂清洗技术。

① 摩擦清洗技术。对于一些不易去除的污垢来说，使用摩擦的方法往往能取得较好的效果。

② 研磨清洗技术。研磨清洗是指用机械作用力去除表面污垢的方法。研磨清洗方法包括使用研磨粉、砂轮、砂纸以及其他工具对含污垢的清洗对象表面进行研磨、抛光等。研磨清洗的作用力比摩擦清洗的作用力大得多。操作方法主要有手工研磨和机械研磨。

③ 磨料喷砂清洗技术。磨料喷砂是把干的或悬浮于液体中的磨料定向喷射到零件或产品表面的清洗方法。磨料喷砂清洗是清洗领域内广泛应用的方法之一，可应用于清除金属表面的锈层、氧化皮、干燥污物、型砂和涂料等污垢。

5) 超声波清洗技术。超声波对附着的污垢有很强的解离分散能力，因此超声波清洗技术越来越多地被应用到清洗领域的各个方面。超声波清洗的机理是基于在清洗液中引入超声振动，向清洗液辐射声波，产生超声空化效应，利用这种空化效应清洗零件表面上的各种污物。超声波的搅拌作用可使清洗液发生运动，新鲜清洗液不断作用于污垢加速污垢的溶解。由于超声波对清洗对象有作用力，当清洗对象很脆弱时，不宜用超声波清洗。

6) 电解清洗技术。电解是在电流作用下，物质发生化学分解的过程。电解清洗是利用电解作用将金属表面的污垢去除的清洗方法。根据去除污垢的种类不同，分电解脱脂和电解研磨去锈。

▷ 7.2.3 再制造检测技术与工艺

▷ 1. 再制造检测的特点

各种零件经过长期使用后，其原有尺寸、形状、表面质量会发生变化，无法在再制造装配时满足互换性要求，这就需要通过各种检查、试验和测量、计算，来鉴定废旧零件的技术状况以及磨损、变形程度，并根据几何参数标准值、使用极限值、允许不加工值，将零件分为直接可用、需再制造加工、报废处理三类。拆解后废旧零件的鉴定与检测工作是产品再制造过程的重要环节，是保证再制造产品质量的重要步骤，应给予高度的重视。同样，废旧零件的再制造检测方法也可以在再制造加工后生成的再制造零件检测中进行应用。

用于再制造的废旧零件要根据经验和要求进行全面的质量检测，同时根据具体需要有侧重，一般包括以下几个方面的内容。

（1）几何精度　几何精度包括零件的尺寸、形状和表面相互位置精度等。通常需要检测零件尺寸、圆柱度、圆度、平面度、直线度、同轴度、垂直度、跳动等。产品摩擦副的失效形式主要是磨损，因此，要根据再制造产品生命周期要求，正确检测判断毛坯件的磨损程度，并预测其再使用时的情况和服役寿命等。根据再制造产品的特点及质量要求，检测时也要关注零件装配后的配合精度。

（2）表面质量　废旧零件表面经常会产生各种不同的缺陷，如粗糙不平、腐蚀、磨损、擦伤、裂纹、剥落、烧损等，零件产生这些缺陷会影响零件工作性能和使用寿命。例如：气门存在麻点、凹坑会影响密封性，引起漏气；齿轮表面疲劳剥落，会影响啮合关系，使工作时发出异常的响声。因此，废旧零件拆解清洗后，需对这些缺陷零件表面、表面材料与基体金属的结合强度等进行检测，并判断存在的缺陷零件是否可以再制造，为选择再制造方案提供依据。

（3）理化特性　零件的理化特性包括金属毛坯的合金成分、材料的均匀性、强度、硬度、热物理性能、硬化层深度、应力状态、弹性、刚度等，橡胶件和塑料的变硬、变脆、老化等都应作为检测内容。这些特性的改变也影响机器的使用性能，出现不正常现象。例如，油封老化会产生漏油现象，活塞环弹性减弱会影响密封性。但不可再制造的零件可以直接丢弃，而不用安排检测工序，如部分老化并不可能恢复的高分子材料件。

（4）潜在缺陷　对废旧零件内部的夹渣、气孔、疏松、空洞、焊缝等缺陷及微观裂纹等进行检测，防止再制造件渗漏、断裂等故障发生。

（5）零件的重量差和平衡　具有重量差的高速转动的零件不平衡将引起机器的振动，并将给零件本身和轴承造成附加载荷，从而加速零件的磨损和其他损伤。一些高速转动的零部件，如曲轴飞轮组、汽车传动轴以及小汽车的车轮等，需要进行动平衡和振动状况检查。动平衡需要在专门的动平衡机上进行，如曲轴动平衡机、小汽车车轮动平衡机等。

▶▶ 2. 再制造检测技术

再制造检测技术按检测目标内容的不同可以分为几何参数检测技术、力学性能检测技术以及无损检测技术等。

（1）几何参数检测技术　零件的几何参数是影响再制造装配质量和部件工作准确程度的重要参数。再制造产品所用旧件或再制造件的几何参数检测就是根据再制造产品标准图样、几何参数要求，通过测量将零件的几何参数与规定要求进行比较，鉴定其可用性、再制造性或对再制造后的再制造加工质量做出判定的过程。几何参数检测主要包括：①尺寸误差检测；②几何误差检测；③表面粗糙度检测。

（2）力学性能检测技术　在再制造过程中，必须按照制造阶段的零件性能规定标准，对废旧零件的力学性能进行检测，以确保再制造产品的质量。根据产品性能劣化规律，废旧产品零部件除磨损和断裂外，主要的力学性能变化是硬度下降；另外，还有高速旋转机件动平衡失衡、弹簧类零件弹性下降、高分子材料的老化等问题。力学性能检测包括：①零件硬度检测；②动平衡检测。

（3）无损检测技术　零部件内部损伤或缺陷，从外观上很难进行定量的检测，主要使用无损检测技术来鉴定。无损检测在再制造生产领域获得了广泛应用，成为控制再制造产品生产质量的重要技术手段，常用的有渗透检测、磁粉检测、超声波检测、涡流检测、磁记忆检测和射线检测等。

1）渗透检测。把受检测零件表面处理干净以后，涂覆专用的渗透液，由于表面细微裂纹缺陷的毛细作用将渗透液吸入其中，然后把零件表面残存的渗透液清洗掉，再涂覆显像剂把缺陷中的渗透液吸出，从而显现缺陷图像。

2）磁粉检测。磁粉检测就是利用磁化后的零件材料在缺陷处会吸附磁粉，以此来显示缺陷存在的一种检测方法。

3）超声波检测。超声波检测是利用超声波探头产生超声波脉冲，超声波射入检测零件后在零件中传播，如果零件内部有缺陷，则一部分入射的超声波在缺陷处被反射，由探头接收并在示波器上表现出来。

4）涡流检测线圈中通以交变电流就会产生交变磁场 H_p。若将零件（导体）放在线圈磁场附近或放在线圈中，零件在线圈产生的交变磁场作用下就会在其表面感应出旋涡状的电流，称为涡流。涡流又产生交变反磁场 H_s，根据楞次定律，H_s 的方向与原有激励磁场 H_p 的方向相反。将探测线圈接收到的信号变成电信号输入到涡流仪中进行不同的信号处理，在示波器或记录仪上显示出来，以表示材料中是否有缺陷。如零件表面有裂纹会阻碍涡流流过或使它流过的途径发生扭曲，使用探测线圈便可把这些变化情况检测出来。

5）磁记忆检测由于铁磁性金属部件存在着磁机械效应，故其表面上的磁场分布与部件应力载荷有一定的对应关系，因此可通过检测部件表面的磁场分布状况间接地对部件缺陷和应力集中位置进行诊断，这就是磁记忆检测的基本原理。

6）射线检测 X 射线、γ 射线和中子射线因易于穿透物质而在质量检测中获得了应用。它们的作用原理如下：射线在穿过物质的过程中，由于受到物质的散射和吸收作用而使其强度降低，强度降低的程度取决于物体材料的种类、射线种类及其穿透距离。这样，当把强度均匀的射线照射到物体（如平板）上一个侧面，通过在物体的另一侧检测射线在穿过物体后的强度变化就可检测出物体表面或内部的缺陷，包括缺陷的种类、大小和分布状况。

再制造工程的迅速发展促进了再制造先进检测技术的发展，除了上述提到的先进检测技术外，还有激光全息照相检测、声阻法探伤、红外无损检测、声发射检测、工业内窥镜检测等先进检测技术，它们为提高再制造生产率和质量提供了有效保证。

7.2.4 再制造加工技术与工艺

1. 再制造加工的特点

再制造加工是指对废旧失效零部件进行几何尺寸和力学性能加工恢复或升级的过程。再制造加工主要有两种方法，即机械加工方法和表面工程技术方法。实际上大多数失效的金属零部件可以采用再制造加工工艺加以性能恢复，甚至可以使恢复后的零件性能达到甚至超过新件。例如：采用等离子热喷涂技术修复的曲轴，因轴颈耐磨性能的提高可以使其寿命超过新轴；采用等离子堆焊技术恢复的发动机阀门，寿命可达到新件的两倍以上；采用低真空熔覆技术恢复的发动机排气阀门，寿命相当于新件的 3~5 倍。

2. 镀层再制造技术

电镀是一种用电化学方法在镀件表面沉积所需形态的金属覆层的工艺。电镀的目的是改善材料的外观，提高材料的各种物理化学性能，赋予材料表面特殊的耐蚀性、耐磨性、装饰性、焊接性及电、磁、光学性能等。为达到上述目的，镀层仅需几微米到几十微米厚。电镀工艺设备较简单，操作条件易于控制，镀层材料广泛，成本较低，因而在工业中广泛应用，也是机件表面再制造的重要技术方法。

不同成分及不同组合方式的镀层具有不同的性能。如何合理选用镀层，其基本原则与通常的选材原则大致相似。首先要了解镀层是否具有所要求的使用性能，然后按照零件的服役条件及使用性能要求，选用适当的镀层；还要按基材的种类和性质，选用相匹配的镀层。例如，阳极性或阴极性镀层，特别是当镀层与不同金属零件接触时，更要考虑镀层与接触金属的电极电位差对耐蚀性的影响，或摩擦副是否匹配。另外要依据零件加工工艺选用适当的镀层，如铝合金镀镍层，镀后常需通过热处理来提高结合力，若是时效强化铝合金，镀后热处理将会造成过时效。此外，要考虑镀覆工艺的经济性。

（1）镀铬技术　镀铬是用电解法修复零件的最有效方法之一。它不仅可修复磨损表面的尺寸，而且能改善零件的表面性能，特别是提高表面耐磨性。

（2）化学镀技术　化学镀工艺包括镀前预处理、施镀操作和镀后处理。镀前预处理一般包括除锈、除油、清洗等。根据镀层使用目的的不同，其镀后处理包括清洗、干燥、除氢、热处理、打磨抛光、钝化等。化学镀施镀过程中，必须严格控制其镀液成分和施镀工艺参数。化学镀技术的核心是镀液。

（3）电刷镀技术　电刷镀是在金属工件表面局部快速电化学沉积金属的新技术。电刷镀技术的基本原理与槽镀相同，但它却有着区别于槽镀的许多特点。应用范围主要包括恢复磨损零件的几何参数精度，填补零件表面的划伤沟槽、压坑，补救加工超差产品，强化零件表面，减小零件表面的摩擦系数，提高零件表面的耐蚀性，装饰零件表面。

（4）纳米复合电刷镀技术　纳米复合电刷镀技术是指采用电刷镀技术进行产品再制造时，把具有特定性能的纳米颗粒加入电刷镀液中，获得纳米颗粒弥散分布的复合电刷镀涂层，提高产品零件表面性能。

▶▶ 3. 涂层再制造技术

热喷涂技术是指利用热源将金属或非金属材料熔化、半熔化，并以一定速度喷射到设备或其零部件表面形成涂层的方法。在喷涂过程中，熔融状粒子撞击基体表面后铺展成薄片状，并瞬间冷却凝固，后续颗粒不断撞击到先前形成的薄片上，堆积形成涂层。热喷涂是产品再制造的一个重要手段，不仅可以恢复产品零部件的尺寸，还可以显著提高零部件的表面性能，已经广泛应用于设备零部件的再制造与维修中，产生了显著的综合效益。

热喷涂具有以下特点：喷涂材料的选用范围广泛，几乎包括所有的金属、合金、陶瓷以及塑料等材料；涂层的功能多，包括耐磨、耐蚀、耐高温、抗氧化、隔热、导电、绝缘、密封、润滑等；适用于各种基体材料，如金属、陶瓷、玻璃等无机材料和塑料、木材、纸等有机材料；被处理零件变形小，涂层厚度容易控制；涂层中存在一定孔隙；涂层与基体的结合机理主要为机械结合。

喷涂材料与加热温度的高低、喷涂速度的大小、粉末粒度大小、能源种类、喷枪构造、送粉方式等多种因素有关。热喷涂技术包括高速电弧喷涂技术、氧乙炔火焰喷涂技术、微纳米等离子喷涂技术、表面粘涂技术等。

▶▶ 4. 覆层再制造技术

（1）焊接技术 通过加热或加压或两者并用，再加入或不加入填充材料使焊件连接在一起的方法称为焊接。根据提供的热源不同可分为电弧焊、气焊等，而根据焊接工艺的不同可分为焊补、堆焊、钎焊等。

1）焊补。铸铁零件在机械设备零件中所占的比例较大，且多数为重要的基础件。由于铸铁零件大多体积大，结构复杂，制造周期长，有较高精度要求，且无备件，一旦损坏很难更换，所以，焊接是铸铁零件修复与再制造的主要方法之一。非铁金属焊补包括铜及铜合金件焊补、铝及铝合金件焊补等。

2）堆焊。堆焊是焊接工艺方法的一种特殊应用，是指将具有一定使用性能的材料借助一定的热源熔覆在母体材料的表面，以赋予母材特殊使用性能或使零件恢复原有形状尺寸的工艺方法。因此，堆焊既可用于修复材料因服役而导致的失效部位，也可用于强化材料或零件的表面，提高零件的性能，如高的抗磨性、良好的耐蚀性或其他性能，从而延长服役件的使用寿命，节约贵重材料，降低制造成本。堆焊的材料可以是合金，也可以是金属陶瓷。

3）钎焊。钎焊就是采用比基体材料熔点低的金属材料作为钎料，将钎料加热到高于钎料熔点、低于基体金属熔化温度，利用液态钎料润湿基体金属填充接头间隙并与基体金属相互扩散实现连接的一种焊接方法。

（2）微脉冲电阻焊技术 微脉冲电阻焊技术利用电流通过电阻产生的高温，将补材施焊到工件母材上去。在有电脉冲的瞬时，电阻热在金属补材和基材之间产生焦耳热，并形成一个微小的熔融区，构成微区脉冲焊接的一个基本修补单元；在无电脉冲的时段，高温状态的工件依靠热传导将前一瞬间形成的熔融区的高温迅速冷却下来。由于无电脉冲的时间足够长，这个冷却过程完成得十分充分。从宏观上看，在施焊修补过程中，工件在修补区整体温升很小。

微脉冲电阻焊技术的主要特点如下：①输出能量小，单个脉冲的最大输出能量为 125～250 J；②脉冲输出时间短，脉冲输出时间为毫秒级，输出装置提供不超过 10 ms 的电脉冲，其输出能量小得多；③脉冲的占空比很小，脉冲间隔在 250～300 ms 之间，它与脉冲输出时间相比很大，即脉冲放电时间不超过 10 ms；④单个脉冲焊接的区域小，通常焊点直径在 0.50～1.00 mm 之间。

（3）激光再制造技术 激光再制造技术是指应用激光束对废旧零部件进行再制造处理的各种激光技术的统称。按激光束对零件材料作用结果的不同，激光再制造技术主要可分为两大类，即激光表面改性技术和激光加工成形技术。激光再制造技术主要针对表面磨损、腐蚀、冲蚀、缺损等零部件局部损伤及尺寸变化进行结构尺寸恢复，同时提高零部件服役性能，是先进再制造技术的重要组成部分，对恢复废旧产品并提高零件使用性能具有重要作用，在再制造中日益得到应用。

1）激光熔覆（快速成形）再制造技术。激光熔覆（又称为激光熔敷）是指在被涂覆基体表面上，以不同的添料方式放置选择的涂层材料，经激光辐照使其和基体表面薄层同时熔化，快速凝固后形成稀释度极低、与基体金属成冶金结合的涂层，从而显著改善基体材料表面的耐磨、耐蚀、耐热、抗氧化等性能的工艺方法。它是一种经济效益较高的表面改性技术和废旧零部件维修与再制造技术，可以在低性能廉价钢材上制备出高性能的合金表面，以降低材料成本，节约贵重稀有金属材料。按照激光束工作方式的不同，激光熔覆可以分为脉冲激光熔覆和连续激光熔覆两种。激光熔覆工艺优化主要通过控制激光加热工艺参数和确定熔覆材料及其供给方式实现。通常，熔覆处理工艺需要优化和控制的工艺参数主要包括激光输出功率、扫描速度、光斑尺寸和材料供给率（送粉量和送丝速度）等。

激光熔覆材料主要是指形成熔覆层所用的原材料。熔覆材料的状态一般有粉末状、丝状、片状及膏状等，其中粉末状材料应用最为广泛。目前，激光熔覆粉末材料一般是借用热喷涂用粉末材料和自行设计开发粉末材料，主要包括自熔性合金粉末、金属与陶瓷复合（混合）粉末及各应用单位自行设计开发的合金粉末等。所用的合金粉末主要包括镍基、钴基、铁基、铜基、钛合金粉末等。熔覆材料供给方式主要分为预置法和同步法等。

为了使熔覆层具有优良的质量、力学性能和成形工艺性能，减小其裂纹敏感性，必须合理设计或选用熔覆材料。在考虑熔覆材料与基体材料热膨胀系数相近、熔点相近以及材料润湿性等的基础上，还需对激光熔覆工艺进行优化。激光熔覆层质量控制主要是减少激光熔覆层的成分污染、裂纹和气孔以及防止氧化与烧损等，提高熔覆层质量。

2）激光仿形熔铸再制造技术。激光仿形熔铸再制造技术通常采用预置涂层或喷吹送粉方法加入熔铸金属，利用激光束聚焦能量极高的特点，在瞬间使基体表面仅仅微熔，同时使与基体材质相同或相近的熔铸金属粉末全部熔化，激光离去后快速凝固，获得与基体为冶金结合的致密覆层表面，使零件表面恢复几何外形尺寸，而且使表面涂层强化。

激光仿形熔铸再制造技术解决了振动焊、氩弧焊、喷涂、镀层等修理方法无法解决的材料选用局限性、工艺过程热应力、热变形材料晶粒粗大、基体材料结合强度难以保证等问题。

（4）氧乙炔火焰粉末喷熔技术　氧乙炔火焰粉末喷熔的原理是以氧乙炔火焰为热源，把自熔性合金粉末喷涂在经过制备的工件表面上，在工件不熔化的情况下，再加热粉末，使其熔融并润湿工件，通过液态合金与固态工件表面的相互溶解与扩散，形成一层与基体呈现冶金结合、组织致密、性能均匀、有特殊性能的表面熔覆层。喷熔对工件的热影响介于喷涂与堆焊之间。喷熔层与基体之间结合主要是扩散型冶金结合，结合强度是喷涂结合强度的10倍左右。

▶ 5. 表面改性再制造技术

表面改性技术是指采用机械、物理或化学工艺方法，仅改变材料表面、亚表面层的成分、结构和性能，而不改变零件宏观尺寸的技术，是产品表面工程和再制造工程的重要组成部分。零件经表面改性处理后，既能发挥基体材料的力学性能，又可以提升基体材料的表面性能，使材料表面获得各种特殊性能（如耐磨性、耐蚀性、耐高温性，合适的射线吸收、辐射和反射能力，超导性能，润滑性，绝缘性，储氢性等）。表面改性再制造技术主要包括表面强化技术、离子注入技术、低温离子渗硫技术等。

（1）表面强化技术　表面强化技术是指利用热能、机械能等使金属表面层得到强化的表面技术。工程中通常把某些涂层技术（如电火花沉积技术等）也归为表面强化技术。它包括表面形变强化技术和表面相变强化技术。

（2）离子注入技术　金属的离子注入是指在离子注入机中把各种所需的离子，如 N、C、O、Ni、Ag 和 Ar 等非金属或金属离子加速形成具有几万甚至几百万电子伏特能量的载能束，并注入于金属固体材料的表面层。

（3）低温离子渗硫技术　低温离子渗硫技术是一种真空表面处理技术。它采用离子轰击的手段，用电场加速硫离子，使其高速轰击零件表面，在表面下有效地形成一层硫化亚铁，也就是所期望的固体润滑剂。

▶ 6. 机械再制造技术

机械加工是零件再制造最常用的基本方法。它既可作为独立的手段，直接对零件再制造加工，也是其他再制造技术，如焊接、电镀、喷涂等的工艺准备和最后加工中不可缺少的工序。机械加工再制造恢复法是指以机械加工作为独立手段，直接进行机械设备零部件再制造的一种技术方法。这种再制造技术方法简单易行，再制造后质量稳定，加工成本低，只要待再制造零件缺陷部位的结构和强度允许都可采用，目前在国内外再制造厂实际生产中得到了广泛的应用。

再制造方式主要是以机械加工为主的再制造修理尺寸法和换件法，即通过车削、磨削等方式对磨损量超差的零件进行机械加工，来恢复零件的尺寸公差与配合要求，对于无法修复的易损件来说，则通过更换新件来满足再制造质量保证的要求。失效件的机械再制造技术常用的方法有再制造修理尺寸法、钳工恢复法、附加零件恢复法（镶套修理法）、局部更换恢复法。

7.3　废旧机电产品再制造实施大批量定制与应用

大批量定制的相似性、重用性、全局性基本原理以及相关理论和技术的应用，将可能从根本上改变目前废旧机电产品绿色再制造模式，大大优化再制造的回收、拆卸、清洗、零部件检测与评估、再制造产品设计、零部件再制造、零部件重用、新零部件采购、再制造产品再装配、再销售等全过程。在标准化技术、现代设计方法学、信息技术、先进制造技术、绿色制造技术等的支持下，克服废旧机电产品零部件回收数量、材料、尺寸、精度、剩余寿命等的不确定性和多样性对设计和工艺的约束，根据客户个性化市场需求，以大批量生产的低成本、高质量和高效率，资源节约、环境友好地提供定制化再制造产品和服务。

7.3.1　废旧机电产品再制造大批量定制特性及过程模型

1. 废旧机电产品再制造大批量定制特性

废旧机电产品再制造对大批量定制的生产方式有着迫切的需求。废旧机电产品再制造的大批量定制需求不仅来自与新产品一样用大批量的低成本满足客户个性化、多样化市场需求的压力，也来自再制造产品的设计和工艺自身的个性化和多样化需求。再制造毛坯是废旧零部件，设计者在设计再制造产品时必须考虑如何充分利用现有的废旧零部件，从而形成对设计者的约束，由于回收零部件的数量、材料、结构、尺寸、精度、剩余寿命等具有不确定性和多样性，直接导致再制造产品设计的多样性和个性定制特征。废旧零部件的种类和规格具有多样性，即使同一规格的零部件，由于以往使用工况存在差异，其尺寸磨损、材料性能变化都具有不确定性和差异性，需要根据零部件的实际磨损或损坏情况进行定制化的再修复、再加工，这都给再制造实施大批量定制带来了很大困难。以下分别对再制造大批量定制需求特征及特性进行分析。

（1）再制造大批量定制化需求特征　废旧机电产品的再设计、再制造本身就是一个多品种、小规模的定制化生产过程。因此，区别于一般的大批量定制化生产，再制造的定制化需求具有双向特征：一是来自废旧零部件不确定性、差异性状态，为了实现回收重用率极大化的推动式定制需求；二是适应客户个性化、多样化产品需求的拉动式定制需求，如图 7-3 所示。

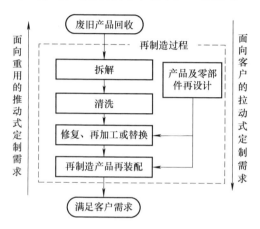

图 7-3　再制造双向定制特征

（2）机电产品再制造大批量定制特性　再制造过程本身就是一项很复杂的系统工程，在此基础上实施大批量定制，进一步加大了工作量，提高了难度系数，不仅与再制造技术和管理方式有关，还与决策者和执行者的思维方式和价值观有关。再制造产品的设计、管理及制造过程中要始终体现出全局性的理念，特别是在产品规划中充分将市场环境与产品特点相结合、技术特点与设施条件相结合、定制深度与规模程度相结合。对于类型基本相同的废旧机电产品，再制造过程中存在着可重新组合和可重复使用的单元，通过采用标准化、模块化和系列化等方法，将定制再制造产品的生产问题通过产品重组和过程重组转化为或部分转化为规模生产问题，从而以较低的成本、较好的质量和较快的速度生产出再制造产品，支持大批量定制的实现，充分开发废旧零部件的价值。根据以上分析，面向再制造过程，在全局性思想的指导下，大批量定制特性为再制造相似性和再制造重用性，如图 7-4 所示。

2. 废旧机电产品再制造大批量定制过程模型

面向市场竞争的再制造系统具有明显的大规模定制化特征，通过引入大批量定制生产方式理论和技术，对废旧机电产品的再制造过程进行分析和研究，将可能从根本上改变目前废旧机电产品小规模作坊式不规范的再制造模式。

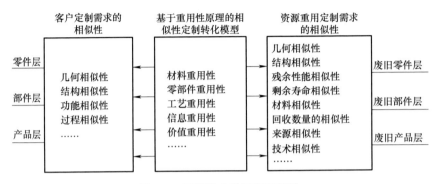

图7-4　再制造大批量定制特性

图7-5所示为一种面向订单的废旧机电产品再制造大批量定制过程模型框图。该框图面向订单集成了制造/再制造全过程，描述了定制过程及定制点的分布状况。资源重用定制点主要包括回收定制点、拆卸定制点、分类定制点、再制造定制点等；客户需求定制点主要包括包装定制点、涂覆定制点、局部加工定制点、总装定制点、部件装配定制点等。各定制点与面向订单的定制化设计进行定制信息交互，采用并行工程的原理整体协调，保证全过程定制点的定制一致性，快速、有效、准确地满足客户定制需求。

▶▶**3. 废旧机电产品再制造大批量定制过程的三维优化策略**

为了实现优化目标，提出一种定制过程三维优化策略，即产品维优化、过程维优化、重用维优化，如图7-6所示。在三维优化策略中，产品维优化和过程维优化均是极小化定制量，提高再制造整体定制效率；而重用维优化则是极小化新制造或新购零部件数，提高再制造零部件的重用量。三维优化的跨度均具有全局性特征，即产品体系的全局性和产品全生命周期的全局性。产品维、过程维、重用维优化策略构成了定制过程三维优化模型。

（1）产品维优化　产品维优化需要正确区分客户的共性和个性需求、废旧产品及其零部件循环利用的共性和个性特征。通过对再制造新产品材料、结构、技术参数等的合理优化和归并处理，使得其中的共性部分极大化，定制部分极小化，从而尽可能减少定制零部件件数，提高定制设计效率。

（2）过程维优化　正确识别再制造全过程中大批量生产环节和定制环节，通过协调优化各个过程，确定客户订单分离点，尽可能减少定制环节，增加大批量生产环节，提高生产率。

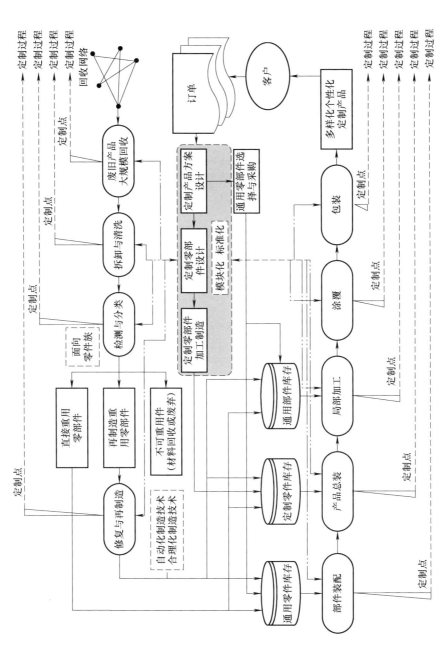

图7-5 一种面向订单的废旧机电产品再制造大批量定制过程模型框图

（3）重用维优化 产品中的零部件划分为重用零部件（含直接重用和再制造重用）和新制造零部件。由于再制造件相对于新购或新造件具有成本低（约为50%）、制造加工时间短等优点，因此再制造件的比例越高，再制造系统越能够以更低成本和更快速度满足客户需求，并提高废旧资源循环利用率。

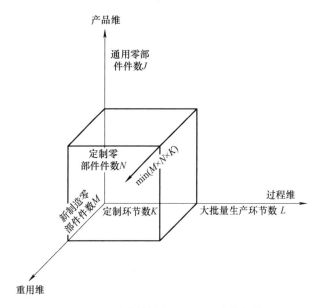

图 7-6 再制造大批量定制过程三维优化策略

7.3.2 废旧机电产品再制造大批量定制若干支持理论研究

1. 再制造大批量定制模式中再制造产品设计的物料优化配置模型

（1）问题描述 大批量定制模式中再制造产品设计的物料优化配置模型主要解决在设计规划阶段废旧零部件的重用优化问题，通过优化配置废旧零部件与再制造零部件设计之间的重用关系，使得废旧零部件重用效率及重用价值极大化。

假设再制造系统中有 m 种废旧零部件，同时接到 n 种零部件的定制需求。该 m 种废旧零部件是通过对废旧产品及零部件进行拆卸、清洗和检测后，根据其材料、缺陷、规格等指标进行分类得到的。各类废旧零部件与定制零部件之间具有再制造的关联关系，如何合理地配置两者之间的再制造关联关系需要从技术可行性、经济可行性以及资源重用可行性三方面进行综合评估。

（2）优化目标及其量化评价

1）技术可行性。技术可行性主要从再制造工艺可行性、生产设备可行性及交货期保证等方面判断再制造过程在技术保证方面的难易程度。技术可行性很难量化评估，但一般可以根据技术人员的经验及生产条件进行定性判断。这里拟采用 {不可行，基本可行，比较可行，非常可行} 的评语集，对应的评价分值为 {0，1，2，3}。

2）经济可行性。经济可行性主要评价零部件再制造的成本效益情况。根据再制造产品成本与新件成本的百分比 {≥100%，80% ~ 100%，60% ~ 80%，≤60%} 来确定评分值分别为 {0，1，2，3}。

3）资源重用可行性。资源重用可行性主要考察资源再利用率，是指再制造后的定制零部件与废旧零部件的重量比值百分比，具体评价集为 {≥100%，80% ~ 100%，60% ~ 80%，≤60%}，相应的评分值为 {0，1，2，3}。

（3）优化配置模型的建立　假设再制造系统中有 m 种废旧零部件，可用 X 来表示，见式（7-1）；n 种定制零部件可用 Y 来表示，见式（7-2）。X 与 Y 之间的关联关系可用矩阵 A 来表示，见式（7-3）。矩阵 A 称为配置方案矩阵。

$$X = (x_1, x_2, \cdots, x_i, \cdots, x_m) \tag{7-1}$$

$$Y = (y_1, y_2, \cdots, y_j, \cdots, y_n) \tag{7-2}$$

式中，x_i 是第 i 种废旧零部件数量；y_j 是第 j 种定制零部件数量。

$$A = \begin{pmatrix} a_{11} & a_{12} & \cdots & a_{1n} \\ a_{21} & a_{22} & \cdots & a_{2n} \\ \vdots & \vdots & & \vdots \\ a_{m1} & a_{m2} & \cdots & a_{mn} \end{pmatrix} \tag{7-3}$$

式中，a_{ij} 是第 i 种废旧零部件再制造成第 j 种定制零部件的数量。

为了判断某一特定配置方案矩阵 A 是否可行，需要计算出其对应的综合效益评价值，即技术可行性效益值、经济可行性效益值及资源重用率效益值。对应于配置方案矩阵，效益值也可以用矩阵的形式进行描述。首先建立单位效益矩阵，以技术可行性效益矩阵为例加以说明，见式（7-4）。矩阵 T 则描述了 m 种废旧零部件与 n 种定制零部件之间的技术可行性效益关联关系，构成技术可行性效益矩阵。同理，可以建立经济可行性效益矩阵，见式（7-5）；资源重用率效益矩阵，见式（7-6）。

$$T = \begin{pmatrix} t_{11} & t_{12} & \cdots & t_{1n} \\ t_{21} & t_{22} & \cdots & t_{2n} \\ \vdots & \vdots & & \vdots \\ t_{m1} & t_{m2} & \cdots & t_{mn} \end{pmatrix} \tag{7-4}$$

式中，t_{ij}是第 i 种废旧零部件再制造成第 j 种定制零部件的技术可行性效益值。

$$E = \begin{pmatrix} e_{11} & e_{12} & \cdots & e_{1n} \\ e_{21} & e_{22} & \cdots & e_{2n} \\ \vdots & \vdots & & \vdots \\ e_{m1} & e_{m2} & \cdots & e_{mn} \end{pmatrix} \tag{7-5}$$

$$R = \begin{pmatrix} r_{11} & r_{12} & \cdots & r_{1n} \\ r_{21} & r_{22} & \cdots & r_{2n} \\ \vdots & \vdots & & \vdots \\ r_{m1} & r_{m2} & \cdots & r_{mn} \end{pmatrix} \tag{7-6}$$

对配置方案的综合效益评价是一个多目标评价问题，通常可采用加权平均的方法进行评估。技术可行性、经济可行性、资源重用可行性三者之间的权重关系可以采用层次分析法获得。权重关系一般可以表示为

$$W = (w_t, w_e, w_r) \tag{7-7}$$

式中，$w_t + w_e + w_r = 1$。

因此，配置方案矩阵 A 对应的综合评价值 Z 可以表示为

$$Z = \sum_{i=0}^{m} \sum_{j=0}^{n} a_{ij}(w_t t_{ij} + w_e e_{ij} + w_r r_{ij}) \tag{7-8}$$

通过分析可以建立设计配置关系优化模型为

$$\min Z = -\sum_{i=0}^{m} \sum_{j=0}^{n} a_{ij}(w_t t_{ij} + w_e e_{ij} + w_r r_{ij}) \tag{7-9}$$

$$\text{s. t.} \begin{cases} \sum_{i=0}^{m} a_{ij} = y_j, & j = 0, 1, 2, \cdots, n & (7\text{-}10) \\ \sum_{j=0}^{n} a_{ij} \leqslant x_i, & i = 0, 1, 2, \cdots, m & (7\text{-}11) \\ a_{ij} \geqslant 0 & & (7\text{-}12) \end{cases}$$

▶▶ 2. 再制造大批量定制模式中再制造系统拆卸能力及物料需求平衡模型

再制造系统回收产品的质量、数量以及时间具有不确定性，因此它比传统制造系统要复杂得多。由于客户的需求和回收的产品都是随机的，再制造企业大多采用定制型策略，定制型再制造系统流程如图 7-7 所示。一个订单到达，制造商根据订单的需求拆卸回收产品，这样可以缩短拆卸的时间和减少费用。但是通常情况下，拆卸的时间和再制造的过程比较长，为了避免延期交货所带来的赔偿损失，有时不得不去新购一批零部件，以保证准时交货。这样，问题也就产生了：究竟如何分配拆卸所得零部件量和新购零部件量，才能获取最大的利润？

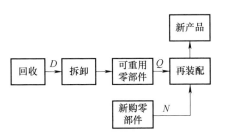

图 7-7　定制型再制造系统流程

首先，这里对涉及的符号进行定义和说明。R 表示一段时期内的需求量；Q 表示拆卸所得的零部件数量；D 表示产品拆卸数量，也可理解为再制造系统的输入量；N 表示新购的零部件数量。模型中各种符号的说明见表 7-1。

表 7-1　模型中各种符号的说明

符　　号	所表示的含义
D	产品拆卸数量
R	一段时期内的需求量
N	新购的零部件数量
y	拆卸的成功率，其密度函数表示为 $f(y)$
Q	拆卸所得的零部件数量
P_r	拆卸所得零部件带来的净利润
P_n	新购零部件带来的净利润
W_r	销售拆卸零部件带来的利润
W_n	销售新购零部件带来的利润
T	交货时间
$T_r(Q)$	拆卸时间
$T_N(N)$	采购周期
C	储存费用
H	赔偿费
L	Dy 大于 Q 所造成的损失
K	拆卸费用
M	拆卸零部件的价格

1）Q 的确定方法。订单到来之后，再制造商首要的工作就是确定合适的拆卸量，以获取最大利润。因此，确定再制造系统的拆卸能力成为关键性任务。下面将详细说明如何确定合适的拆卸量。

由表 7-1 中可知，P_r 表示拆卸所得零部件带来的净利润，具体计算过程为

$$P_r = W_r Q - CQ[T - T_r(Q)]^+ - HQ[T_r(Q) - T]^+ \tag{7-13}$$

式中，$[\ ]^+$ 符号表示括号内数值大于 0，则值为本身；若数值小于或等于 0，则值为 0。

P_n 表示新购零部件带来的净利润，具体计算过程见式（7-14）。在式（7-14）中，为了简化计算过程，假设 $T_N(N)$ 始终小于交货时间 T。

$$P_n = W_n N - CN(T - T_N(N)) \tag{7-14}$$

那么总利润为

$$P_1(Q) = P_r + P_n = W_r Q + W_n N - CQ[T - T_r(Q)]^+ -$$
$$HQ[T_r(Q) - T]^+ - CN(T - T_N(N)) \tag{7-15}$$

再制造商的目标就是获取 $P_1(Q)$ 的最大值。从式（7-15）中看出，除了 Q 值外，其他值都是经验值，所以说 $P_1(Q)$ 是关于 Q 的函数，$P_1(Q)$ 取得最大值时，Q 为最优解。

2）D 的确定方法。当 Q 值确定后，为了避免造成缺货或延期，还要进一步确定 D 值。由于受拆卸的成功率 y 的影响，D 值和 Q 值两者是不相等的。

令 Z 为进入装配阶段时的零部件数量，取 $Z = \min[Dy, Q]$，则

$$Z = \min[Dy, Q] = \begin{cases} Dy, & y \leq \dfrac{Q}{D} \\ Q, & y > \dfrac{Q}{D} \end{cases} \tag{7-16}$$

总利润 $P_2(D)$ 为

$$P_2(D) = MZ - KD - L[Dy - Q]^+ \tag{7-17}$$

求总利润 $P_2(D)$ 的期望值为

$$E[P_2(D)] = MQ^* - \left[M\int_0^{\frac{Q^*}{D}} (Q^* - Dy)f(y)\,\mathrm{d}y + L\int_{\frac{Q^*}{D}}^1 (Dy - Q^*)f(y)\,\mathrm{d}y + KD \right] \tag{7-18}$$

令

$$E[C(D)] = M\int_0^{\frac{Q^*}{D}} (Q^* - Dy)f(y)\,\mathrm{d}y + L\int_{\frac{Q^*}{D}}^1 (Dy - Q^*)f(y)\,\mathrm{d}y + KD \tag{7-19}$$

由式（7-19）可知，这里的数学模型和报童模型的原理很相似，因此可以借助报童模型来说明该模型。

假设总利润 $P_2(D) = P_{期望} - P_{损失}$。

当 $Q \geq Dy$ 时，利润的损失 $P_{损失}$ 可以表示为 $M\int_0^{\frac{Q}{D}}(Q-Dy)f(y)\mathrm{d}y$。

当 $Q < Dy$ 时，利润的损失 $P_{损失}$ 可以表示为 $L\int_{\frac{Q}{D}}^1(Dy-Q)f(y)\mathrm{d}y$。

即

$$E[P_2(D)] = MQ - E[C(D)] \tag{7-20}$$

从式（7-20）得，当 $E[C(D)]$ 取得最小值时，$E[P_2(D)]$ 取得最大值。求 $E[C(D)]$ 的最小值：

$$\frac{\mathrm{d}E[C(D)]}{\mathrm{d}D} = K - M\int_0^{\frac{Q}{D}}yf(y)\mathrm{d}y + L\int_{\frac{Q}{D}}^1 yf(y)\mathrm{d}y \tag{7-21}$$

$$F(D) = \int_0^{\frac{Q}{D}}yf(y)\mathrm{d}y \tag{7-22}$$

即

$$\frac{\mathrm{d}E[C(D)]}{\mathrm{d}D} = K - MF(D) + L[E(y) - F(D)] \tag{7-23}$$

当 $\dfrac{\mathrm{d}E[C(D)]}{\mathrm{d}D} = 0$ 时，$K - MF(D) + L[E(y) - F(D)] = 0$。

则得

$$F(D) = \frac{K + LE(y)}{L + M} \tag{7-24}$$

通过式（7-24）可求得 $F(D)$，已知 $F(D)$ 后求解式（7-22），则可得 D 值。

▶3. 再制造大批量定制模式中工艺过程优化决策模型

废旧机电产品再制造实施大批量定制，需要明确再制造的最终目标，在此基础上对再制造过程进行决策优化，实现再制造过程的整体最优。由于再制造过程的效率、质量、成本、资源重用率及二次环境污染控制等系统目标的实现很大程度上取决于一系列再制造控制参量的设置，但控制参量彼此间关联关系具有不确定性、模糊性，因而难以量化并建立精确的数学模型。鉴于此，需要提出一种有效的优化决策方法并建立相应的数学模型，作为再制造实施大批量定制的支持工具，帮助工程人员在不确定、模糊条件下有效确定关联函数及自相关函数，优化再制造过程，确定控制参量的最优目标值，决策出最大限度满足决策目标的再制造方案。

（1）废旧机电产品再制造过程决策问题框架

1）废旧机电产品再制造过程决策问题描述。再制造过程的合理规划对于提高再制造生产率及产品质量具有极为重要的作用。特别是区别于新产品制造，由于作为毛坯的废旧产品及零部件数量、材料、规格、剩余寿命等的不确定性和多样性给再制造过程的规划带来很多的困难，使得再制造过程规划需要克服很多的不确定性、随机性及模糊性的影响因素，从而使得再制造过程的多个阶段得到合理的组织、协调，满足低成本、高效率及高重用率的产品再制造目标。废旧机电产品实施大批量定制，重点是如何对再制造过程进行合理规划，其决策过程的关键问题是再制造过程优化决策目标体系、再制造优化决策阶段配置、再制造优化决策约束条件。

① 再制造过程优化决策目标体系。将再制造过程的优化决策目标确定为效率（时间）目标（Time，T）、质量目标（Quality，Q）、成本目标（Cost，C）、资源重用目标（Reuse of Resource，R）和环境排放目标（Environmental Emission，E），从而构成了决策目标体系。决策目标的实质是如何在极高效率的条件下，使得再制造产品或零部件质量尽可能好，再制造成本尽可能低；而同时废旧产品或零部件得到极大化重用，再制造过程产生的二次环境排放尽可能小。

② 再制造优化决策阶段配置。再制造过程通常可以划分为拆卸、清洗、检测与分类、再制造加工、再制造装配五个阶段，根据具体产品特征也可能划分为六个或更多阶段。在一个特定的产品或零部件的再制造过程中，再制造决策问题由工艺方案、人力资源方案、物流规划方案、工装方案等一系列决策问题构成，决策向量由一系列决策变量进行描述与控制，可以由各个阶段的一系列控制参量作为决策变量进行描述，通过对控制参量的优化实现再制造过程决策目标的优化。

由于不同再制造方案采用不同性质和种类的控制参量，可以归纳出不同阶段的工程技术特征来进行比较分析，将工程技术特征作为决策变量。工程技术特征参数在各个不同的再制造阶段、甚至工序都有可能不同。例如，在某一导轨再制造方案的决策中，清洗阶段要求控制零部件的表面清洁度，再制造加工阶段可能要求控制直线度、平行度或尺寸精度等，于是该再制造方案的决策问题以工程技术特征来进行描述为 ｛表面清洁度、导轨硬度、精度保持性、纵向直线度、纵向平行度｝。

③ 再制造优化决策约束条件。在优化决策过程中需要综合考虑一系列的约束条件，以满足工艺环境和条件。约束条件一般包括一般性约束条件、边界约束条件、系统内部自相关及互相关性约束条件、决策变量控制性约束条件等若干类。

2）废旧机电产品再制造过程优化决策实施步骤。采用基于专家知识的控制参量模糊线性回归优化决策方法，即采用模糊线性回归方法建立相应的再制造过程数学仿真系统，进行优化决策得出系统最优的控制参量值及系统优化目标值。再制造优化决策过程如图 7-8 所示。

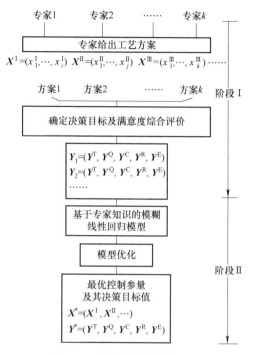

专家1　　专家2　　……　　专家k

专家给出工艺方案

$X^{\mathrm{I}}=(x_1^{\mathrm{I}},\cdots,x_i^{\mathrm{I}})$ $X^{\mathrm{II}}=(x_1^{\mathrm{II}},\cdots,x_j^{\mathrm{II}})$ $X^{\mathrm{III}}=(x_1^{\mathrm{III}},\cdots,x_k^{\mathrm{III}})$ ……

方案1　　方案2　　……　　方案k

确定决策目标及满意度综合评价

$Y_1=(Y^{\mathrm{T}},\ Y^{\mathrm{Q}},\ Y^{\mathrm{C}},\ Y^{\mathrm{R}},\ Y^{\mathrm{E}})$
$Y_2=(Y^{\mathrm{T}},\ Y^{\mathrm{Q}},\ Y^{\mathrm{C}},\ Y^{\mathrm{R}},\ Y^{\mathrm{E}})$
……

基于专家知识的模糊线性回归模型

模型优化

最优控制参量及其决策目标值

$X^*=(X^{\mathrm{I}},X^{\mathrm{II}},\cdots)$
$Y^*=(Y^{\mathrm{T}},\ Y^{\mathrm{Q}},\ Y^{\mathrm{C}},\ Y^{\mathrm{R}},\ Y^{\mathrm{E}})$

阶段 I

阶段 II

图 7-8　再制造优化决策过程

　　第 I 阶段为再制造过程评价阶段，由 k 位专家给出不同的再制造方案，确定再制造不同阶段的决策目标和工程技术特征值，由专家分别针对各决策目标进行方案满意度综合评价，最后可以得出各方案面向决策目标体系的满意度评价值。一般决策过程中，通过比较满意度评价值，选择获得最优值的专家方案。为了避免丢弃其他所有专家的智慧，进入下一决策阶段。

　　第 II 阶段为再制造过程决策阶段，将各位专家的方案控制参量及决策目标值均看作是对本次方案决策有价值的决策知识，从而集成所有专家的智慧以获得更为优化的决策方案。由于专家决策及再制造过程本身的模糊性和不确定性，采用基于专家知识的模糊线性回归理论进行建模，基于该模型求得最优控制参量及其决策目标值。

　　由于决策信息的残缺以及难以量化，导致再制造过程决策目标满意度、决策目标与工程技术特性之间的互相关关系以及工程技术特性之间的自相关关系存在着不确定性及模糊性，这是该决策问题的难点。为此，引入模糊线性回归理论，在信息不充分、不完整的环境下，对本质上定性、主观、模糊的信息进行定量化描述，从而建立一种基于模糊线性回归理论的再制造过程决策数学模型。

（2）废旧机电产品再制造过程优化决策方法　设包含 m 个决策目标、n 个工程技术特征以及 1 个备选再制造决策方案。其中，n 个工程技术特征为各个再制造阶段工程技术特征的集合。符号定义见表 7-2。

表 7-2　符号定义

符号	定义	符号	定义
O_i	第 i 个再制造决策目标	w_i	O_i 的相对权重
T_j	第 j 个工程技术特征指标	y_i	再制造决策目标 O_i 的满意度
S_k	第 k 个再制造决策方案	x_j	T_j 的目标值

1）再制造方案满意度综合评价。

① 再制造备选方案及工程技术特征指标。面向再制造对象（废旧零部件）的不同种类及具体需求，由再制造专家根据现有软硬件设备及技术条件，提出实施再制造的不同方案。

由于相同的废旧零部件可采取多种再制造方案，难以在过程中确定出最大程度符合再制造决策目标的再制造方案，在分析再制造多阶段的基础上，可以总结出不同再制造阶段的工程技术特征，即不同的再制造阶段要达到的质量标准或实现的技术要求，确定为工程技术特征指标。

② 确定决策目标及权重。再制造的决策目标体系，将废旧机电产品再制造的决策目标确定为效率（时间）目标（Time，T）、质量目标（Quality，Q）、成本目标（Cost，C）、资源重用目标（Reuse of Resource，R）、环境排放目标（Environmental Emission，E），作为再制造方案规划的实现目标。根据再制造零部件的实际需求，定性与定量相结合，采用层次分析法确定出具有实用性和有效性的各个决策目标权重。

③ 满意度综合评价。采用专家评分的方法，确定出再制造方案对应于不同再制造决策目标的满意度分值，见表 7-3。

表 7-3　满意度分值

分　值	1	2	3	4	5
满意程度	很不满意	不满意	一般	满意	很满意

通过加权和形式计算出不同方案的满意度综合评价值，见式（7-25）。

$$V = \frac{\sum\limits_{i=1}^{m} w_i y_i}{5 \sum\limits_{i=1}^{m} w_i} \tag{7-25}$$

2）再制造过程优化决策模型。

① 再制造过程优化决策模型目标函数的建立。再制造工程技术特征的确定为多目标规划过程，输入为再制造方案控制参数，输出为工程技术特征的最优目标值 x_1, x_2 等，使得再制造决策目标的满意度最大化，即 $V(y_1, \cdots, y_m)$ 取得最大值。

其中，$V(y_1, \cdots, y_m)$ 是由 m 个决策目标组成的多目标函数，该函数由每个决策目标的满意度 $V_i(y_i)$（$i = 1, 2, \cdots, m$）构成。采用加权和形式，将多目标最大化转化为单目标最大化，即

$$V(y_1, \cdots, y_m) = \sum_{i=1}^{m} w_i V_i(y_i) \tag{7-26}$$

如前所述，再制造决策目标满意度采用数值 1 ~ 5 表示，$y_i = 1$ 时，$V_i(y_i) = 0$；$y_i = 5$ 时，$V_i(y_i) = 1$，则 $V_i(y_i)$ 方程可表示为

$$V_i(y_i) = 0.25 y_i - 0.25 \tag{7-27}$$

构造再制造决策目标满意度最大化目标函数为

$$\max Z = 0.25 \sum_{i=1}^{m} w_i (y_i - 1) \tag{7-28}$$

$$\text{s. t.} \begin{cases} y_i = f_i(\boldsymbol{X}) & (7\text{-}29) \\ x_j = g_j(\boldsymbol{X}_j) & (7\text{-}30) \\ y_{i\min} \leq y_i \leq y_{i\max} & (7\text{-}31) \\ x_{j\min} \leq x_j \leq x_{j\max} & (7\text{-}32) \\ i = 1, 2, \cdots, m; \ j = 1, 2, \cdots, n \end{cases}$$

式中，$\boldsymbol{X} = (x_1, \cdots, x_n)^{\mathrm{T}}$；$\boldsymbol{X}_j = (x_1, \cdots, x_{j-1}, x_{j+1}, \cdots, x_n)^{\mathrm{T}}$；约束条件 f_i 是再制造决策目标满意度与工程技术特征指标之间的互相关函数；约束条件 g_j 是工程技术特征指标之间的自相关函数。

② 再制造过程优化决策模型约束条件的确定。由模型目标函数可知，求解模型的关键在于如何确定互相关函数 f_i 和自相关函数 g_j。其中，互相关函数主要是判断再制造决策目标满意度与工程技术特征指标之间是否存在一定的相关性，如果某项工程技术特征对某个决策目标存在影响作用，即确定为彼此相关，该项工程技术特征所对应的再制造方案数据将作为决策的重用判断依据。不同的再制造工程技术特征指标之间会存在一定的影响作用，彼此互相相关，再制造

决策过程不能忽视自相关函数，要进行考虑并加以处理，采用模糊线性回归理论确定。

通常取 $\tilde{A}_i$ 为对称三角模糊数，模糊线性回归模型表示为

$$\tilde{Y}_i = f(\boldsymbol{X}, \tilde{A}_i) = \tilde{A}_{i0} + \tilde{A}_{i1}x_1 + \cdots + \tilde{A}_{in}x_n \tag{7-33}$$

式中，$\tilde{Y}_i$ 是第 i 个再制造决策目标满意度的模糊输出向量；$\boldsymbol{X} = (x_1, \cdots, x_n)^{\mathrm{T}}$ 是工程技术特征指标输入向量，为精确数据；$\tilde{A}_i = (\tilde{A}_{i0}, \tilde{A}_{i1}, \cdots, \tilde{A}_{in})$ 是模糊系数集。模糊线性回归分析可以定义为：给定一组精确数值 $\{x_1, y_1\}$，$\{x_2, y_2\}, \cdots, \{x_m, y_m\}$，求一组模糊系数 $\tilde{A}_{i0}, \tilde{A}_{i1}, \cdots, \tilde{A}_{in}$，使得式（7-33）能实现最优拟合。

取对称三角模糊系数为 $\tilde{A}_{ij} = (a_{ij}^L, a_{ij}^C, a_{ij}^U)$，$a_{ij}^C$ 为 $\tilde{A}_{ij}$ 隶属度为 1 的情况，即 $\mu_{\tilde{A}_{ij}}(a_{ij}^C) = 1$，$a_{ij}^L$ 为取值左边界，a_{ij}^U 为取值右边界，$a_{ij}^C = \dfrac{1}{2}(a_{ij}^L + a_{ij}^U)$，如图 7-9 所示。

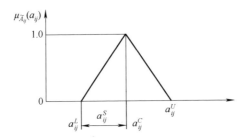

图 7-9　对称三角模糊系数 $\tilde{A}_{ij}$ 的隶属度函数

由图 7-9 可知，$a_{ij}^U - a_{ij}^C = a_{ij}^C - a_{ij}^L$，则对称三角模糊系数 $\tilde{A}_{ij}$ 可以表示为 $\tilde{A}_{ij} = (a_{ij}^C, a_{ij}^S)$，其中 a_{ij}^C 称为对称三角模糊系数 $\tilde{A}_{ij}$ 的主值，表示 $\tilde{A}_{ij}$ 最可能的取值，a_{ij}^S 为 $\tilde{A}_{ij}$ 的展值，表示 $\tilde{A}_{ij}$ 的取值精度。由此建立起对称三角模糊系数 $\tilde{A}_{ij}$ 的隶属度函数为

$$\mu_{\tilde{A}_{ij}}(a_{ij}) = \begin{cases} \dfrac{1 - (a_{ij}^C - a_{ij})}{a_{ij}^S}, & a_{ij}^C - a_{ij}^S \leqslant a_{ij} \leqslant a_{ij}^C \\[2mm] \dfrac{1 - (a_{ij} - a_{ij}^C)}{a_{ij}^S}, & a_{ij}^C \leqslant a_{ij} \leqslant a_{ij}^C + a_{ij}^S \\[2mm] 0, & \text{其他} \end{cases} \tag{7-34}$$

根据模糊运算法则和模糊扩展原理，式（7-33）可表示为

$$\tilde{Y}_i = f_i(\boldsymbol{X}, \tilde{A}_i) = [f_i^C(\boldsymbol{X}), f_i^S(\boldsymbol{X})] \tag{7-35}$$

并且可以得到

$$f_i^C(\boldsymbol{X}) = a_{i0}^C + a_{i1}^C x_1 + \cdots + a_{in}^C x_n \tag{7-36}$$

$$f_i^S(X) = a_{i0}^S + a_{i1}^S |x_1| + \cdots + a_{in}^S |x_n| \qquad (7\text{-}37)$$

于是模糊输出 $\tilde{Y}$ 的隶属函数可以表示为

$$\mu_{\tilde{Y}_i}(y_{ir}) =$$

$$\begin{cases}
1 - \dfrac{\left(\sum\limits_{j=1}^{n} a_{ij}^C x_{jr} + a_{i0}^C\right) - y_{ir}}{a_{i0}^S + \sum\limits_{j=1}^{n} a_{ij}^S |x_{jr}|}, & \left(\sum\limits_{j=1}^{n} a_{ij}^C x_{jr} + a_{i0}^C\right) - \left(a_{i0}^S + \sum\limits_{j=1}^{n} a_{ij}^S |x_{jr}|\right) \leqslant y_{ir} \leqslant \left(\sum\limits_{j=1}^{n} a_{ij}^C x_{jr} + a_{i0}^C\right) \\[4ex]
1 - \dfrac{y_{ir} - \left(\sum\limits_{j=1}^{n} a_{ij}^C x_{jr} + a_{i0}^C\right)}{a_{i0}^S + \sum\limits_{j=1}^{n} a_{ij}^S |x_{jr}|}, & \left(\sum\limits_{j=1}^{n} a_{ij}^C x_{jr} + a_{i0}^C\right) \leqslant y_{ir} \leqslant \left(\sum\limits_{j=1}^{n} a_{ij}^C x_{jr} + a_{i0}^C\right) + \left(a_{i0}^S + \sum\limits_{j=1}^{n} a_{ij}^S |x_{jr}|\right) \\[4ex]
0, & \text{其他}
\end{cases}$$

$$\qquad (7\text{-}38)$$

对于任意给定的常数 $h \in [0,1]$，模糊线性回归问题就是确定对称三角模糊数 $\tilde{A}_i$，其中满足 $h_i^* \geqslant h(\forall i)$，使得预测值 $\bar{y}_i^*$ 的模糊度最小，如图 7-10 所示。此时问题可转化为模糊输出的展值之和最小来实现，即

$$\min Z = f_s(x_1) + \cdots + f_s(x_k) \qquad (7\text{-}39)$$

$$\text{s. t.} \quad \mu_{\tilde{Y}_i}(y_{ik}) \geqslant h \quad k = 1,2,\cdots,l \qquad (7\text{-}40)$$

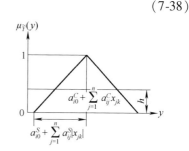

图 7-10 h-拟合度的模糊系数输出

式中，h 是模糊参数估计的拟合度，由工程技术人员根据实际确定，则可以得到再制造决策目标满意度与工程技术特征指标之间的互相关函数 f_i：

$$\min Z = a_{i0}^S + \sum_{j=1}^{n}\left(a_{ij}^S \sum_{k=1}^{l} |x_{jk}|\right) \qquad (7\text{-}41)$$

$$\text{s. t.} \begin{cases}
(1-h)\left(a_{i0}^S + \sum\limits_{j=1}^{n} a_{ij}^S |x_{jk}|\right) + a_{i0}^C + \sum\limits_{j=1}^{n} a_{ij}^C x_{jk} \geqslant y_{ik} & (7\text{-}42) \\[3ex]
(1-h)\left(a_{i0}^S + \sum\limits_{j=1}^{n} a_{ij}^S |x_{jk}|\right) - a_{i0}^C - \sum\limits_{j=1}^{n} a_{ij}^C x_{jk} \geqslant -y_{ik} & (7\text{-}43) \\[2ex]
k = 1,2,\cdots,l \\[1ex]
a_{i0}^S,a_{ij}^S \geqslant 0,\ j = 1,2,\cdots,m & (7\text{-}44)
\end{cases}$$

同理，可得到再制造工程技术特征指标之间的自相关函数 g_j：

$$\min Z = a_{j0}^S + \sum_{\substack{u=1 \\ u \neq j}}^{n} \left(a_{ju}^S \sum_{k=1}^{l} |x_{uk}| \right) \tag{7-45}$$

$$\text{s. t.} \begin{cases} (1-h)\left(a_{j0}^S + \sum_{\substack{u=1 \\ u \neq j}}^{n} a_{ju}^S |x_{uk}| \right) + a_{j0}^C + \sum_{\substack{u=1 \\ u \neq j}}^{n} a_{ju}^C x_{uk} \geqslant x_{jk} & \tag{7-46} \\[3ex] (1-h)\left(a_{j0}^S + \sum_{\substack{u=1 \\ u \neq j}}^{n} a_{ju}^S |x_{uk}| \right) - a_{j0}^C - \sum_{\substack{u=1 \\ u \neq j}}^{n} a_{ju}^C x_{uk} \geqslant -x_{jk} & \tag{7-47} \\[3ex] k = 1, 2, \cdots, l & \\ a_{j0}^S、a_{ju}^S \geqslant 0, \ u = 1, 2, \cdots, n & \tag{7-48} \end{cases}$$

7.3.3 废旧机床再制造大批量定制应用

1. 废旧机床再制造大批量定制应用工程

（1）工程背景　废旧机床是一种典型废旧机电产品，并具有量大面广、保有量丰富、可重用部件资源回收率高、回收价值大、节能节材效果明显等特点。机床再制造区别于传统的维修，是一种基于废旧机床资源循环利用的机床制造新模式，对于回收重用及技术提升废旧机床具有重要意义。目前国际上许多著名的机床制造企业都在开展机床再制造业务，如德国吉特迈集团股份公司、美国辛辛那提机床公司等，并出现了一批专业的机床再制造商，正在形成一种新兴的机床再制造服务业。我国是世界上机床保有量最大的国家，达到550万台以上。但我国机床整体水平仍然比较落后，其中役龄10年以上的机床占60%以上，这些机床在未来5~10年都可能陆续面临大修提升甚至功能性报废或技术性淘汰，从而形成相当规模的可循环利用的潜在资源。废旧机床再制造的产业化前景非常广阔。

（2）机床再制造一般过程　机床再制造与综合提升是一种基于废旧机床资源循环利用的机床制造新模式，是一个充分运用绿色制造技术和其他先进制造技术、信息技术、数控及自动化技术等高新技术对废旧机床进行可再制造性评估、拆卸以及创新性再设计、再制造、再装配的过程。机床再制造的目标是充分利用现有废旧机床资源，规模化地再制造出比原机床功能更强、性能指标更优并且节能节材、绿色环保的新机床，实现资源循环利用和已有机床跨越式提升。通过机床再制造，可大量回收利用废旧机床的钢铁资源，并回收重用蕴涵在废旧机床的70%以上的附加值；废旧机床的机械部分具有耐久性，性能稳定，特别是床身、立柱等铸件，时效越长，性能越好，适合于循环再制造，再制造后的机床性能稳定，可靠性好；有利于低成本地提升我国机床装备的加工能力。图7-11所示为废旧车床C616再制造的一般流程。

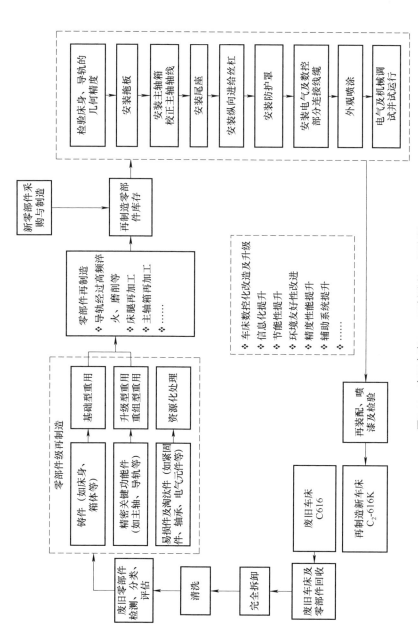

图7-11 废旧车床C616再制造的一般流程

（3）车床制造/再制造混流型大批量定制生产流程　基于再制造一般流程，结合车床再制造企业的实际生产情况，将再制造过程大批量定制模型应用于企业的实施运行过程中，考虑车床制造的并行运作，建立了车床制造/再制造混流型大批量定制生产流程，以低成本和满足质量要求为约束，以生产线的柔性化和快速响应实现车床制造、再制造的大批量定制。图7-12所示为车床制造/再制造混流型大批量定制生产流程。

1）制造/再制造的混流配置。根据市场和客户订单，对订单的功能进行分解，全面剖析市场和客户的实际需求，进行车床产品的零部件设计和结构设计，规划出产品的基本结构、附属结构和选配结构，同时划分出其中的通用部分和定制部分。其中，床身、进给传动系统、主轴箱、配套附件及夹具、尾座等可以分别采用制造或再制造进行；由于原废旧车床的换刀系统、电气控制系统、液压润滑系统、内外防护装置的功能不能满足要求，需要对其进行全部更换或部分更换；数控系统属于原废旧车床不具备的结构，需要根据驱动转矩和经济要求进行数控系统和伺服驱动系统的选配。实施车床制造和再制造，将制造和再制造的技术设备和流程规划进行归并处理，将两者之间的共同部分进行整合。

2）模块化/动态化的扩展布局。通过模块化功能设计和模块化结构设计，规划出通用零件和通用部件，建立模块化生产单元标准接口，通过零部件模块间的替换满足动态的需求变化，提高制造/再制造生产线的柔性和快速响应能力。当产品的功能参数和结构参数变化时，通过更换相应的工艺模块来制造/再制造出不同的零部件模块，调节生产流程的适应能力；当产品的需求量变化时，增加（减少）某些关键模块单元或提高（降低）生产线的自动化程度来增加（减少）产量。采用动态化规划出客户的定制需求，根据客户订单设计和制造/再制造出定制零件和定制部件，同时将不同的模块按照需求实现动态组合，以满足不同产品对于生产现场的不同配置要求。单元模块作为动态网络中的节点，符合整个制造/再制造流程的整体规划。

车床刀架模块有多种不同功能和结构的小模块，可以对其进行模块化设计和安装，根据客户的不同定制要求进行动态化组合；工件夹紧机构模块组可以由多种不同性能和结构的模块进行互换；主轴箱模块建立了基本变速范围主轴箱、单速主轴箱等不同性能用途的小模块，且具有标准接口设计，完全可以根据订单的功能要求实现定制化制造和再制造。电气控制系统主要是根据数控系统输入、输出接口的功能和控制要求进行功能修改，数控系统需要根据客户的经济性和实用性来确定，从而对电气控制系统的基本结构进行模块化设计和生产，通过配置可编程控制器（PLC）和数控系统软件来实现动态化组合。

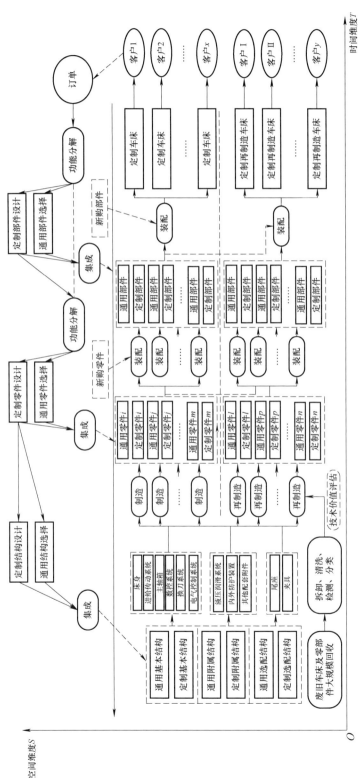

图 7-12 车床制造再制造混流型大批量定制生产流程

大批量定制模型应用于制造/再制造流程中，车床的制造和再制造采用并行总装生产线，实现了零部件大批量定制的制造和再制造模式。由于总装生产线的工程技术人员对新车床和再制造车床都比较熟悉，可以在设计阶段和再制造阶段对废旧零部件进行合理规划，进一步扩大废旧零部件的重用性，同时规划出更具有通用性的车床零部件，提高了废旧零部件的通用性。通过生产工序、加工时间、材料消耗、能源消耗和成本等方面的比较，大批量定制在新制造和再制造流程中发挥显著作用。

在车床制造/再制造混流型大批量定制生产流程中，应用三维优化策略，进行产品深度优化和宽度优化，将主轴箱模块分成 7 种不同性能用途的小模块，将刀架模块分成 6 种不同用途和结构的小模块，将同一大功能模块细化分成小模块，再按照定制需求进行合适的调换选择，可以组合装配成满足不同定制需求的产品模块。同时在设计过程中设计标准化模块接口类型，进一步优化模块的重用性，在新制造车床和再制造车床上使用不同类型的模块，优化模块的通用性；采用定制点后移和减少定制比例的优化策略，根据客户需求和市场信息反馈，预置结构模块和功能模块，在满足大部分需求的前提下提供客户定制范围和清单，尽量将定制环节后移至装配环节，有效地为零部件的大批量制造和再制造提供条件，实现制造/再制造混流的规模经济效益。

▶▶ 2. 废旧机床大批量定制化再制造支持系统开发

我国机床再制造产业仍处于发展初期，存在不少的问题，如机床再制造周期过长、质量不稳定、利润不高、市场影响力不大等问题。针对典型机电产品——机床的大批量定制化再制造缺乏专门成套技术及应用软件工具的问题，设计并开发了废旧机床再制造综合测试与评价支持系统。该系统主要由废旧机床测试与评估、废旧机床再制造方案设计以及废旧机床再制造方案的评价优选三个功能模块组成。

（1）废旧机床再制造综合测试与评价支持系统体系结构　废旧机床再制造综合测试与评价支持系统的主要功能是对废旧机床进行测试与评估，辅助机床再制造企业进行废旧机床再制造方案的设计，并对再制造方案进行评价优选。废旧机床再制造综合测试与评价支持系统体系结构是一个由数据层、功能层、模块层、界面层组成的四层体系结构，如图 7-13 所示。

1）数据层。数据层是系统运行所需要的各种数据库。该系统的数据层由多种数据组成，包括客户订单需求数据、废旧机床再制造方案设计数据、再制造机床功能分析数据、废旧机床综合评价数据、废旧机床基本信息数据、废旧机床零部件评价数据、废旧机床再制造方案综合评价数据等。

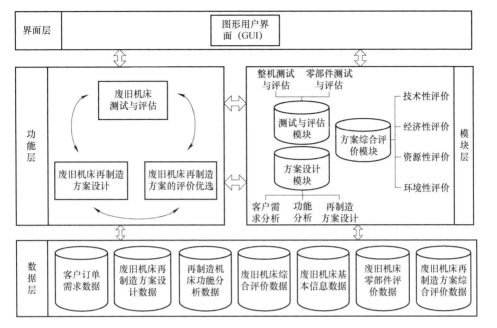

图 7-13　废旧机床再制造综合测试与评价系统体系结构

2）功能层。功能层是该系统主要用以实现的功能部分。该系统主要有三大功能，即废旧机床测试与评估、废旧机床再制造方案设计和废旧机床再制造方案的评价优选。三大功能主要是通过模块层使之得以实现的。

3）模块层。模块层是各功能模块的组合和分解层次。该系统包括三大功能模块，分别是测试与评估模块、方案设计模块、方案综合评价模块。测试与评估模块由整机测试与评估以及零部件测试与评估模块组成；方案设计模块由客户需求分析、功能分析以及再制造方案设计模块组成；方案综合评价模块由技术性评价、经济性评价、资源性评价以及环境性评价模块组成。

4）界面层。该软件系统的界面采用了人机交互的界面形式。

（2）废旧机床再制造综合测试与评价支持系统的工作流程　废旧机床再制造综合测试与评价支持系统的工作流程如图 7-14 所示。

（3）废旧机床再制造综合测试与评价支持系统的主要模块

1）废旧机床测试与评估模块。废旧机床测试与评估主要包括整机测试与评估以及零部件测试与评估。

① 整机测试与评估。整机测试与评估是在未拆卸的前提下进行性能测试，定性地掌握废旧机床的可再制造性以及废旧机床的性能状况、报废类型和故障程度，使机床再制造人员对再制造过程有一个整体的认识，为机床再制造过程

的顺利实施提供基础。归纳总结国内外比较常用的机床机械故障测试诊断的方法，主要包括直接观察法、整机性能指标测试、机床振动测试、噪声谱分析、故障诊断专家系统、温度检测、非破坏性测试等几种。

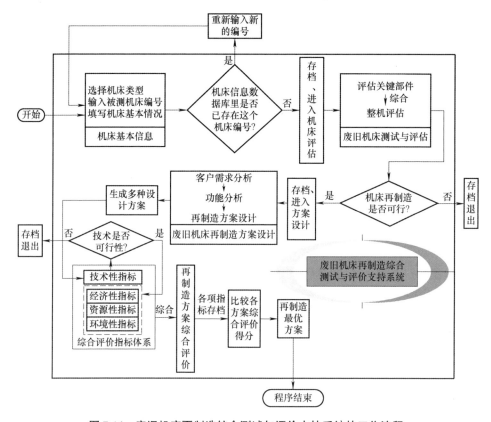

图7-14　废旧机床再制造综合测试与评价支持系统的工作流程

② 零部件测试与评估。零部件测试与评估是机床再制造的关键环节之一，检测零部件的报废程度，为再制造方案设计及评价提供了约束和数据支撑。关键零部件主要有三种再利用形式：以材料回收形式的再利用，即做报废处理，进行材料回炉；修复形式的再利用，即利用先进的表面工程技术，进行零部件表面修复处理；再制造形式的再利用，即需要通过零部件再设计、再加工等复杂工艺手段使零部件获得新的生命周期进行再利用。

2）废旧机床再制造方案设计模块。废旧机床再制造方案设计模块主要是结合客户需求和废旧机床测试与评估情况，对废旧机床进行功能分析，并进行废旧机床再制造方案的设计。一种"点菜单式"废旧机床再制造方案设计方法如图7-15所示。再制造方案设计过程包括需求分析、功能分析、方案设计、设计报表四个部分。在方案设计过程中，分别建立了机械部分、润滑系统、液压系统、气压系统、冷却系统、电气控制系统的"菜单"方案，供再设计人员选择，并最终在设计报表中生成设计方案报表。

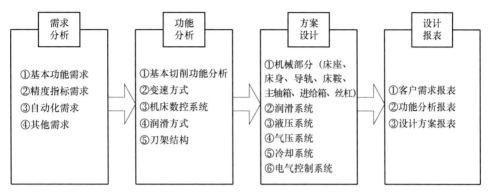

图 7-15　一种"点菜单式"废旧机床再制造方案设计方法

3）废旧机床再制造方案的评价优选模块。废旧机床再制造方案的评价优选，对于机床资源最终再利用率的提高以及设备能力的提升具有重要意义。经过对影响废旧机床再制造方案的各种因素进行分析，建立废旧机床再制造方案评价优选指标体系，包括技术性指标、经济性指标、资源性指标和环境性指标，如图 7-16 所示。

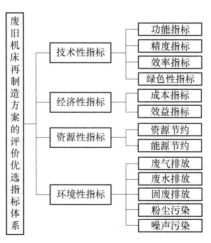

图 7-16　废旧机床再制造方案的评价优选指标体系

① 废旧机床再制造的技术性指标（T）是废旧机床再制造方案评价优选最关键的指标。经分析可知，功能指标、精度指标、效率指标、绿色性指标是影响废旧机床再制造方案的主要技术性指标。功能指标，即通过该方案对废旧机床进行

再制造后，再制造新机床在功能提升方面的能力，如信息化功能等；精度指标，即通过该方案，再制造新机床在加工精度和加工质量方面的改进；效率指标，即通过该方案，再制造新机床加工效率提高的程度；绿色性指标，即通过该方案，再制造新机床在资源消耗、环境排放等方面的改进，如降低噪声、节能等。

② 废旧机床再制造方案的经济性指标（C）主要从成本指标和效益指标两个方面进行体现。当废旧机床再制造的经济效益远远大于成本投入时，说明再制造在经济上是成功的，而且效益成本的比值越大，该再制造方案的经济性越好。

③ 废旧机床再制造方案的资源性指标（R）是指采用某种机床再制造方案，再制造过程中资源和能源消耗的指标，主要包括钢铁等原材料的消耗以及能源（主要是电能）的消耗。

④ 废旧机床再制造方案的环境性指标（E）是指该再制造方案的环境友好性能，主要包括再制造过程中的废气排放、废水排放、固废排放、粉尘污染和噪声污染等几个方面。

结合废旧机床再制造方案的评价优选指标体系的特点，采用专家打分法结合加权叠加法对废旧机床再制造方案进行综合评价优选。各指标评价需进行大量的调研和数据收集，由有关专家根据试验值和经验值对不同零部件针对不同指标进行评语评价。评价评语集取 {优，良，中，及格，差}，对应评语值为 {95，85，75，65，55}。评价值的计算可以采用加权叠加法并归一化处理得到，其计算公式为

$$W_{kj} = \frac{\sum_{m=1}^{m_k} w_{mk}\lambda_m}{100} \tag{7-49}$$

$$G_j = \sum_{k=1}^{4} W_{kj}\lambda_k \tag{7-50}$$

式中，W_{kj} 是再制造方案 j 指标 k 的综合评价值；w_{mk} 是指标 k 对应子指标 m 的评价值；λ_m 是子指标 m 的权重值；m_k 是指标 k 的子指标个数；λ_k 是指标 k 的权重值；G_j 是再制造方案 j 的综合评价值。

（4）应用效益分析　机床再制造是一种基于废旧机床资源循环利用的机床制造新模式，经济效益及社会效益显著，符合我国发展循环经济、建设节约型社会的战略需要，对于优化利用和提升我国量大面广的老旧机床，提升我国制造业机床整体质量和制造加工能力具有重要意义，在我国具有广阔的发展前景。

以车床为例，再制造一台 C616 车床的平均单价为 3 万元，而购置一台同类

型新机床则需 7 万元。2008 年，重庆机床集团为某齿轮生产企业进行了车间老旧设备的再制造，对车间 150 余台普通车床再制造实施大批量定制。通过大批量定制满足了企业提高生产能力及生产技术水平的发展需求，且比购置同类型数控设备，直接为企业节约资金投入 500 余万元。同时，资源循环利用率按重量计达 85% 以上，比制造新机床节能 80% 以上，节约成本 50% 以上，减少粉尘排放 85% 左右。通过数控化功能提升，提高了机床的生产率，扩大了工艺范围，提高了加工质量；实现车间无纸化生产作业、制造过程状态信息采集、信息交互、设备监测及控制以及与设计、制造、管理等信息系统的综合集成等功能。表 7-4 列出了 C616 车床原标准与再制造车床实测精度对比。

表 7-4　C616 车床原标准与再制造车床实测精度对比

检 查 项 目	原 标 准	再制造车床实测精度
圆度/mm	0.010	0.003
圆柱度/mm	0.016	0.014
平面度/mm	0.010	0.010
螺距误差/mm	0.300	0.023

再制造前后的车床对比如图 7-17 所示。

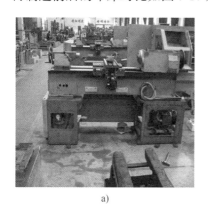 

a) b)

图 7-17　再制造前后的车床对比

a）再制造前的车床　b）再制造后的车床

参 考 文 献

[1] 刘飞，张晓东，杨丹. 制造系统工程 [M]. 北京：国防工业出版社，2000.

[2] 王永靖. 汽车制造企业绿色制造模式及关键支持系统研究 [D]. 重庆：重庆大学，2008.

[3] 中国科学院可持续发展战略研究组. 2012 中国可持续发展战略报告 [M]. 北京：科学出

版社, 2012.

[4] 徐滨士. 再制造工程基础及其应用 [M]. 哈尔滨: 哈尔滨工业大学出版社, 2005.

[5] 徐滨士. 装备再制造工程的理论与技术 [M]. 北京: 国防工业出版社, 2007.

[6] Oakdene Hollins Ltd. Remanufacturing in the UK: A Significant Contributor to Sustainable Development? [R]. Skipton: The Resource Recovery Forum, 2004.

[7] CHAPMAN A, BARTLETT C, MCGILL I. Remanufacturing in the UK [Z]. 2009.

[8] MATSUMOTO M, UMEDA Y. An Analysis of Remanufacturing Practices in Japan [J]. Journal of Remanufacturing, 2011, 1 (1): 1-11.

[9] LUND R T, DENNEY W M. Opportunities and Implications of Extending Product Life [Z]. 1977.

[10] SEITZ M A. A Critical Assessment of Motives for Product Recovery: the Case of Engine Remanufacturing [J]. Journal of Cleaner Production, 2007, 15 (11-12): 1147-1157.

[11] GUIDE D. Production Planning and Control for Remanufacturing: Industry Practice and Research Needs [J]. Journal of Operations Management, 2000, 18 (4): 467-483.

[12] 张雷, 刘志峰, 杨明, 等. 基于解释结构模型的产品零部件拆卸序列规划 [J]. 计算机辅助设计与图形学学报, 2011, 23 (4): 667-675.

[13] 曹华军, 刘飞, 何彦, 等. 基于模型集的面向绿色制造工艺规划策略研究 [J]. 计算机集成制造系统, 2002, 8 (12): 978-982.

[14] 刘飞, 曹华军, 杜彦斌. 机床再制造技术框架及产业化策略研究 [J]. 中国表面工程, 2006, 19 (Z1): 25-28.

[15] 曹华军, 刘飞, 阎春平, 等. 制造过程环境影响评价方法及其应用 [J]. 机械工程学报, 2005, 41 (6): 163-167.

[16] 江亚. 基于失效特征的废旧零部件再制造工艺路线优化研究 [D]. 武汉: 武汉科技大学, 2016.

[17] 许磊. 考虑损伤模糊性的再制造叶轮安全服役寿命数值预估及支持系统 [D]. 重庆: 重庆大学, 2017.

[18] 舒林森. 离心压缩机再制造叶轮服役寿命预测模型及数值仿真研究 [D]. 重庆: 重庆大学, 2013.

[19] 曹华军, 刘飞, 马家齐. 再制造系统大规模定制特性及其三维优化策略 [J]. 机械工程学报, 2009, 45 (10): 132-136.

[20] 曹华军, 张潞路, 杜彦斌, 等. 面向资源重用的再制造定制设计关系优化配置模型及应用 [J]. 机械设计, 2010, 27 (5): 77-81.

[21] 马家齐. 废旧机电产品再制造大规模定制过程模型及优化决策方法研究 [D]. 重庆: 重庆大学, 2009.